三菱PLC
快速入门及应用实例

肖雪耀　编著

化学工业出版社

·北京·

本书从实际应用入手，分为必备理论知识、必备编程技能和必备实际工程编程技术三个部分，将 PLC 编程专业知识和应用实例由浅入深地进行讲解，主要包括 PLC 编程必备基础、PLC 基本指令编程实例、SFC 编程实例、功能指令的编程实例、特殊功能模块的编程实例、典型 PLC 应用系统的编程实例等。书中编程实例丰富，实用性强，大部分内容均来自科研工作及教学实践，许多代码可以直接应用到工程项目中。

本书适合进入 PLC 设计与应用岗位的初学者/入门者学习，也可供从事自动控制、智能仪器仪表、电力电子、机电一体化等专业的技术人员和相关专业院校师生参考。

图书在版编目（CIP）数据

三菱 PLC 快速入门及应用实例/肖雪耀编著. —北京：
化学工业出版社，2017.4（2018.2 重印）
ISBN 978-7-122-29084-7

Ⅰ. ①三… Ⅱ. ①肖… Ⅲ. ①PLC 技术 Ⅳ. ①TM571. 61

中国版本图书馆 CIP 数据核字（2016）第 029529 号

责任编辑：刘丽宏　　　　　　　　　　文字编辑：陈　喆
责任校对：宋　玮　　　　　　　　　　装帧设计：刘丽华

出版发行：化学工业出版社（北京市东城区青年湖南街 13 号　邮政编码 100011）
印　　刷：北京京华铭诚工贸有限公司
装　　订：北京瑞隆泰达装订有限公司
710mm×1000mm　1/16　印张 22　字数 451 千字　2018 年 2 月北京第 1 版第 2 次印刷

购书咨询：010-64518888（传真：010-64519686）　　售后服务：010-64518899
网　　址：http://www.cip.com.cn
凡购买本书，如有缺损质量问题，本社销售中心负责调换。

定　　价：68.00 元
版权所有　违者必究

前言

1987年2月，国际电工委员会（IEC）对可编程控制器的定义："可编程控制器（PLC）是一种数字运算操作的电子系统，专为在工业环境应用而设计。它采用了可编程序的存储器，用来在其内部存储执行逻辑运算、顺序控制、定时、计数和算术运算等操作的指令，并通过数字式和模拟式的输入/输出接口，控制各种类型的机械或生产过程。可编程控制器及其有关的外围设备，都应按易于与工业控制系统形成一个整体、易于扩充其功能的原则而设计。"现在可编程控制器与数控机床和工业机器人已成为现代工业自动化的三大支柱。PLC在国内外已广泛应用于钢铁、石油、化工、电力、建材、机械制造、汽车、轻纺、交通运输、环保及文化娱乐等各个行业。

由于PLC编程及应用开发涉及电子与控制等许多专业知识，为了帮助全面学习，并快速入门，我们编写了本书。

全书内容分为必备理论知识、必备编程技能和必备实际工程编程技术三个部分，将PLC编程专业知识和应用实例由浅入深地进行讲解，主要包括PLC编程必备基础、PLC基本指令编程实例、SFC编程实例、功能指令的编程实例、特殊功能模块的编程实例、典型PLC应用系统的编程实例等。

本书编程实例丰富，实用性强，书中大部分内容均来自科研工作及教学实践，许多代码可以直接应用到工程项目中。

本书由肖雪耀编著，由祖国建审稿。在编写过程中得到许多同志的帮助，在此一并表示感谢！

鉴于时间仓促，书中不足之处难免，敬请读者批评指正。

编著者

目录

>>>>>>>>>

第❸章　SFC 编程实例

第❹章 功能指令的编程实例

第5章　特殊功能模块的编程实例

第6章 典型 PLC 应用系统的编程实例

第1章 ◀◀◀

PLC编程必备基础

1.1 认识 PLC

1987 年 2 月，国际电工委员会（IEC）对可编程控制器的定义："可编程控制器是一种数字运算操作的电子系统，专为在工业环境应用而设计。它采用了可编程序的存储器，用来在其内部存储执行逻辑运算、顺序控制、定时、计数和算术运算等操作的指令，并通过数字式和模拟式的输入/输出接口，控制各种类型的机械或生产过程。可编程控制器及其有关的外围设备，都应按易于与工业控制系统形成一个整体、易于扩充其功能的原则而设计。"

可编程控制器在其内部结构和功能上都类似于通用计算机，所不同的是可编程控制器还具有很多通用计算机所不具备的功能和结构。如 PLC 有一套功能完善且简单的管理程序，能够完成故障检查、用户程序输入、修改、执行与监视等功能；PLC 还有很多适应于各种工业控制系统的模块；PLC 采用以传统电气图为基础的梯形图语言编程，方法简单且易于学习和掌握。所以在控制系统应用方面PLC 优于计算机，它易于和自动控制系统相连接，可以方便灵活地构成不同要求、不同规模的控制系统，其环境适应性和抗干扰能力极强，故将可编程控制器称为工业控制计算机。

目前，可编程控制器与数控机床和工业机器人已成为现代工业自动化的三大支柱。

（1）PLC 的几种流派　PLC 产品按地域大体可以分成三个流派：美国产品、日本产品、欧洲产品。

美国 PLC：如罗克韦尔（Rockwell）公司（包括 AB 公司）产品，通用电气（GE）产品。

日本 PLC：如欧姆龙（OMRON）公司的产品，三菱（MITSUBISHI）公司的产品。

欧洲 PLC：如西门子（SIEMENS）公司和施耐德（法国 Schneider）公司的产品。

（2）PLC 的分类

① 按结构形式分

a. 整体式：特点是将 PLC 的基本部件（如 CPU 板、输入板、输出板、电源板等）紧凑地安装于一个标准机壳内而构成一个整体，组成 PLC 的一个基本单元（主机）或扩展单元。基本单元上设有扩展端口，通过扩展电缆与扩展单元相连，配有许多专用的特殊功能模块（如模拟量输入/输出模块、热电偶、热电阻模块、通信模块等）以构成 PLC 不同的配置。整体式结构的 PLC 体积小，成本低，安装方便。微型和小型 PLC 一般为整体式结构。如西门子的 S7-200 型 PLC。

b. 模块式：由一些标准模块（如 CPU 模块、输入模块、输出模块、电源模块和各种功能模块等）单元构成，将这些模块插在框架上和基板上即可。各个模块功能是独立的，外形尺寸是统一的，可根据需要灵活配置。目前大中型 PLC 都采用这种方式。如西门子的 S7-300 和 S7-400 系列。

图 1-1 所示为 PLC 外形结构。

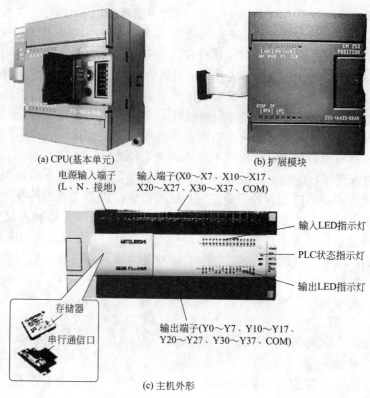

(a) CPU(基本单元)　　　　　　　　(b) 扩展模块

图 1-1　PLC 外形结构

② 按功能分

a. 低档 PLC：具有逻辑运算、定时、计数、移位及自诊断、监控等基本功能，还可有少量模拟量输入/输出、算术运算、数据传送和比较、通信等功能，主要用于逻辑控制、顺序控制或少量模拟量控制的单机控制系统。

b. 中档 PLC：除具有低档 PLC 的功能外，还具有较强的模拟量输入/输出、算术运算、数据传送和比较、数制转换、远程 I/O、子程序、通信联网等功能。有些还可增设中断控制、PID 控制等功能，适用于复杂控制系统。

c. 高档 PLC：除具有中档机的功能外，还增加了带符号算术运算、矩阵运算、位逻辑运算、平方根运算及其他特殊功能函数的运算、制表及表格传送功能等。高档 PLC 机具有更强的通信联网功能，可用于大规模过程控制，可构成分布式网络控制系统，实现工厂自动化。

③ 按 I/O 点数分　可分为小型、中型和大型。

a. 小型 PLC：小型 PLC 的功能以开关量控制为主，其输入/输出（I/O）总点数在 256 点以下，用户程序存储器容量在 4KB 左右。现在高性能小型 PLC 还具有一定的通信能力和少量的模拟量处理能力。其价格低廉，体积小巧，适合于控制单台设备和开发机电一体化产品。

典型的小型 PLC 有 SIEMENS 公司的 S7-200 系列、OMRON 公司的 CPM2A 系列、MITSUBISHI 公司的 FX 系列和 AB 公司的 SLC500 系列等整体式 PLC 产品。

b. 中型 PLC：中型 PLC 的 I/O 点数在 256～2048 点之间，用户程序存储器容量达到 8K 字左右。中型 PLC 不仅具有开关量和模拟量的控制功能，还具有更强的数字计算能力，它的通信功能和模拟量处理功能更强大，适用于更复杂的逻辑控制系统及连续生产线的过程控制系统。

典型的中型 PLC 有 SIEMENS 公司的 S7-300 系列、OMRON 公司的 C200H 系列、AB 公司的 SLC500 系列等模块式 PLC 产品。

c. 大型 PLC：大型 PLC 的 I/O 点数在 2048 点以上，用户程序储存器容量达到 16K 字以上。大型 PLC 具有计算、控制和调节的能力，还具有强大的网络结构和通信联网能力，有些 PLC 还具有冗余能力。其监视系统采用 CRT 显示，能够表示过程的动态流程，记录各种曲线，PID 调节参数等；它配备多种智能板，构成一台多功能系统。这种系统还可以和其他型号的控制器互连，和上位机相连，组成一个集中分散的生产过程和产品质量控制系统。大型 PLC 适用于设备自动化控制、过程自动化控制和过程监控系统。

典型的大型 PLC 有 SIEMENS 公司的 S7-400、OMRON 公司的 CVM1 和 CS1 系列、AB 公司的 SLC5/05 等系列。

（3）PLC 的特点

① 高可靠性，强抗扰力　工业生产对控制设备要求很高，需具有很强的抗干扰能力和高可靠性，能在恶劣环境中可靠工作，平均故障间隔时间长，故障修复时间短。这是 PLC 控制优于微机控制的一大特点。

PLC控制系统的故障有两种：一种是偶发性故障，因恶劣环境（电磁干扰、超高温、过电压、欠电压）引起。这类故障只要不引起系统部件的损坏，一旦环境条件恢复正常，系统本应随之恢复正常，但因PLC受外界影响后，内部存储的信息被破坏，必须从初始状态重新启动。另一类是永久性故障，因元器件不可恢复的损坏而引起。

PLC设计上采用了从硬件和软件两方面的措施，可防止故障的发生，提高可靠性。

② 编程简单，使用方便　这是PLC优于微机的另一个特点。目前大多数PLC采用继电控制形式的"梯形图编程方式"，即有传统控制电路的清晰直观，又适合电气技术人员的读图习惯和微机应用水平，易于接受，比汇编语言更受欢迎。

为进一步简化编程，当今PLC还针对具体问题设计了步进梯形指令、功能指令等。PLC是为车间操作人员而设计的，一般只要很短时间的训练即能学会使用。而微电脑控制系统则要求具有一定知识的人员操作。当然，PLC的功能开发，需要有软件专家的帮助。

③ 程序可变，柔性很好　当生产工艺流程改变或生产线设备更新时，不必改变PLC硬件，只要改变程序就可满足要求。PLC除应用于单机控制外，被大量应用于柔性制造单元（FMC）、柔性制造系统（FMS），乃至工厂自动化（FA）。

④ 功能完善，通用性强　现代PLC具有数字量和模拟量输入/输出、逻辑和算术运算、定时、计数、顺序控制、功率驱动、通信联网、人机对话、自检、记录和显示等功能。

⑤ 扩充方便，组合灵活　PLC产品具有各种扩充单元，可以方便地适应不同工业控制需要的不同输入/输出点及不同输入/输出方式的系统。

⑥ 简化设计，减少施工　由于PLC采用软件编程来达到控制功能，而不同于继电器控制采用接线来达到控制功能，同时PLC又能率先进行模拟调试，并且操作化功能和监视化功能很强，这些都减少了许多的工作量。简化减少了控制系统设计与施工的工作量。

⑦ 体小量轻，机电一体　一台收录机大小的PLC具有相当于1.8m高的继电器控制柜的功能，一般节电50％以上。

PLC是工业控制的专用计算机，其结构紧密、坚固、体积小巧，并具备很强的抗干扰能力，使之易于装入机械设备内部，成为了实现"机电一体化"较理想的控制设备。

（4）PLC的应用范围

① 顺序控制　PLC应用最广泛的领域，可用于单机、多级群控制式生产自动线控制。如注塑机、印刷机械、组合机床、装配生产线、包装生产线、电镀车间及电梯控制线路等。

② 运动控制　PLC有拖动步进电动机或伺服电动机的单轴或多轴位置控制模块。多数情况下PLC把描述目标位置的数据送给模块，模块移动一轴或数轴到目

标位置。而每个轴移动时，位置控制模块保持适当的速度和加速度以确保运动平滑。

③ 过程控制 PLC采用PID（比例-积分-微分）模块可以控制大量的物理参数，如温度、压力、速度和流量。由于PID可使PLC具有闭环控制的功能，若控制过程中某变量出现偏差时，PID控制算法会计算出正确的输出，使变量保持设定值，故广泛用于过程控制。

④ 数据处理 当今机械加工中，出现了把支持顺序控制的PLC和计算数值控制（CNC）设备紧密结合。著名的日本FANUC公司推出的SYSTEM 10/11/12系列，已将CNC控制功能作为PLC的一部分。为实现PLC和CNC设备之间内部数据自由传递而采用了窗口软件，用户通过窗口软件可自由编程，由PLC连至CNC设备使用。CNC系统将变成以PLC为主体的控制和管理体系。

⑤ 通信联网 为了适应国外近年来兴起的工厂自动化（FA）系统发展需要，发展了PLC之间、PLC与上级计算机之间的通信功能，它们都采用光纤通信多级传递。输入/输出模块按功能各自放置在生产现场分散控制，然后采用网络连接构成集中管理信息的分布式网络系统。

1.2 PLC 的工作原理

1.2.1 PLC 的电路拓扑结构

可编程控制系统的等效电路可分为输入部分、内部控制电路和输出部分。如图1-2所示。

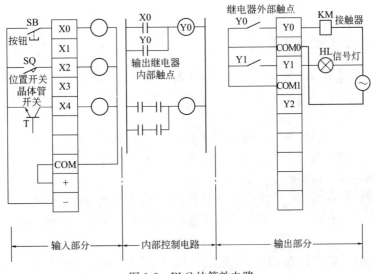

图1-2 PLC的等效电路

（1）输入部分　由外部输入电路、PLC输入接线端子和输入继电器组成。

外部输入信号经PLC输入接线端驱动输入继电器。一个输入端对应一个等效电路中的输入继电器，它可提供任意个动合和动断接点供PLC内部控制电路编程用。

电源可用PLC电源部件提供的直流100V、48V、24V电压，也可由独立的交流电源220V和100V供电。

（2）内部控制电路　由用户程序形成的，即用软件代替硬件电路。其作用是按程序规定的逻辑关系，对输入和输出信号的状态进行运算、处理和判断，然后得到相应的输出。

文件名称	动合触点 常开触点	动断触点 常闭触点	线圈
继电器原理图符号	╲	╱	□
梯形图符号	┤├	┤╱├	○

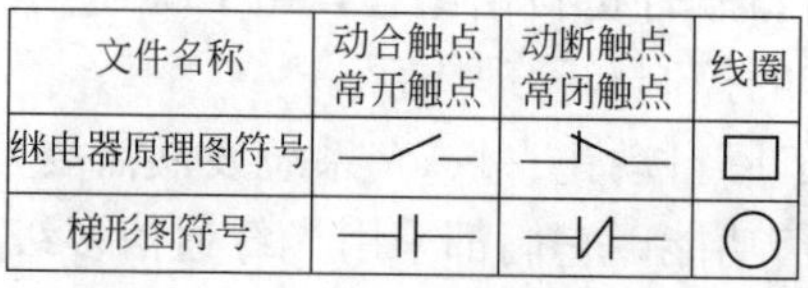

图1-3　PLC元件图形符号

用户程序通常根据梯形图进行编制，梯形图类似于继电控制电气原理图，只是图中元件符号与继电器回路的元件符号不相同。图1-3给出了几个元件的对应图形符号。

继电器控制线路中，继电器的接点可以是瞬时或延时动作；而PLC电路中的接点是瞬时动作的，延时由定时器实现。定时器的接点是延时动作，且延时时间远远大于继电器延时的时间范围，延时时间由编程设定。

（3）输出部分　由与内部控制电路隔离的输出继电器的外部动合触点、输出接线端子和外部电路组成，用来驱动外部负载。

PLC内部控制电路中有许多输出继电器，每个输出继电器除了有为内部控制电路提供编程使用的动合、动断触点外，还为输出电路提供一个动合触点与输出接线端相连。

外部电源提供驱动外部负载的电源。PLC输出端子上有接输出电源用的公共端（COM）。

1.2.2　PLC的特殊工作方式

微机一般采用等待命令的工作方式，如常见的键盘扫描方式或I/O扫描方式，若有键按下或有I/O变化，则转入相应的子程序，若无则继续扫描等待。

PLC则采用循环扫描的工作方式。对每个程序，CPU从第一条指令开始执行，按指令步序号做周期性的程序循环扫描，如果无跳转指令，则从第一条指令开始逐条执行用户程序，直至遇到结束符后又返回第一条指令，如此不断循环，每一循环称为一个扫描周期。如图1-4所示。

扫描周期的长短主要取决因素有三个：一是CPU执行指令的速度；二是执行每条指令占用的时间；三是程序中指令条数的多少。PLC的一个扫描过程包含五个阶段。

（1）内部处理　检查CPU等内部硬件是否正常，对监视定时器复位，其他内部处理。

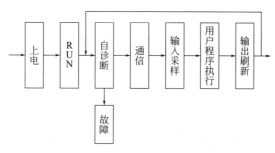

图 1-4　PLC 工作方式示意图

（2）通信服务　与其他智能装置（编程器、计算机）通信。如响应编程器键入的命令，更新编程器的显示内容。

（3）输入采样　以扫描方式按顺序采样输入端的状态，并存入输入映象寄存器中（输入寄存器被刷新）。

（4）程序执行　PLC 梯形图程序扫描原则：按照"先左后右、先上后下"的顺序逐句扫描，并将结果存入相应的寄存器。

（5）输出刷新　输出状态寄存器（Y）中的内容转存到输出锁存器输出，驱动外部负载。

PLC 采用循环扫描的工作方式，是区别于其他设备的最大特点之一，在学习和使用 PLC，特别是阅读和编写 PLC 程序时应加强注意。

1.3　PLC 的编程语言

软件有系统软件和应用软件之分，PLC 的系统软件由可编程控制器生产厂家固化在 ROM 中，一般的用户只能在应用软件上进行操作，即通过编程软件来编制用户程序。

PLC 的编程语言一般有如下五种表达方式，由国际电工委员会（IEC）1994年5月在可编程控制器标准中推荐。

1.3.1　梯形图（LAD）语言

梯形图是一种以图形符号及图形符号在图中的相互关系表示控制关系的编程语言，它是从继电器控制电路图演变过来的。梯形图将继电器控制电路图进行简化，同时加进了许多功能强大、使用灵活的指令，将微机的特点结合进去，使编程更加容易，而实现的功能却大大超过传统继电器控制电路图，是目前最普通的一种 PLC 的编程语言。图 1-5 为梯形图及其语句表。

梯形图及符号的画法应按一定规则。

① 梯形图中只有常开和常闭两种触点。各种机型中常开触点（动合触点）和常闭触点（动断触点）的图形符号基本相同，但它们的元件编号不相同，随不同

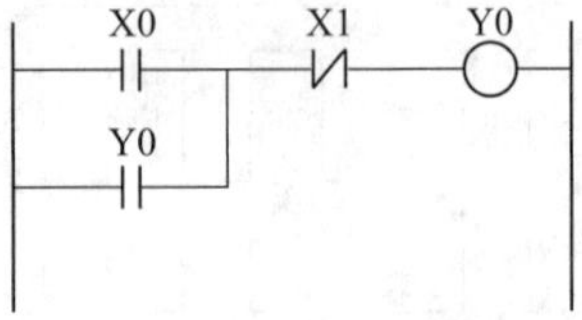

```
      X0        X1     Y0        LD    X0
    ┤├        ┤╱├    ○         OR    Y0
      Y0                         ANI   X1
    ┤├                          OUT   Y0
```

图 1-5　梯形图及其语句表

机种、不同位置（输入或输出）而不同。统一标记的触点可以反复使用，次数不限，这点与继电器控制电路中同一触点只能使用一次不同。因为在可编程控制器中每一触点的状态均存入可编程控制器内部的存储单元中，可以反复读写，故可以反复使用。

② 梯形图中输出继电器（输出变量）表示方法也不同，用圆圈或括弧表示，而且它们的编程元件编号也不同，不论哪种产品，输出继电器在程序中只能使用一次。

③ 梯形图最左边是起始母线（左母线），每一逻辑行必须从左母线开始画。梯形图最右边还有结束母线（右母线），可以省略。

④ 梯形图必须按照从左到右、从上到下顺序书写，因为 PLC 也按照该顺序执行程序。

⑤ 梯形图中触点可以任意串联或并联，而输出继电器线圈可以并联但不可以串联。

1.3.2　指令表（STL）语言

梯形图直观、简便，但要求用带 CRT 屏幕显示的图形编程器才能输入图形符号。小型 PLC 一般无法满足，而是采用经济便携的手持式编程器（指令编程器）将程序输入到可编程控制器中，这种编程方法使用指令语句（助记符语言），它类似于微机中的汇编语言。

语句是指令语句表编程语言的基本单元，每个控制功能由一个或多个语句组成的程序来执行。每条语句规定可编程控制器中 CPU 如何动作的指令，它是由操作码和操作数组成的。操作码用助记符表示要执行的功能，操作数表明操作的地址或一个预先设定的值。

1.3.3　顺序功能流程图（SFC）语言

顺序功能图常用来编制顺序控制类程序。它包含步、动作、转换三个要素。顺序功能编程法可将一个复杂的控制过程分解为一些小的顺序控制要求连接组合成整体的控制程序。顺序功能图法体现了一种编程思想，在程序的编制中具有很重要的意义。在介绍步进梯形指令时将详细介绍顺序功能图编程法。图 1-6 所示为顺序功能图。

1.3.4　功能模块图（FBD）语言

功能图编程语言实际上是用逻辑功能符号组成的功能块来表达命令的图形语言，与数字电路中逻辑图一样，它极易表现条件与结果之间的逻辑功能。功能块图如图1-7所示。

图1-6　顺序功能图　　　　　　　　　图1-7　功能块图

由图可见，这种编程方法是根据信息流将各种功能块加以组合，是一种逐步发展起来的新式的编程语言，正在受到各PLC厂家的重视。

1.3.5　结构文本（ST）语言

随着PLC飞速发展，许多高级功能用梯形图来表示会很不方便。为增强PLC的数字运算、数据处理、图表显示、报表打印等功能，方便用户使用，许多大中型PLC都配备了PASCAL、BASIC、C等高级编程语言。这种编程方式叫做结构文本。

结构文本与梯形图比较的两大优点：一是能实现复杂的数学运算，二是非常简洁和紧凑。用结构文本编制极复杂的数学运算程序只占一页纸，用来编制逻辑运算程序也很容易。

PLC的编程语言是PLC应用软件的工具，它以PLC输入口、输出口、机内元件之间的逻辑及数量关系表达系统的控制要求，并存储在机内存储器中，即"存储逻辑"。生产厂家可提供其中几种编程语言供用户选择，并非所有可编程控制器都支持全部五种编程语言。

1.4　PLC的编程元件

1.4.1　PLC的型号

三菱PLC典型的有两大类型：FX系列和Q系列。

（1）三菱PLC发展历程

① 1980～1990年：三菱PLC主要有F/F1/F2系列小型PLC，K/A系列中、

大型 PLC。

② 1990～2000 年：三菱 PLC 主要分为 FX 系列小型 PLC，A 系列（A2S/A2US/Q2A）中大型 PLC。

③ 2000 年以后：三菱 PLC 主要分为 FX 系列小型 PLC，Q 系列（Qn/QnPH）中大型 PLC。

（2）FX 系列 PLC

① 型号　在 PLC 的正面，一般都有表示该 PLC 型号的铭牌，通过阅读该铭牌即可以获得该 PLC 的基本信息。FX 系列 PLC 的型号命名基本格式与含义如下。

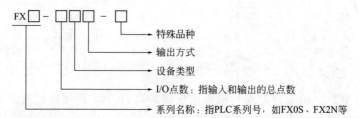

序列号：0、0S、0N、2、2C、1S、2N、2NC、3U、3UC 等。

I/O 总点数：10～256。

单元类型：M——基本单元；E——输入输出混合扩展单元及扩展模块；

　　　　　EX——输入专用扩展模块；EY——输出专用扩展模块。

输出形式：R——继电器输出；T——晶体管输出；S——晶闸管输出。

特殊品种：D——DC 电源，DC 输入；A1——AC 电源，AC 输入；

　　　　　H——大电流输出扩展模块（1A/点）；V——立式端子排的扩展模块；

　　　　　C——接插口输入输出方式；F——输入滤波器 1ms 的扩展模块；

　　　　　L——TTL 输入扩展模块；S——独立端子（无公共端）扩展模块。

若特殊品种一项无符号，说明通指 AC 电源、DC 输入、横排端子排；继电器输出为 2A/点；晶体管输出为 0.5A/点；晶闸管输出为 0.3A/点。

【例 1-1】FX2N-48MRD 含义为 FX2N 系列，输入输出总点数 48 点，继电器输出，DC 电源，DC 输入的基本单元。

【例 1-2】FX-4EYSH 的含义为 FX 系列，输入点数为 0 点，输出 4 点，晶闸管输出，大电流输出扩展模块。

FX 还有一些特殊的功能模块，如模拟量输入输出模块、通信接口模块及外围设备等，使用时可以参照 FX 系列 PLC 产品手册。

② FX 系列 PLC　FX 系列 PLC 包括 FX1S、FX1N 、FX2N、FX3U 四种基本类型的 PLC，早期还有 FX0 系列。

a. FX1S 系列：整体固定 I/O 结构，最大 I/O 点数为 40，I/O 点数不可扩展。

b. FX1N、FX2N、FX3U 系列：基本单元加扩展的结构形式，可以通过 I/O 扩展模块增加 I/O。FX1N 最大的 I/O 点数是 128 点。

c. FX2N 系列：最大的 I/O 点数是 256 点。

d. FX3U 系列：最大的 I/O 点数是 384 点（包括 CC-Link 连接的远程 I/O）。

e. FX1NC/FX2NC/FX3UC 系列：为变形系列，主要区别是端子的连接方式和 PLC 的电源输入，变形系列的端子采用的插入式，输入电源只能 24V DC，较普通系列便宜。普通系列的端子是接线端子连接，电压允许使用 AC 电源。

FX1S 系列 PLC 只能通过 RS-232、RS-422/RS-485 等标准接口与外部设备、计算机以及 PLC 之间通信，而 FX1N/FX2N/FX3U 增加了 AS-i/CC-Link 网络通信功能。

（3）Q 系列 PLC　Q 系列 PLC 是三菱公司从原 A 系列 PLC 基础上发展起来的中大型 PLC 模块化系列产品。按性能 Q 系列 PLC 的 CPU 可以分为基本型、高性能型、过程控制型、运动控制型、计算机型、冗余型等多种系列。

① 基本型 CPU　有 Q00J、Q00、Q01 共三种基本型号。Q00J 型为结构紧凑、功能精简型 PLC，最大的 I/O 点数为 256 点，程序容量为 8K，可以适用于小规模控制系统。

Q01 系列 CPU 在基本型中功能最强，最大的 I/O 点数可以达到 1024 点。

② 高性能 CPU　有 Q02、Q02H、Q06H、Q12H、Q25H 等品种，Q25H 系列的功能最强，最大的 I/O 点数为 4096 点，程序容量为 252K，可以适用于中大规模的控制系统。

③ 过程控制 CPU　有 Q12PH、Q25PH 两种基本型号，可以用于小型 DCS 系统的控制。过程控制 CPU 构成的 PLC 系统，使用的编程软件与通用 PLC 系统（DX Develop）不同，使用的是 PX Develop 软件。它可以使用过程控制专用编程语言 FBD 进行编程，过程控制 CPU 增强了 PID 调节功能。

④ 运动 CPU　有 Q172、Q173 两种基本型号，分别可以用于 8 轴与 32 轴的定位控制。

⑤ 冗余 CPU　有 Q12PRH 与 Q25PRH 两种规格，冗余系统用于对控制系统可靠性要求极高，不允许控制系统出现停机的控制场合。

1.4.2　PLC 的硬件

PLC 的组成基本同微机一样，由电源、中央处理器（CPU）、存储器、输入/输出接口及外围设备接口等构成。图 1-8 是其硬件系统的简化框图。

（1）CPU　CPU 是整个 PLC 系统的核心，指挥 PLC 有条不紊地进行各种工作。

① CPU 类型

a. 通用微处理器（8080、8086、80286、80386 等）。

b. 单片机（8031、8096 等）。

c. 位片式微处理器（AM2900、AM2901、AM2903 等）。

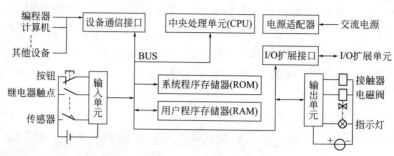

图 1-8　PLC 硬件系统的简化框图

小型 PLC 采用单 CPU 系统，中、大型 PLC 采用双 CPU 系统（字处理器、位处理器）。

② CPU 的作用　CPU 是 PLC 系统的核心，有如下主要功能。

a. 接收并存储用户程序和数据。

b. 检查、校验用户程序。

对正在输入的用户程序进行检查，发现语法错误立即报警，并停止输入；在程序运行过程中若发现错误，则立即报警或停止程序的执行。

c. 接收现场的状态或数据并存储。

将接收到现场输入的数据保存起来，在需要修改数据时将其调出并送到需要该数据处。

d. PLC 进入运行后，执行用户程序，存储执行结果，并将执行结果输出。

当 PLC 进入运行状态，CPU 根据用户程序存放的先后顺序，逐条读取、解释和执行程序，完成用户程序中规定的各种操作，并将程序执行的结果送至输出端口，以驱动可编程控制器的外部负载。

e. 诊断电源、PLC 内部电路的工作故障。

诊断电源、可编程控制器内部电路的故障，根据故障或错误的类型，通过显示器显示出相应的信息，以提示用户及时排除故障或纠正错误。

（2）ROM　系统程序存储器（ROM）用以存放系统工作程序（监控程序）、模块化应用功能子程序、命令解释功能子程序的调用管理程序，以及对应定义（I/O、内部继电器、定时器、计数器、移位寄存器等存储系统）与参数等功能。

（3）RAM　用户存储器（RAM）用以存放用户程序即存放通过编程器输入的用户程序。PLC 的用户存储器通常以"字"为单位来表示存储容量。同时系统程序不能由用户直接存取，因而通常 PLC 产品资料中所指的存储器形式或存储方式及容量，是对用户程序存储器而言。

常用的用户存储方式及容量形式或存储方式有 CMOSRAM、EPROM 和 EE-PROM。

特别说明一下可电擦除可编程的只读存储器（EEPROM）。它是非易失性的，但可以用编程装置对它编程，兼有 ROM 的非易失性和 RAM 的随机存取的优点，但是将信息写入它需要的时间比 RAM 长得多。EEPROM 用来存放用户程序和需要长期保存的重要数据。用户信息储存常用盒式磁带和磁盘等。

（4）输入接口电路　按可接纳的外部信号电源的类型不同分为直流输入接口电路和交流输入接口电路。如图 1-9 所示。

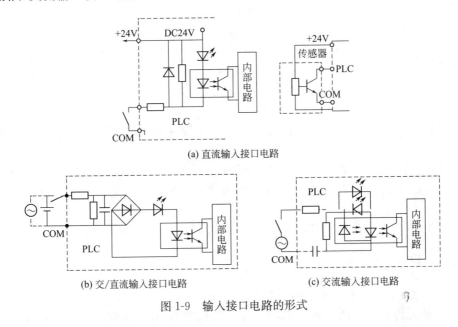

(a) 直流输入接口电路

(b) 交/直流输入接口电路　　　　(c) 交流输入接口电路

图 1-9　输入接口电路的形式

（5）输出接口电路　输出接口电路接收主机的输出信息，并进行功率放大和隔离，经过输出接线端子向现场的输出部分输出相应的控制信号。它一般由微电脑输出接口和隔离电路、功率放大电路组成。

① PLC 的三种输出形式

a. 继电器（R）输出（电磁隔离）：用于交流、直流负载，但接通断开的频率低。

b. 晶体管（T）输出（光电隔离）：用于直流负载，有较高的接通断开频率。

c. 晶闸管（S）输出（光触发型进行电气隔离）：仅适用于交流负载。

第一种的最大触点容量 2A，后两种分别为 0.5A 与 0.3A。

② 输出端子两种接线方式　如图 1-10 所示。

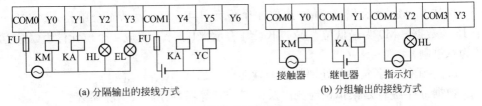

(a) 分隔输出的接线方式　　　　(b) 分组输出的接线方式

图 1-10　输出端子两种接线方式

a. 分隔输出的接线方式：输出各自独立（无公共点）。

b. 分组输出的接线方式：每4～8个输出点构成一组，共用一个公共点。

（6）编程器 编程器作为用户程序的编制、编辑、调试检查和监视等，还可以通过其键盘去调用和显示PLC的一些内部状态和系统参数。它通过通信端口与CPU联系，完成人机对话连接。编程器上有供编程用的各种功能键和显示灯以及编程、监控转换开关。编程器的键盘采用梯形图语言键符式命令语言助记符，也可以采用软件指定的功能键符，通过屏幕对话方式进行编程。编程器分为简易型和智能型两类。前者只能联机编程，而后者既可联机编程又可脱机编程。同时前者输入梯形图的语言键符，后者可以直接输入梯形图。

（7）外部设备 一般PLC都配有盒式录音机、打印机、EPROM写入器、高分辨率屏幕彩色图形监控系统等外部设备。

（8）电源 根据PLC的设计特点，它对电源并无特别要求，可使用一般工业电源。

电源一般为单相交流电源（AC 100～240V，50/60Hz），也有用直流24V供电的。

对电源的稳定性要求不是太高，允许在额定电源电压值的±（10％～15％）范围波动。

小型PLC的电源与CPU合为一体，中大型PLC用单独的电源模块。

1.4.3 PLC的软件

（1）软元件（编程元件、操作数）

① 软元件概念 PLC内部具有一定功能的器件（输入/输出单元、存储器的存储单元）。

② 软元件分类 PLC应用指令中，内容不随指令执行而变化的操作数为源操作数，内容随执行指令而改变的操作数为目标操作数。

a. 位元件 三菱PLC的编程中，位元件是只处理ON/OFF（1/0）信息的软元件，如X、Y、M、S等。

X：输入继电器，用于输入给PLC的物理信号；Y：输出继电器，从PLC输出的物理信号；M（辅助继电器）和S（状态继电器）：PLC内部的运算标志。

说明：

• 位单元只有ON和OFF两种状态，用"0"和"1"表示。

• 元件可通过组合使用，4个位元件为一个单元，表示方法是由Kn加起始软元件号（首元）组成，n为单元数。

例如K4M0表示M15～M0组成4个位元件组（K4表示4个单元），它是一个16位数据，M0为最低位。又如K4Y0表示Y17～Y0组成4个位元件组（注意Y为八进制）。

b. 字元件 字元件是处理数值的软元件，如T、C、D等。

数据寄存器D是模拟量检测以及位置控制等场合存储数据和参数。

源操作数Kn+首元件是三菱PLC编程中把位元件通过组合使用来处理数据

的一种使用方法，其标准表达是以位数 Kn 和起始的软元件号的组合。

最关键的是记住这种组合是以 4 位为单位的。比如 K2M0 里 K2 就表示是 2 个 4 位的组合，即有 8 位，这 8 位的起始元件号是 M0，那么这 8 位组合（K2M0）就是 M7、M6、M5、M4、M3、M2、M1、M0 的组合。我们知道 M0～M7 这些单个的位元件的值只能为 0 或者 1，可把 M7～M0 组合起来后，就可以用来处理一个 8 位的数据，而一个 8 位的数据就相当于一个字了。

字（WORD）为 8 位二进制；字节（BYTE）为 4 位；双字（DOUBLE WORD）为 16 位。

附注：西门子 PLC 字为 16 位二进制；字节为 8 位；半字节为 4 位；双字节为 32 位。

（2）FX 系列 PLC 的编程软元件 FX 系列 PLC 的编程软元件框图如图 1-11 所示。

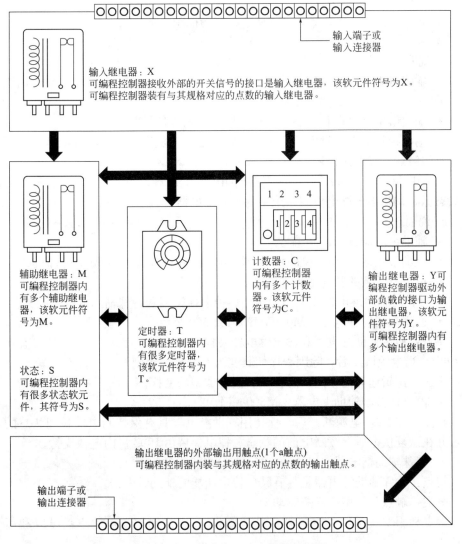

图 1-11 FX 系列 PLC 内部软件框图

① 输入继电器（X）

a. 作用：用来接收外部输入的开关量信号。输入端通常外接常开触点或常闭触点。

b. 编号：采用八进制，如 X000～X007，X010～X017，…。

c. 说明：

• 输入继电器以八进制编号。FX2N 系列带扩展时最多有 184 点输入继电器（X0～X267）。

• 输入继电器只能外部输入信号驱动，不能程序驱动。

• 可以有无数的常开触点和常闭触点。

• 输入信号（ON、OFF）至少要维持一个扫描周期。

② 输出继电器（Y）

a. 作用：程序运行的结果，驱动执行机构控制外部负载。

b. 编号：Y000～Y007，Y010～Y017，…。

c. 说明：

• 输出继电器以八进制编号。FX2N 系列 PLC 带扩展时最多 184 点输出继电器（Y0～Y267）。

• 输出继电器可以程序驱动，也可以外部输入信号驱动。

• 输出模块的硬件继电器只有一个常开触点，梯形图中输出继电器的常开触点和常闭触点可以多次使用。

③ 辅助继电器（M） 辅助继电器也叫中间继电器，用软件实现，是一种内部的状态标志，相当于继电控制系统中的中间继电器。

a. 说明

• 辅助继电器以十进制编号。

• 辅助继电器只能程序驱动，不能接收外部信号，也不能驱动外部负载。

• 可以有无数的常开触点和常闭触点。

b. 种类 辅助继电器又分为通用型、掉电保持型和特殊辅助继电器三种。

• 通用型辅助继电器：M0～M499，共 500 个。

特点：通用辅助继电器和输出继电器一样，在 PLC 电源断开后，其状态将变为 OFF。当电源恢复后，除因程序使其变为 ON 外，否则它仍保持 OFF。

用途：逻辑运算的中间状态存储、信号类型的变换。

• 停电保持型辅助继电器：M500～M1023，共 524 个。

特点：在 PLC 电源断开后，保持用辅助继电器具有保持断电前瞬间状态的功能，并在恢复供电后继续断电前的状态。掉电保持由 PLC 机内电池支持。

• 特殊辅助继电器：M8000～M8255，共 256 个。

特点：特殊辅助继电器是具有某项特定功能的辅助继电器。

分类：触点利用型和线圈驱动型。

触点利用型特殊辅助继电器：其线圈由 PLC 自动驱动，用户只可以利用其触点。

线圈驱动型特殊辅助继电器：由用户驱动线圈，PLC将做出特定动作。

i. 运行监视继电器：如图1-12所示。

M8000——当PLC处于RUN时，其线圈一直得电；

M8001——当PLC处于STOP时，其线圈一直得电。

ii. 初始化继电器：如图1-13所示。

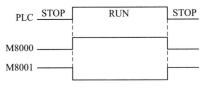

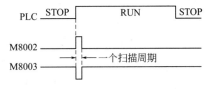

图1-12 运行监视继电器的时序图   图1-13 初始化继电器的时序图

M8002——当PLC开始运行到第一个扫描周期其得电；

M8003——当PLC开始运行到第一个扫描周期其失电（对计数器、移位寄存器、状态寄存器等进行初始化）。

iii. 出错指示继电器：

M8004——当PLC有错误时，其线圈得电；

M8005——当PLC锂电池电压下降至规定值时，其线圈得电；

M8061——PLC硬件出错，D8061（出错代码）；

M8064——参数出错，D8064；

M8065——语法出错，D8065；

M8066——电路出错，D8066；

M8067——运算出错，D8067；

M8068——当线圈得电，锁存错误运算结果。

iv. 时钟继电器：如图1-14所示。

M8011——产生周期为10ms脉冲；

M8012——产生周期为100ms脉冲；

M8013——产生周期为1s脉冲；

图1-14 时钟继电器的时序图

M8014——产生周期为1min脉冲。

v. 标志继电器

M8020——零标志。当运算结果为0时，其线圈得电。

M8021——借位标志。减法运算的结果为负的最大值以下时，其线圈得电。

M8022——进位标志。加法运算或移位操作的结果发生进位时，其线圈得电。

vi. 模式继电器：

M8034——禁止全部输出。当M8034线圈被接通时，则PLC的所有输出自动断开。

M8039——恒定扫描周期方式。当M8039线圈被接通时，则PLC以恒定的扫描方式运行，恒定扫描周期值由D8039决定。

M8031——非保持型继电器、寄存器状态清除。

M8032——保持型继电器、寄存器状态清除。

M8033——RUN→STOP 时，输出保持 RUN 前状态。

M8035——强制运行（RUN）监视。

M8036——强制运行（RUN）。

M8037——强制停止（STOP）。

④ 状态寄存器（S）

a. 作用：用于编制顺序控制程序的状态标志。

b. 分类：

- 初始状态　　　　S0～S9　　　　　（10 点）；
- 回零　　　　　　S10～S19　　　　（10 点）；
- 通用　　　　　　S20～S499　　　 （480 点）；
- 锁存　　　　　　S500～S899　　　（400 点）；
- 信号报警　　　　S900～S999　　　（100 点）。

注：不使用步进指令时，状态寄存器也可当作辅助继电器使用。

⑤ 定时器（T）

a. 作用：相当于时间继电器。

b. 分类：

- 普通定时器。输入断开或发生断电时，计数器和输出触点复位。

100ms 定时器：T0～T199，共 200 个，定时范围 0.1～3276.7s。

10ms 定时器：T200～T245，共 46 个，定时范围 0.01～327.67s。

如图 1-15 所示。

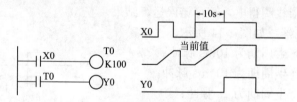

图 1-15　普通定时器的程序及其时序图

- 积算定时器。输入断开或发生断电时，当前值保持，只有复位接通时，计数器和触点复位。

复位指令：RST，如［RST　T250］。

1ms 积算定时器：　T246～T249，共 4 个（中断动作），定时范围 0.001～32.767s。

100ms 积算定时器：T250～255，共 6 个，定时范围 0.1～3276.7s。

图 1-16 中普通定时器的定时为 $t = 0.1 \times 100 = 10$（s）。

c. 工作原理：当定时器线圈得电时，定时器对相应的时钟脉冲（100ms、10ms、1ms）从 0 开始计数，当计数值等于设定值时，定时器的触点接通。

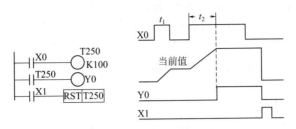

图 1-16　积算定时器的程序及其时序图

d. 组成：初值寄存器（16 位）、当前值寄存器（16 位）、输出状态的映像寄存器（1 位），元件号 T。

e. 定时器的设定值：可用常数 K，也可用数据寄存器 D 中的参数。K 的范围 1～32767。

注意：若定时器线圈中途断电，则定时器的计数值复位。

⑥ 计数器（C）

a. 作用：对内部元件 X、Y、M、T、C 的信号进行计数（计数值达到设定值时计数动作）。

b. 分类：

• 普通计数器（计数范围：K1～K32767）。

16 位通用加法计数器：C0～C15，16 位增计数器。

16 位掉电保持计数器：C16～C31，16 位增计数器。

• 双向计数器（计数范围：−2147483648～2147483647）。

32 位通用双向计数器：C200～C219，共 20 个。

32 位掉电保持计数器：C220～C234，共 15 个。

双向计数器的计数方向（增/减计数）由特殊辅助继电器 M8200～M8234 设定。当 M82xx 接通（置 1）时，对应的计数器 C2xx 为减计数；当 M82xx 断开（置 0）时为增计数。

• 高速计数器：C235～C254 为 32 位增/减计数器。

采用中断方式对特定的输入进行计数（FX2N 为 X0～X5），与 PLC 的扫描周期无关。具有掉电保持功能。高速计数器设定值范围：−2147483648 ～ + 2147483647。图 1-17 为计数器的程序及其时序图。

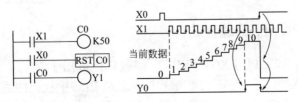

图 1-17　计数器的程序及其时序图

c. 工作原理：计数器从 0 开始计数，计数端每来一个脉冲当前值加 1，当当前值（计数值）与设定值相等时，计数器触点动作。

d. 计数器的设定值：可用常数 K，也可用数据寄存器 D 中的参数。计数值设定范围 1～32767。32 位通用双向计数器的设定值可直接用常数 K 或间接用数据寄存器 D 的内容。间接设定时，要用编号紧连在一起的两个数据寄存器。

e. 注意事项：RST 端一接通，计数器立即复位。

⑦ 数据寄存器（D） 用来存储 PLC 进行输入输出处理、模拟量控制、位置量控制时的数据和参数。

数据寄存器为 16 位，最高位是符号位。32 位数据可用两个数据寄存器存储。

a. 通用数据寄存器：D0～D127。

通用数据寄存器在 PLC 由 RUN→STOP 时，其数据全部清零。

如果将特殊继电器 M8033 置 1，则 PLC 由 RUN→STOP 时，数据可以保持。

b. 保持数据寄存器：D128～D255。

保持数据寄存器只要不被改写，原有数据就不会丢失，不论电源接通与否，PLC 运行与否，都不会改变寄存器的内容。

c. 特殊数据寄存器：D8000～D8255。

d. 文件寄存器：D1000～D2499。

⑧ 变址寄存器（V、Z） 一种特殊用途的数据寄存器，相当于微机中的变址寄存器，用于改变元件编号（变址）。

V 与 Z 都是 16 位数据寄存器，V0～V7，Z0～Z7。V 用于 32 位的 PLC 系统。

⑨ 指针（P、I）

a. 跳转用指针：P0～P63，共 64 点。

它作为一种标号，用来指定跳转指令或子程序调用指令等分支指令的跳转目标。

b. 中断用指针：I 0～I 8，共 9 点。

作为中断程序的入口地址标号。分为输入中断、定时器中断和计数器中断三种。

- 输入中断：I00□～I50□（上升沿中断为 1，下降沿中断为 0）共 6 个。
- 定时器中断：I6□□～I8□□（定时中断时间 10～99ms）共 3 个。
- 计数器中断：I010 、I020、I030、I040 、I050、I060 共 6 个。

1.5　PLC 的编程软件及使用

1.5.1　FXGP/WIN-C 编程软件

三菱公司的 SWOPC-FXGP/WIN-C 编程软件可用于对 FX0S/FX0N/FX1N/FX1S/FX2 和 FX2N 系列三菱 PLC 编程以及监控 PLC 中软元件的实时状态。它占用的存储空间少，安装后不到 2MB，其功能强大、使用方便且界面和帮助文件均已汉化。

（1）软件安装与操作界面

① 软件安装　三菱 FX 系列 PLC 编程软件 FXGP/WIN-C 的软件环境是中文 Windows XP。英文版的 XP 会出现无法正确显示中文字符的情况，无法正常安装软件。

a. 解压文件：FXGPWINV330（中文版）.rar，解压后进入目录 DISK1，运行 SETUP32.EXE。如图 1-18 所示。

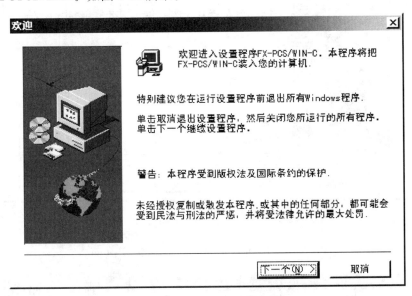

图 1-18　软件解压开始安装

b. 单击"下一个（N）"按钮，出现如图 1-19 所示画面。

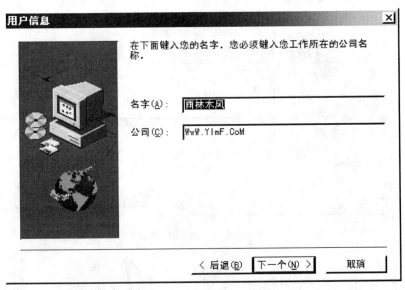

图 1-19　软件安装过程中"名字、公司"的填入

c. 单击"下一个（N）"按钮，出现如图 1-20 所示画面。

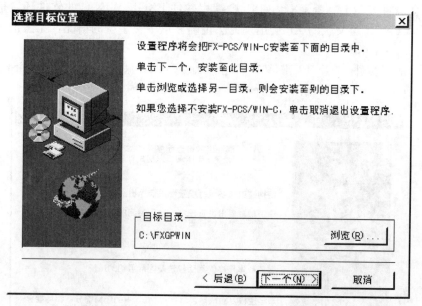

图 1-20　软件安装过程中"安装目录"的确定

d. 单击"下一个（N）"按钮，出现如图 1-21 所示画面。

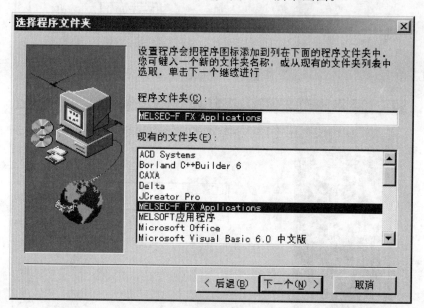

图 1-21　软件安装文件夹选择

e. 单击"下一个（N）"按钮，出现如图 1-22 所示画面。

f. 单击"下一个（N）"按钮，开始安装，完成后出现如图 1-23 所示画面。

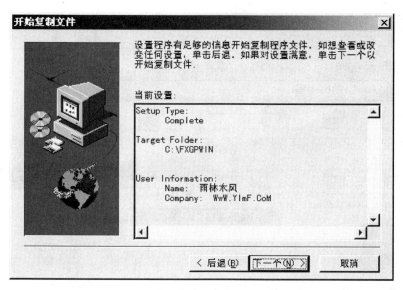

图1-22 软件安装过程中安装信息确认

g. 点击"确定"按钮完成安装。

② 打开 PLC 程序 第一次安装 PLC 编程软件后进行此步骤。

a. 解压出 PLC 程序, 名称为: UNTITL01. PMW。如图1-24 所示。

b. 鼠标右键单击此文件, 选择"打开方式"→"选择程序": 如图 1-25 所示。

图1-23 软件安装开始确认

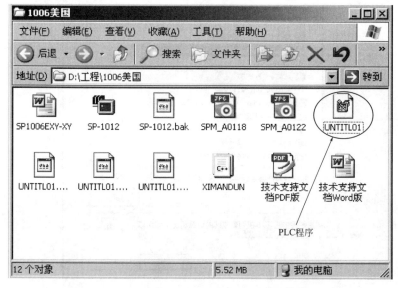

图1-24 软件安装后解压 PLC 程序的名称确认

图 1-25　程序打开方式选择

c. 出现如下画面，单击"浏览（B）…"按钮。如图 1-26 所示。

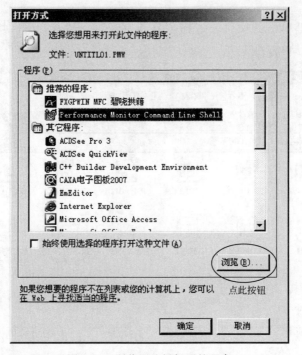

图 1-26　浏览要选择打开的程序

d. 指向 C 盘的 FXGPWIN 目录，选择 FXGPWIN. EXE，如图 1-27 所示。

图 1-27　选择打开程序 FXGPWIN. EXE

e. 单击"打开（O）"按钮：如图 1-28 所示。

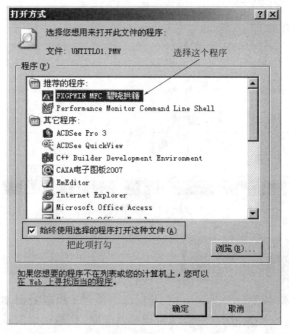

图 1-28　选择打开程序 FXGPWIN MFC

f. 单击"确定"按钮，出现如图 1-29 所示画面。

图 1-29 选择打开的程序展示界面

g. 单击"(O) 确认"按钮，出现 PLC 程序界面。如图 1-30 所示。

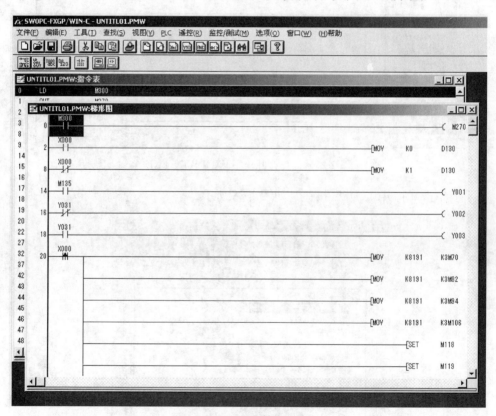

图 1-30 PLC 程序界面打开

h. 程序界面打开后图标变成深蓝色，如图 1-31 所示。

③ 核对 PLC 程序

a. 注意：在设备完全断电的情况下进行接拆线工作！

b. 接线：将型号为三菱 SC-09 的 PLC 编程线的 9 孔端接计算机的 9 针 COM1 口，8 针圆口的端口接到 PLC 主机（需拔掉从 PLC 到触摸屏的线，核对程序或待 PLC 断电后再接回去）。

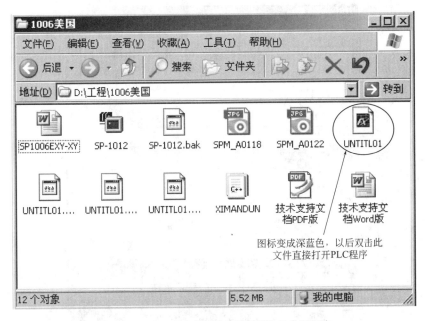

图 1-31　PLC 程序界面打开后图标变成深蓝色

c. 接线后把 PLC 上电打开 PLC 程序，单击菜单"PLC"→"传送（T）"→"核对（V）"，开始核对程序。如图 1-32 所示。

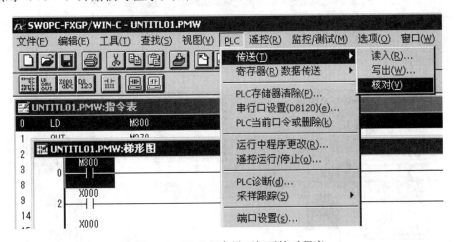

图 1-32　PLC 程序界面打开核对程序

d. 核对程序后如果出现如下画面，说明 PLC 内部的程序与计算机 PC 里的程序不一致。如图 1-33 所示。

（2）梯形图程序的编辑

a. 打开 FXGP/WIN-C 编程软件，将 PLC 置于 STOP 状态。单击工具栏"新文件"按钮，选择 PLC 类型建立一个新文件。如图 1-34、图 1-35 所示。

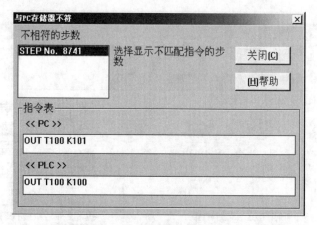

图 1-33　程序核对出错界面

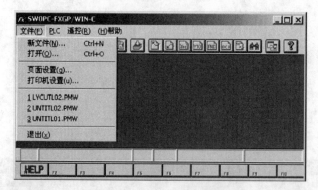

图 1-34　打开新文件界面

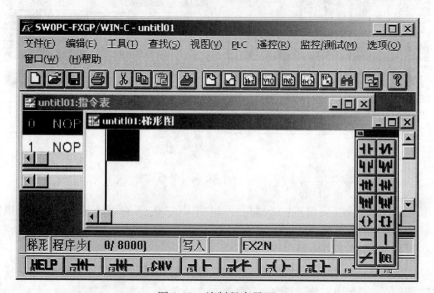

图 1-35　编制程序界面

b. 选择"视图"菜单下的"工具栏""状态栏""功能键"和"功能图"子菜单，如图 1-36 所示。

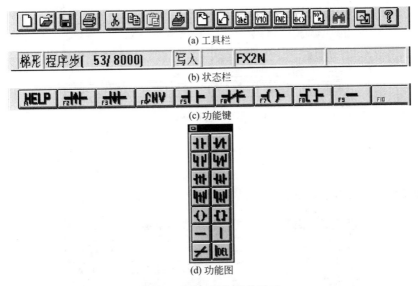

图 1-36 "视图"菜单界面

c. 输入梯形图，如图 1-37 所示。

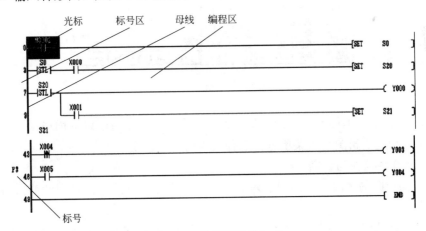

图 1-37 梯形图编辑方式

d. 梯形图中对元件的选择：既可通过以上"功能键"和"功能图"子菜单完成，也可用"工具"菜单（如图 1-38 所示）完成。

菜单下的"触点"子菜单提供对输入元件的选用，"线圈"和"功能"子菜单提供了对输出继电器、中间继电器、定时器和计数器等软元件的选用。"连线"子菜单除了用于梯形图中各连线外，还可以通过"Del"键删除连接线。"全部清除"子菜单用于清除所有编程内容。

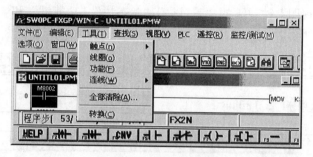

图 1-38　工具栏菜单界面

　　e. "编辑"菜单的使用："编辑"菜单如图 1-39 所示。"剪切""撤消键入" "粘贴""复制"和"删除"子菜单操作和普通软件一样，这里不作介绍。其余各子菜单是对各连接线、软元件等的操作。

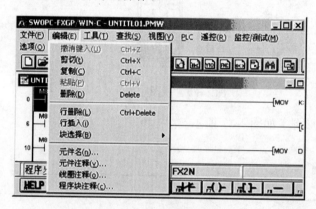

图 1-39　"编辑"菜单界面

　　f. 编程语言的转换：当梯形图程序编写后，通过视图菜单下梯形图、指令表和 SFC（功能逻辑图）子菜单进行三种编程语言的转换。

　　(3) 在线监控与诊断

　　① 梯形图的修改　梯形图输入的过程中，难免要修改，梯形图的修改方法如下所述。

　　a. 元件的修改。在元件的位置上双击，就会弹出相应的对话框重新输入。

　　b. 连线的修改。横线的删除是把光标移到需要删除的位置按"Del"键，竖线的删除是要把光标移到需要删除的位置的右端，单击功能图中的按钮。

　　② 梯形图的转换与写入　完成梯形图后还要点击按钮来转换梯形图，若梯形图无错误，则灰色区域恢复成白色。有错误则出现"有错误"对话框。

　　最后把梯形图写入到 PLC 主机中，方法是执行"PLC"→"传送"→"写入"菜单命令。在对话框中，设定好起始步与终止步，并按"确定"按钮，稍等片刻，写入操作即可完成。

③ 软元件的监控和强制执行　在 FXGP/WIN-C 操作环境中，监控各软元件的状态和强制执行输出。这些功能在"监控/测试"菜单中完成，其界面如图 1-40 所示。

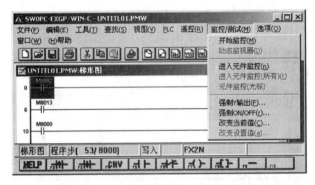

图 1-40　"监控/测试"菜单界面

a. PLC 的强制运行和强制停止。打开"PLC"菜单下"遥控运行/停止"子菜单，出现子菜单界面如图 1-41 所示。选择"运行"单选框后，按"确认"键，PLC 被强制运行。选择"中止"单选框后，按"确认"键，PLC 被强制停止。

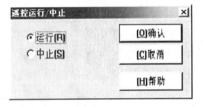

图 1-41　"运行/中止"菜单界面

b. 软元件监控。软元件的状态、数据可以在 FXGP/WIN-C 编程环境中监控起来。例如 Y 软元件工作在"ON"状态，则在监控环境中以绿色高亮方框，并且闪烁表示；若工作在"OFF"状态，则无任何显示。数据寄存器 D 中的数据也可在监控环境中表示出来，可以带正负号。

打开图 1-40 中"监控/测试"菜单下的"进入元件监控"子菜单，选择好所要监控软元件，即可进入如图 1-42 所示监控各软元件。若计算机没有和 PLC 通信，则无法反映监控元件的状态，则显示通信错误。

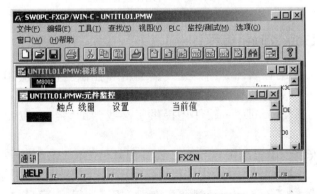

图 1-42　监控软元件功能界面

c. Y 输出软元件强制执行。考虑调试、维修设备等工作方便，FXGP/WIN-C 程序提供了强制执行 Y 输出状态的功能。打开图 1-40 中"监控/测试"菜单下的"强制 Y 输出"子菜单，即可进入图 1-43 所示的监控环境。选择好 Y 软元件，就可对其强制执行，并在左下角方框中显示其状态，PLC 对应的 Y 软元件灯将根据选择状态亮或灭。

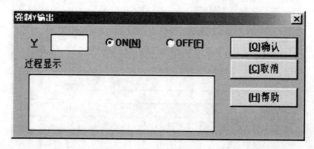

图 1-43　强制执行 Y 输出界面

d. 其他软元件的强制执行。各输入等软元件的状态也可通过 FXGP/WIN-C 程序设定，打开图 1-40 中"监控/测试"菜单下的"强制 ON/OFF"子菜单，即可进入此强制执行环境设定软元件的工作状态。选择 X2 软元件，并置 SET 状态，按"确认"键，PLC 的 X2 软元件指示灯将亮。如图 1-44 所示。

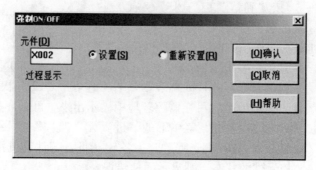

图 1-44　输入元件置位界面

1.5.2　GX Developer 编程软件

GX Developer 编程软件为用户开发、编辑和控制自己的应用程序提供了良好的编程环境。为了能快捷高效地开发应用程序，GX Developer 软件提供了三种程序编辑器，GX Developer 软件还提供了在线帮助系统，以便获取所需要的信息。

（1）软件安装、设置与操作界面　将编程软件 GX Developer7.0 根据软件安装的提示安装到计算机上，然后用编程线将计算机和实验装置连接到一起。

① 系统配置　GX Developer 既可以在 PC 机上运行，也可以在 MITSUBISHI 公司的编程器上运行。PC 机或编程器的最小配置如下：Windows 95、Windows

98、Windows 2000、Windows Me、Windows NT4.0 或 Windows XP 以上。

② 软件 GX Developer 安装　未安装过本软件的系统中安装时请先安装 F：\ GX80 \ GX-Developer8.26C \ SW8D5C-GPPW-C \ GX80 \ SETUP.EXE。双击 "SETUP" 按照页面提示单击 "下一步" 安装即可，重新启动计算机即可使用。

③ GX Developer 的设置与操作界面　GX Developer 的基本使用方法与一般基于 Windows 操作系统的软件类似，在这里只介绍一些用户常用的对 PLC 操作的几点用法：

a.工程菜单。在软件菜单里的工程菜单下选择改变 PLC 类型，即根据要求改变 PLC 类型。如图 1-45 所示。

• 在读取其他格式的文件选项下可以将 FXGP/WIN-C 编写的程序转化成 GX 工程。

• 在写入其他格式的文件选项下可以将用本软件在编写的程序工程转化为 FX 工程。

b.在线菜单。如图 1-46 所示。

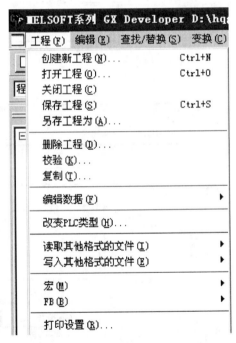

图 1-45　GX Developer 的工程菜单

图 1-46　GX Developer 的在线菜单

• 在传输设置中可以改变计算机与 PLC 通信的参数。如图 1-47 所示。

• 选择 PLC 读取、PLC 写入、PLC 校验可以对 PLC 进行程序上传、下载、比较操作。如图 1-48 所示。

• 选择不同的数据可对不同的文件进行操作。

• 选择监视选项（按 "F3"）可以去对 PLC 状态实行实时监视。

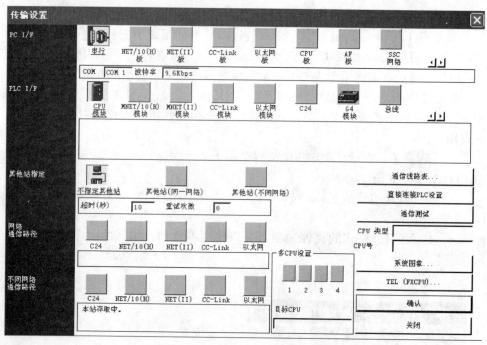

图 1-47　GX Developer 的通信参数设置

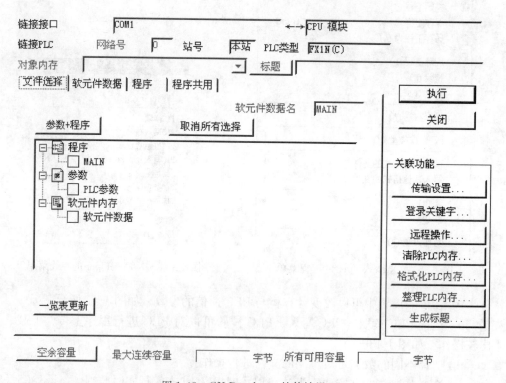

图 1-48　GX Developer 的传输设置

● 选择调试选项可完成对 PLC 软元件测试，强制输入输出和程序执行模式变化等操作。

（2）梯形图编辑

① 编程软件打开与设置

a. 双击 GX Developer 图标，进入图 1-49 所示界面。

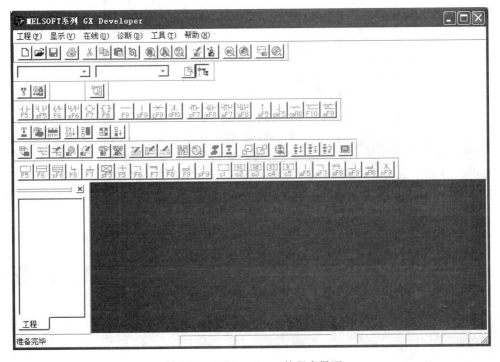

图 1-49　GX Developer 的程序界面

b. 单击"工程"，选择"创建新工程"，弹出图 1-50 所示对话框，在"PLC系列"下拉选项中选择"FXCPU"，"PLC 类型"中选择"FX2N"，"程序类型"选择"梯形图逻辑"。在"设置工程名"一项前打勾，可以输入工程要保存到的路径。

c. 单击"确定"后，进入梯形图编辑界面，如图 1-51 所示。

当梯形图内的光标为蓝边空心框时为写入模式，可以进行梯形图的编辑，当光标为蓝边实心框时为读出模式，只能进行读取、查找等操作，可以通过选择"编辑"中的"读出模式"或"写入模式"进行切换。

② 梯形图的编辑　可以选择工具栏中的元件快捷图标，也可以单击"编辑"，选择"梯形图标记"中的元件项，也可以使用快捷键"F5～F10"，"Shift＋F5～F10"，或者在想要输入元件的位置双击鼠标左键，弹出图 1-52 所示对话框，在下拉列表中选择元件符号，编辑栏中输入元件名，按确定将元件添加到光标位置。

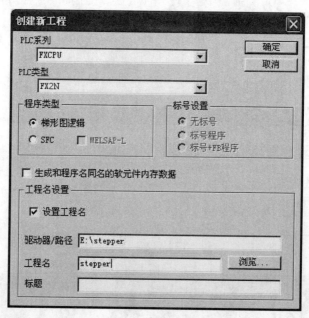

图 1-50　GX Developer 的工程创建界面

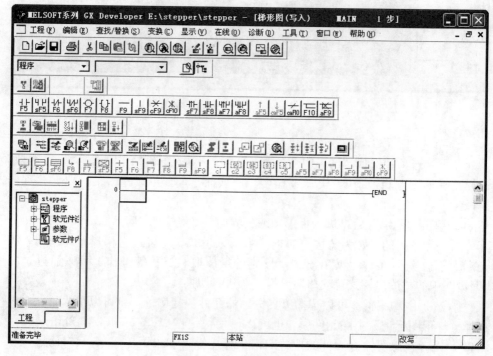

图 1-51　梯形图编辑界面

图 1-52　元件编辑界面

③ 程序的变换　程序通过编辑以后，电脑界面的底色是灰色的，要通过转换变成白色才能传给 PLC 或进行仿真运行。转换方法如下。

a. 直接敲击功能键"F4"即可。

b. 单击菜单条中的"变换（C）"→弹出下拉菜单→在下拉菜单中单击"变换"即可。如有语法错误，则不能完成变换，系统会弹出消息框提示。

单击快捷键"梯形图/列表显示切换"（图 1-53 中红框标记）可以在梯形图程序与相应的语句表之前进行切换。

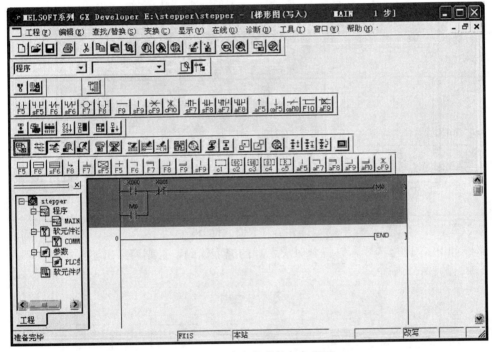

图 1-53　程序变换前的灰色界面

此外 GX Developer 具备返回、复制、粘贴、行插入、行删除等常用操作。

④ 程序传送（电脑-PLC）

a. PLC 写入：程序从电脑→PLC。

• 单击快捷按钮。

• 单击菜单条中的"在线（O）"弹出下拉菜单，在下拉菜单中单击"PLC写入（W）"。

b. PLC 读取：把程序从 PLC→电脑。

• 单击快捷按钮。

• 单击菜单条中的"在线（O）"弹出下拉菜单，在下拉菜单中单击"PLC读取（R）"。

（3）顺序功能图 SFC 的编辑

① SFC 程序的运行规则　从初始步开始执行，当每步的转换条件成立时，由当前步转为执行下一步，在遇到 END 时结束所有步的运行。

② 打开 GX　Developer 编程软件　启动单击"工程"菜单，单击"创建新工程"菜单项或单击"新建工程"按钮。如图 1-54 所示。

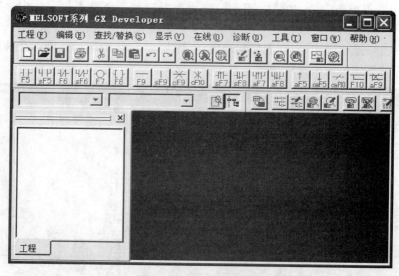

图 1-54　GX Developer 编程软件窗口

③ 新工程设置　弹出的"创建新工程"对话框如图 1-55 所示，对三菱系列的 CPU 和 PLC 进行选择，以符合对应系列的编程代码，否则容易出错。需做如下几个项目的选择和输入。

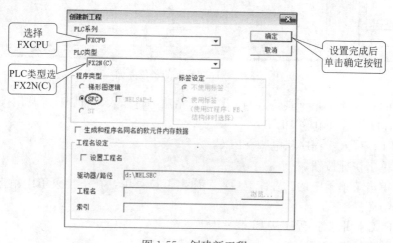

图 1-55　创建新工程

a. 在 PLC 系列下拉列表框中选择 FXCPU。

b. 在 PLC 类型下拉列表框中选择 FX2N（C）。

c. 在程序类型项中选择 SFC。

d. 在工程设置项中设置好工程名和保存路径。

完成上述项目之后单击"确定"。

④ 调出块列表窗口 完成上述工作后会弹出图 1-56 所示的块列表窗口。按图中所示，双击第零块。

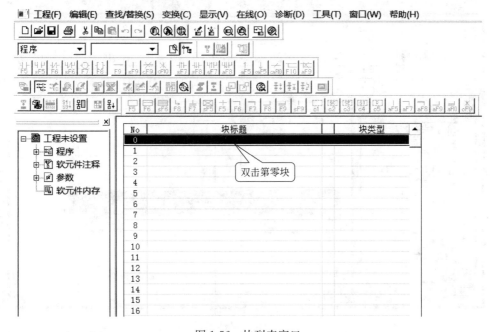

图 1-56 块列表窗口

⑤ 调出"块信息设置"对话框 双击第零块或其他块后，会弹出"块信息设置"对话框如图 1-57 所示。此时对块编辑进行类型选择的进入窗口。

图 1-57 "块信息设置"对话框

⑥ 块编辑类型选择 块编辑类型选择有 SFC 块和梯形图块两种选择。

在 SFC 编程理论中我们学到，SFC 程序由初始状态开始，故初始状态必须激活，而激活的方法是利用一段梯形图程序，且这一段梯形图程序必须放在 SFC 程序的开头。同理，在以后的 SFC 编程中，初始状态的激活都需由放在 SFC 程序的第一部分（即第零块）的一段梯形图程序来执行，这是需要注意的一点。所以，在这里应单击梯形图块，在块标题栏中，填写该块的说明标题，也可以不填。

⑦ 初始步激活梯形图编辑　单击"执行"按钮弹出梯形图编辑窗口见图 1-58，在右边梯形图编辑窗口中输入启动初始状态的梯形图。

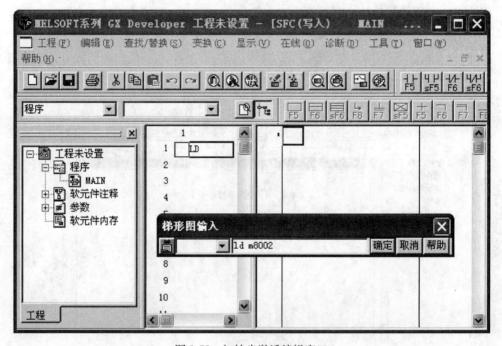

图 1-58　初始步激活编辑窗口

初始状态的激活一般采用辅助继电器 M8002 来完成，也可以采用其他触点方式来完成，这只需要在它们之间建立一个并联电路就可以实现。本例中我们利用 PLC 的辅助继电器 M8002 的初始脉冲使初始状态生效。

在梯形图编辑窗口中单击第零行输入初始化梯形图如图 1-59 所示，输入完成单击"变换"菜单选择"变换"项或按"F4"快捷键，完成梯形图的变换。

需注意，在 SFC 程序的编制过程中每一个状态中的梯形图编制完成后必须进行变换，才能进行下一步工作，否则弹出出错信息，如图 1-60 所示。

⑧ 调出第一块　完成了程序的第零块（梯形图块）编辑以后，双击工程数据列表窗口中的"程序"/"MAIN"（见图 1-61），返回块列表窗口见图 1-56。双击第一块，在弹出的"块信息设置"对话框中"块类型"一栏中选择"SFC"（见图 1-62），在块标题中可以填入相应的标题或什么也不填。

单击"执行"按钮，弹出 SFC 程序编辑窗口（见图 1-63）。在 SFC 程序编辑窗口中 1 处光标变成空心矩形。

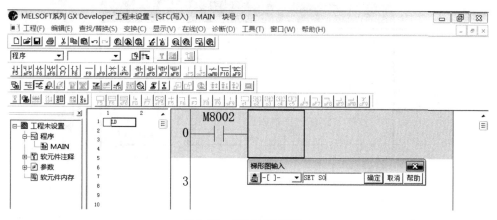

图1-59　梯形图编辑窗口

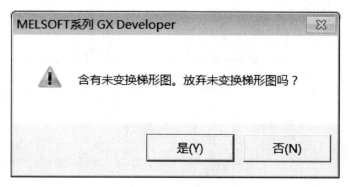

图1-60　弹出的出错信息窗口

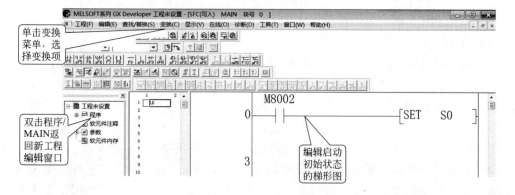

图1-61　梯形图输入完毕窗口

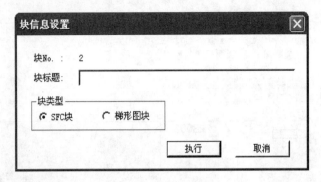

图 1-62　块信息设置

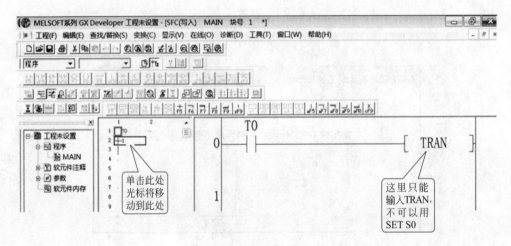

图 1-63　SFC 程序编辑窗口

⑨ 转换条件的编辑　SFC 程序中的每一个状态或转移条件都是以 SFC 符号的形式出现在程序中，每一种 SFC 符号都对应有图标和图标号，现在输入使状态发生转移的条件。

在 SFC 程序编辑窗口将光标移到第一个转移条件符号处（如图 1-63 所示标注）并单击，在右侧将出现梯形图编辑窗口，在此窗口中输入使状态转移的梯形图。从图窗口中可以看出，T0 触点驱动的不是线圈，而是 TRAN 符号，其含义表示转移（Transfer），这一点务必请注意。在 SFC 程序中，所有的转移都用 TRAN 表示，不能采用 SET＋S□语句表示，否则将出错。

对转换条件梯形图的编辑，可按 PLC 编程的要求，按上面的叙述完成。需注意的是，每编辑完一个条件后应按"F4"快捷键转换，转换后梯形图则由原来的灰色变成亮白色，完成转换后再看 SFC 程序编辑窗口中 1 处前面的问号（?）消失了。

⑩ 通用状态的编辑 在左侧的 SFC 程序编辑窗口中把光标下移到方向线底端，按工具栏中的工具按钮 或单击 "F5" 快捷键弹出 "步序输入设置" 对话框如图 1-64 所示。

图 1-64 SFC 符号输入的界面

输入步序标号后单击 "确定"，这时光标将自动向下移动，此时，可看到步序图标号前面有一个问号（?），这表明此步现在还没进行梯形图编辑，同时右边的梯形图编辑窗口呈现为灰色也表明为不可编辑状态，见图 1-65 所示。

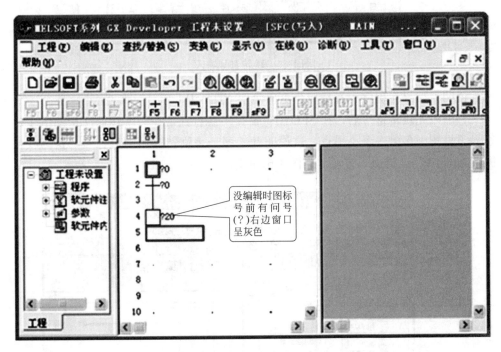

图 1-65 未进行编辑的状态步

下面对通用工序步进行梯形图编程。将光标移到步序号符号处，在步符号上单击后右边的窗口将变成可编辑状态，现在，可在此梯形图编辑窗口中输入梯形图。需注意，此处的梯形图是指程序运行到此工序步时所要驱动哪些输出线圈，在本例中，现在所要获得的通用工序步 20 是驱动输出线圈 Y0 及时间继电器 T0 线圈。

用相同的方法把控制系统一个周期内所有的通用状态编辑完毕。

说明：在通用状态编辑过程中，每编辑完一个通用步后，不需要再操作"程序"/"MAIN"而返回到块列表窗口（见图1-59）再次执行块列表编辑，而是在一个初始状态下，直接进行SFC图形编辑。

⑪ 系统循环或周期性的工作编辑　SFC程序在执行过程中，无一例外地会出现返回或跳转的编辑问题，这是执行周期性的循环所必需的。要在SFC程序中出现跳转符号，需用 ![] 或 JUMP 指令加目标号进行设计。现在进行返回初始状态编辑，如图1-66所示。输入方法是：把光标移到方向线的最下端，按"F8"快捷键或者单击 ![] 按钮，在弹出的对话框中填入要跳转到的目标的步序号，然后单击"确定"按钮。

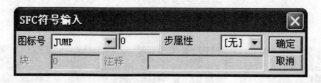

图1-66　跳转符号输入

说明：如果在程序中有选择分支也要用"JUMP＋标号"来表示。

当输入完跳转符号后，在SFC编辑窗口中会看到，在有跳转返回指向的步序符号方框图中多出一个小黑点，这说明此工序步是跳转返回的目标步，这为我们阅读SFC程序也提供了方便，如图1-67所示。

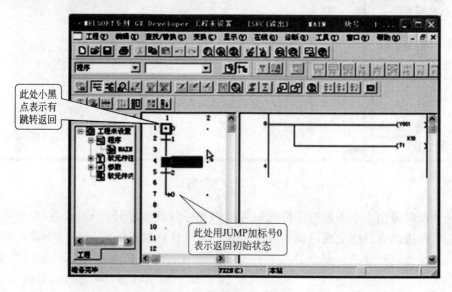

图1-67　完整的SFC程序

⑫ 程序变换 在所有 SFC 程序编辑完后，可单击变换按钮 🔧 进行 SFC 程序的变换（编译），如果在变换时弹出了"块信息设置"对话框，可不用理会，直接单击"执行"按钮即可。经过变换后的程序如果成功，就可以进行仿真实验或写入 PLC 进行调试了。

若要观看 SFC 程序所对应的顺序控制梯形图，可以单击"工程"/"编辑数据"/"改变程序类型"，进行数据改变（如图 1-68 所示）。

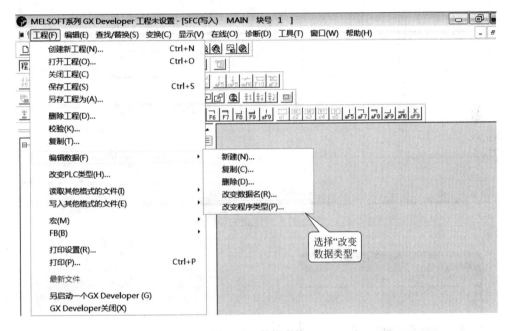

图 1-68 数据变换

执行改变数据类型后，可以看到由 SFC 程序变换成的梯形图程序，如图 1-69 所示。

以上介绍了单序列的 SFC 程序的编制方法，了解了 SFC 程序中状态符号的输入方法。需要强调的两点：①在 SFC 程序中仍然需要进行梯形图的设计；②SFC 程序中所有的状态转移需用 TRAN 表示。

（4）在线监控与仿真

① 梯形图逻辑测试 编辑完成后，单击"工具"，选择"梯形图逻辑测试启动"，等待模拟写入 PLC 完成后，弹出一个标题为"LADDER LOGIC TEST TOOL"的对话框，如图 1-70 所示，该对话框用来模拟 PLC 实物的运行界面。

此外在 GX Developer 的右上角还会弹出一个标题为"监视状态"的消息框，如图 1-71 所示，它显示的是仿真的时间单位和模拟 PLC 的运行状态。

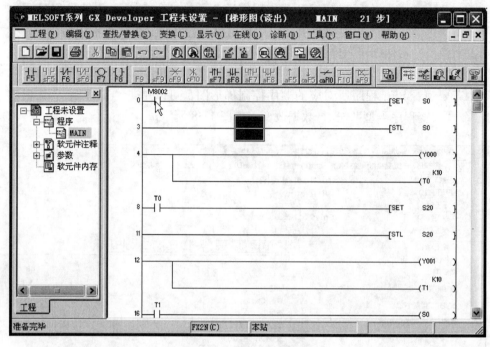

图 1-69 转化后的梯形图

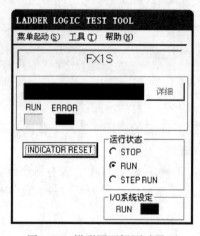

图 1-70 梯形图逻辑测试界面

图 1-71 监视状态

在原来的梯形图程序中，常闭触点都变成了蓝色，这是因为梯形图逻辑测试启动后，系统默认状态是 RUN，因此开始扫描和执行程序，并同时输出程序运行的结果。在仿真中，导通的元件都会变成蓝色。这是由于 X0 处于断开状态，所有线圈都未通电，因此只有常闭触点为蓝色。如图 1-72 所示。

② 在线监控与仿真　如果选择 X0 并右击，在弹出选项中选择"软元件测试"，弹出对话框如图 1-73 所示。

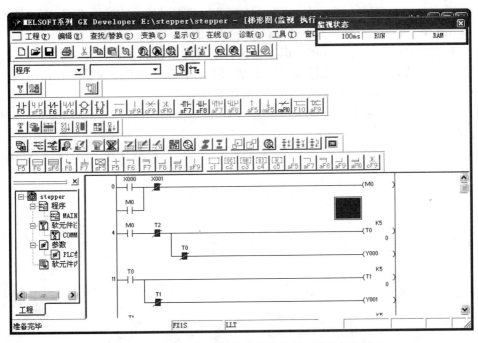

图 1-72　梯形图逻辑测试启动常闭触点变成蓝色的界面

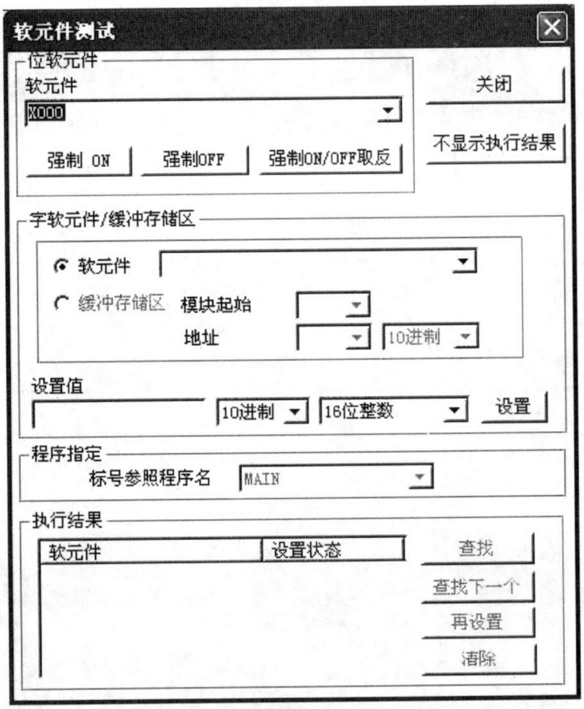

图 1-73　软元件测试界面

单击"强制 ON",并将模拟 PLC 界面上的状态设置为 RUN,则程序开始运行,M0 变为 ON,定时器开始计时,在定时器的下方还有已计的时间显示。

观察仿真的整个运行过程,可以大致判断程序运行的流程。如果仿真中元件状态变化太快,可以通过选择模拟 PLC 界面上的 STEP RUN,并依次单击主窗口中的"在线","调试"下的"步执行"来仿真。

仿真完成后,单击主菜单中的"工具",选择"梯形图逻辑测试结束",退出仿真。

第2章 ◂◂◂

PLC基本指令编程实例

2.1 单按钮简单点动控制编程

2.1.1 控制要求

用 PLC 实现电动机的点动控制，控制要求为：按下按钮 SB，电动机启动；松开按钮 SB，电动机停止。电动机继电器点动控制线路如图 2-1 所示。

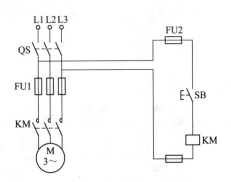

图 2-1 点动控制线路

2.1.2 控制程序编写

(1) PLC 的 I/O 点的确定和分配　点动控制 I/O 分配如表 2-1 所示。

(2) PLC 接线图　电动机点动控制的 PLC 硬件接线如图 2-2 所示。

(3) 程序编写　编写控制程序如图 2-3 所示。

表 2-1　点动控制 I/O 分配表

输入元件		输出元件	
SB	X000	KM	Y000

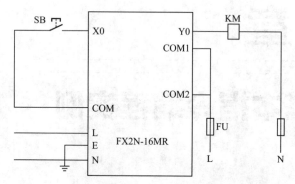

图 2-2　点动控制 I/O 接线图

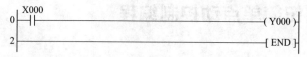

图 2-3　点动控制梯形图

2.1.3　编程指令诠释

（1）语句表

```
0 LD X0     1 OUT Y0     2 END
```

（2）程序解释　当 X0 接通时，Y0 接通；当 X0 断开时，Y0 断开。

（3）指令诠释

① 基本指令　如表 2-2 所示。

表 2-2　基本指令

符号	指令含义	功能	梯形图	操作元件
LD	取	常开触点接于左母线	⊢⊢	X，Y，M，T，C，S
LDI	取反	常闭触点接于左母线	⊢⊬	X，Y，M，T，C，S
OUT	输出	线圈驱动	○⊢	Y，M，T，C，S，F
END	结束	输入输出处理和返回到 0 步程序	⊣ END ⊢	无

② 指令使用说明

a. LD 和 LDI 指令用于将常开和常闭触点接到左母线上。

b. LD 和 LDI 在电路块分支起点处也使用。

c. OUT 指令是对输出继电器、辅助继电器、状态继电器、定时器、计数器的线圈驱动指令，不能用于驱动输入继电器。

d. OUT 指令可作多次并联使用，如图 2-4 所示。

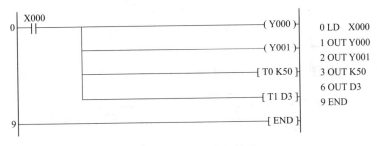

图 2-4　OUT 指令的并联

e. 定时器的计时线圈或计数器的计数线圈，使用 OUT 指令后，必须设定值（常数 K 或指定数据寄存器的地址号）。如 {T0 K50}、{T1 D0}、{C0 K50} 中 K50、D0 即为设定值。

2.2　双按钮自锁控制编程

2.2.1　控制要求

继电器-接触器控制的电动机的启动、自锁及停止电路，如图 2-5 所示。按下启动按钮 SB1，接触器 KM 线圈得电并自锁，电动机启动连续运行。若电动机过载，则热继电器 FR 动作，其常闭触点使接触器断电而使电动机断电停止。按下停止按钮 SB2，接触器 KM 线圈失电，电动机停止运行。

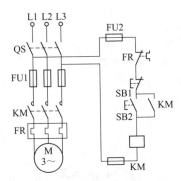

图 2-5　电动机自锁控制线路

2.2.2　控制程序编写

（1）I/O 点的确定和分配　I/O 点的确定和分配如表 2-3 所示。

表 2-3 自锁控制 I/O 分配表

输入元件		输出元件	
FR	X000	KM	Y000
SB1	X001		
SB2	X002		

（2）PLC 接线图 电动机自锁控制的 PLC 硬件接线如图 2-6 所示。

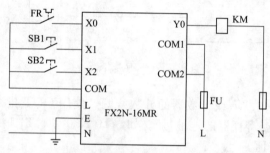

图 2-6 自锁控制 I/O 接线图

（3）程序编写 编写控制程序如图 2-7 所示。

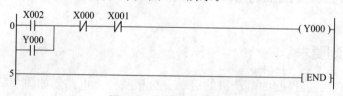

图 2-7 自锁控制梯形图

2.2.3 编程指令诠释

（1）语句表

```
0 LD  X0    1 OR  Y0    3 ANI X1
4 ANI X2    5 OUT Y0    6 END
```

（2）程序解释 当 X0 接通时，Y0 接通并自锁；当过载时，X2 接通，Y0 断开；当 X1 接通时，Y0 断开。

（3）指令诠释

① 基本指令 如表 2-4 所示。

表 2-4 基本指令

符号	指令含义	功能	操作元件
AND	与	常开触点串联连接	X, Y, M, T, C, S
ANI	与非	常闭触点串联连接	X, Y, M, T, C, S
OR	或	常开触点并联连接	X, Y, M, T, C, S
ORI	或非	常闭触点并联连接	X, Y, M, T, C, S

② 指令使用说明

a. AND、ANI 指令可进行 1 个触点的串联连接，串联触点的数量不受限制，可连续使用。

b. OUT 指令之后，通过触点对其他线圈使用 OUT 指令，称之为纵接输出。纵接输出若顺序不错，可多次重复使用；若顺序颠倒，就需要用后面要学的栈指令（MPS/MRD/MPP）。

c. OR、ORI 指令用作 1 个触点的并联连接指令。

d. OR、ORI 指令可以连续使用，并且不受使用次数的限制。

e. OR、ORI 指令是从该指令的步开始，与前面的 LD、LDI 指令步进行并联连接。

f. 当常开或常闭触点与其他触点组成的混联电路块并联时，也可以用 OR、ORI 指令。

2.3 单按钮计数控制编程

2.3.1 控制要求

按下一次按钮，向计数器输送一个计数脉冲，到计数器的设定值时，输出负载才工作。

2.3.2 控制程序编写

（1）I/O 点的确定和分配　I/O 点的确定和分配如表 2-5 所示。

表 2-5 单按钮计数控制 I/O 分配表

输入元件		输出元件	
SB1	X000	KM	Y000

（2）PLC 接线图　单按钮计数控制的 PLC 硬件接线如图 2-8 所示。

（3）程序编写　编写控制程序如图 2-9 所示。

2.3.3 编程指令诠释

（1）语句表

```
0  LD  M8002      1  RST  C0      3  LD  X000      4  OUT  C0  K4
6  LD  C0          7  OUT  Y000    8  END
```

（2）程序解释　每按下一次按钮，计数器对这个脉冲信号进行计数，计数到 4 次，C0 常开触点闭合，使 Y0 线圈接通。每次开机自动对计数器清零（计

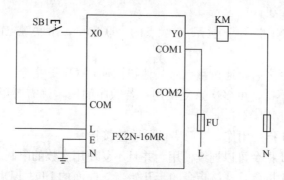

图 2-8　单按钮计数控制 I/O 接线图

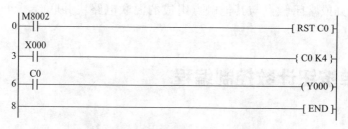

图 2-9　单按钮计数控制梯形图

数器复位)。

(3) 指令诠释

① 基本指令　如表 2-6 所示。

表 2-6　基本指令

符号	指令含义	功能	操作元件
RST	复位	对用 SET 指令接通的元件、计数器、积算定时器等进行复位	积算 T, C, D, V, Z

② 指令使用说明

a. 对数据寄存器 D、变址寄存器 V 和 Z 的内容清零时,也可使用 RST 指令。

b. 积算定时器 T249～255 的当前值复零和触点复位也可用 RST。

c. 用 SET 指令使软元件接通后,须用 RST 指令才能使其断开。

2.4　电动机顺序启动控制编程

2.4.1　控制要求

电动机 M1 先启动,电动机 M2 才能启动。顺序启动控制线路如图 2-10 所示。

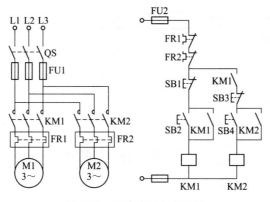

图 2-10　顺序启动控制线路

2.4.2　控制程序编写

（1）I/O点的确定和分配　I/O点的确定和分配如表 2-7 所示。

表 2-7　顺序启动控制 I/O 分配表

输入元件		输出元件	
SB1	X000	KM1	Y000
SB2	X001	KM2	Y001
SB3	X002		
SB4	X003		

（2）PLC接线图　电动机顺序启动的 PLC 硬件接线如图 2-11 所示。

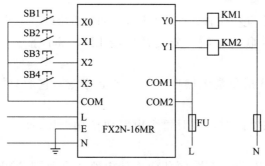

图 2-11　顺序启动控制 I/O 接线图

（3）程序编写　编写控制程序如图 2-12 所示。

2.4.3　编程指令诠释

（1）语句表

```
0  LD   X000      1  OR   Y000      3  ANI  X001      4  OUT  Y000
5  LD   Y000      6  LD   X002      7  OR   Y001      8  ANB
```

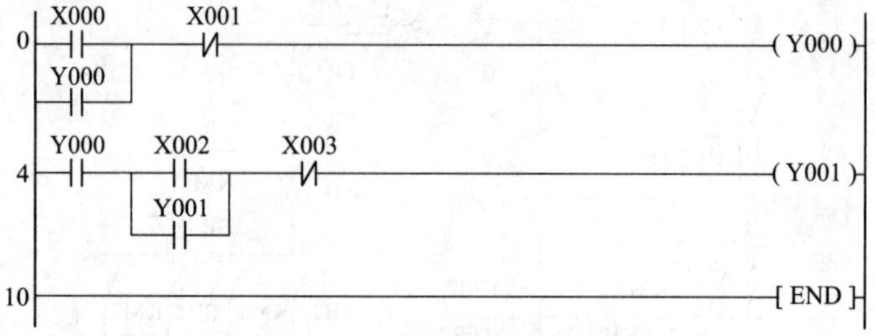

图 2-12 顺序启动控制梯形图

9 ANI X003   10 OUT Y001   11 END

（2）程序解释

① 当 X0 接通时，Y0 接通并自锁；

② Y0 接通后，当 X2 接通时，Y1 接通并自锁；

③ 当 X3 接通时，Y1 断开；

④ 当 X1 接通时，Y0、Y1 都断开。

（3）指令诠释

① 基本指令　如表 2-8 所示。

表 2-8　基本指令

符号	指令含义	功能	操作元件
ANB	并联电路块串联块指令	将分支电路（并联电路块）与前面的电路串联	无
ORB	串联电路块并联块指令	串联电路块（两个以上触点串联的电路）并联	无

② 指令使用说明

a. ORB、ANB 无操作软元件，2 个以上的触点串联的电路称串联电路块；

b. 串联电路并联连接时，分支开始用 LD、LDI 指令，分支结束用 ORB 指令；

c. ORB、ANB 指令是无操作元件的独立指令，它们只描述电路的串并联关系；

d. 有多个串联电路时，若对每个电路块使用 ORB 指令，则串联电路没有限制；

e. 如多个并联电路块按顺序和前面的电路串联，则 ANB 指令的使用没有限制；

f. 使用 ORB、ANB 指令编程时，也可以采取 ORB、ANB 指令连续使用的方法，但只能连续使用不超过 8 次。在此建议不使用此法。

2.5　电动机正反转控制编程

2.5.1　控制要求

按下正转启动按钮 SB2，电动机正转；按下停止按钮 SB1，电动机断电；然后按下反转启动按钮 SB3，电动机反转；当电动机过载时，热继电器 FR 动作，电动机断电而受到保护；若电动机需要停止，只要按下停止按钮 SB1 即可。电动机正反转控制线路如图 2-13 所示。

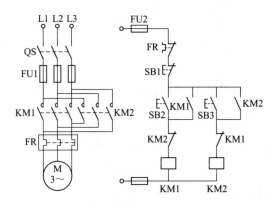

图 2-13　电动机正反转控制线路

特别说明：KM1、KM2 两个常闭触点是互锁触点，实现 KM1、KM2 两个接触器不会同时通电而避免主电路相间短路。

2.5.2　控制程序编写

（1）I/O点的确定和分配　I/O点的确定和分配如表 2-9 所示。

表 2-9　正反转控制 I/O 分配表

输入元件		输出元件	
FR	X000	KM1	Y000
SB1	X001	KM2	Y001
SB2	X002		
SB3	X003		

（2）PLC接线图　电动机正反转控制的 PLC 硬件接线如图 2-14 所示。

（3）程序编写　编写控制程序如图 2-15 所示。

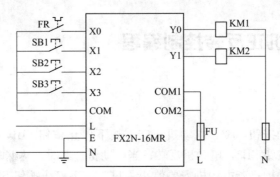

图 2-14　正反转控制 I/O 接线图

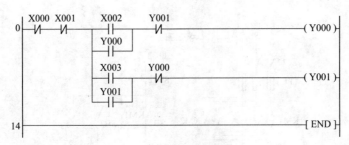

图 2-15　正反转控制梯形图

2.5.3　编程指令诠释

（1）语句表

```
0  LDI  X000     1  ANI  X001     2  MPS          3  LD   X002
4  OR   Y000     5  ANB            6  ANI  Y001    7  OUT  Y000
8  MPP            9  LD   X003    10  OR   Y001   11  ANB
13 ANI  Y000    14  OUT  Y001    15  END
```

（2）程序解释

① 当 X2 接通时，Y0 接通并自锁，且联锁 Y1 不能接通；

② 当 X3 接通时，Y1 接通并自锁，且联锁 Y0 不能接通；

③ 只有当 X1 接通，断开 Y0 或 Y1 解除互锁后，才能反向控制启动；

④ 当 X0 或 X1 接通时，Y0、Y1 都断开。

（3）指令诠释

① 基本指令　如表 2-10 所示。

表 2-10　基本指令

符号	指令含义	功能	操作元件
MPS	进栈	将逻辑运算结果存入栈存储器	无
MRD	读栈	读出栈 1 号存储器的结果	无
MPP	出栈	取出栈存储器结果并清除	无

② 指令使用说明

a. MPS、MRD、MPP 无操作软元件；

b. MPS、MPP 指令可以重复使用，但是连续使用不能超过 11 次，且两者必须成对使用缺一不可，MRD 指令有时可以不用；

c. MRD 指令可多次使用，但在打印等方面有 24 行限制；

d. 最终输出电路以 MPP 代替 MRD 指令，读出存储并复位清零；

e. MPS、MRD、MPP 指令之后若有单个常开或常闭触点串联，则应该使用 AND 或 ANI 指令；

f. MPS、MRD、MPP 指令之后若有触点组成的电路块串联，则应该使用 ANB 指令；

g. MPS、MRD、MPP 指令之后若无触点串联，直接驱动线圈，则应该使用 OUT 指令；指令使用可以有多层堆栈。

2.6 自动往复循环控制编程

2.6.1 控制要求

电动机正转拖动工作台向前，至指定位置撞击行程开关 SQ2，使电动机反转，拖动工作台向后，至指定位置撞击行程开关 SQ1，又使电动机反转，以后循环工作。

自动往复循环控制线路如图 2-16 所示。

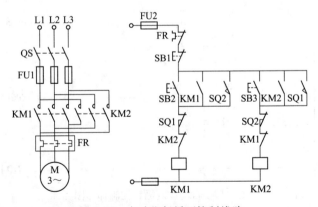

图 2-16　自动往复循环控制线路

2.6.2 控制程序编写

（1）I/O 点的确定和分配　如表 2-11 所示。

表 2-11　自动往复循环控制 I/O 分配表

输入元件		输出元件	
FR	X000	KM1	Y000
SB1	X001	KM2	Y001
SB2	X002		
SB3	X003		
SQ1	X004		
SQ2	X005		

（2）PLC 接线图　自动往复循环 PLC 控制的硬件接线如图 2-17 所示。

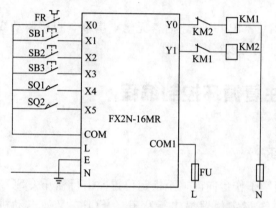

图 2-17　自动往复循环控制 I/O 接线图

（3）程序编写　编写控制程序如图 2-18 所示。

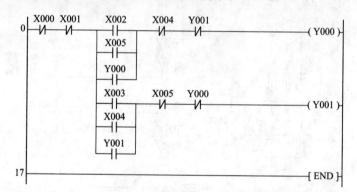

图 2-18　自动往复循环控制梯形图

2.6.3　编程指令诠释

（1）语句表

```
0  LDI  X000    1  ANI  X001    2  MPS          3  LD   X002
4  OR   X005    5  OR   Y000    6  ANB          7  ANI  X004
```

8	ANI	Y001	9	OUT	Y000	10	MPP		11	LD	X003
12	OR	X004	13	OR	Y001	14	ANB		15	ANI	X005
16	ANI	Y000	17	OUT	Y002	18	END				

（2）程序解释

① 当 X2 接通时，Y0 接通并自锁；

② 当 X4 接通时，Y0 断开且 Y1 接通并自锁；

③ 当 X3 接通时，Y1 接通并自锁；

④ 当 X5 接通时，Y1 断开且 Y0 接通并自锁；

⑤ 只有当 X1 接通，断开 Y0 或 Y1 解除互锁后，才能反向控制启动；

⑥ 当 X0 或 X1 接通时，Y0、Y1 都断开。

（3）指令诠释　块指令与栈指令的功能见 2.4 节和 2.5 节。

2.7　电动机 Y-△ 控制编程

2.7.1　控制要求

按下启动按钮电动机 Y 接减压启动，经过设定延时后切换成△接正常运行。
电动机 Y-△减压启动控制线路如图 2-19 所示。

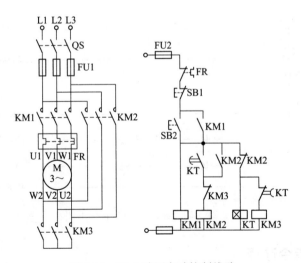

图 2-19　Y-△减压启动控制线路

2.7.2　控制程序编写

（1）I/O 点的确定和分配　I/O 点的确定和分配如表 2-12 所示。

表 2-12 Y-△减压启动控制 I/O 分配表

输入元件		输出元件	
FR	X000	KM1	Y000
SB1	X001	KM2	Y001
SB2	X002		
SB3	X003		

（2）PLC 接线图　Y-△减压启动控制的 PLC 硬件接线如图 2-20 所示。

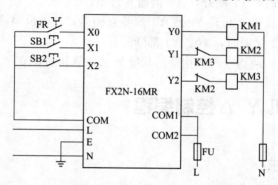

图 2-20　Y-△减压启动控制 I/O 接线图

（3）程序编写　编写控制程序如图 2-21 所示。

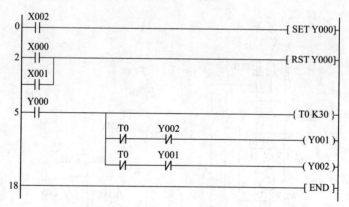

图 2-21　Y-△减压启动控制梯形图

2.7.3 编程指令诠释

（1）语句表

0	LD	X002	1	SET	Y000	2	LD	X000	3	OR	X001

0　LD　X002　　　1　SET　Y000　　　2　LD　X000　　　3　OR　X001
4　RST　Y000　　　5　LD　Y000　　　6　MPS　　　　　　7　OUT　T0　K30
10　MRD　　　　　11　ANI　T0　　　12　ANI　Y002　　　13　OUT　Y001
14　MPP　　　　　15　AND　T0　　　16　ANI　Y001　　　17　OUT　Y002
18　END

（2）程序解释

① 当 X2 接通时，Y0 接通并自锁；

② Y0 常开触点闭合，T0 开始定时 3s，Y1 接通；

③ T0 定时到，Y1 断开，接着 Y2 接通；

④ 只有当 X0 或 X1 接通，Y0 才断开。

（3）指令诠释

① 基本指令　如表 2-13 所示。

表 2-13　基本指令

符号	指令含义	功能	操作元件
SET	置位	驱动线圈输出，使动作保持，具有自锁功能	无
RST	复位	清除保持的动作，以及寄存器的清零	无

② 指令使用说明

a. X2 接通，即使之后断开，Y0 也保持接通；X0 或 X1 接通，即使断开，Y0 也不接通。

b. 用 SET 指令使软元件接通后，须用 RST 指令才能使其断开。

c. 如果二者对同一软元件操作的执行条件同时满足，则复零优先。

d. 对数据寄存器 D、变址寄存器 V 和 Z 的内容清零时，也可使用 RST 指令。

e. 积算定时器 T249～255 的当前值复零和触点复位也可用 RST。

2.8　绕线电动机串电阻启动控制编程

2.8.1　控制要求

绕线电动机开始启动时，启动电阻全部接入，以减小启动电流，保持较高的启动转矩。随着启动过程进行，电动机转速的升高，每隔一定时间，启动电阻被逐级短接切除。启动完毕后，启动电阻被全部切除，电动机在额定转速下运行。

绕线电动机串电阻启动控制线路如图 2-22 所示。

2.8.2　控制程序编写

（1）I/O 点的确定和分配　I/O 点的确定和分配如表 2-14 所示。

表 2-14　绕线电动机串电阻启动控制 I/O 分配表

输入元件		输出元件	
FR	X000	KM	Y000
SB1	X001	KM1	Y001
SB2	X002	KM2	Y002
		KM3	Y003

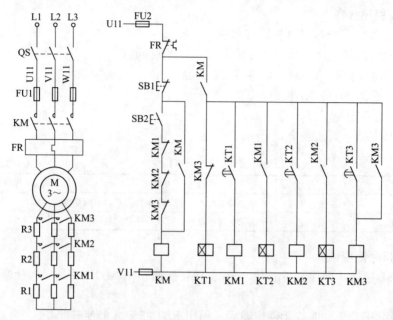

图 2-22　绕线电动机串电阻启动控制线路

（2）PLC 接线图　绕线电动机串电阻启动控制的 PLC 硬件接线如图 2-23 所示。

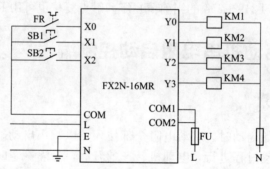

图 2-23　绕线电动机串电阻启动控制 I/O 接线图

（3）程序编写　编写控制程序如图 2-24 所示。

2.8.3　编程指令诠释

（1）语句表

0	LD	X002	1	OR	Y000	2	ANI	X000	3	ANI	X001
4	OUT	Y000	5	LD	Y000	6	MC	N0　M0	9	LDI	Y003
10	OUT	T0　K30	12	LD	T0	13	OUT	Y001	14	LD	Y001
15	OUT	T1　K40	17	LD	T1	18	OUT	Y002	19	LD	Y002
20	OUT	T2　K50	22	LD	T2	23	OR	Y003	24	OUT	Y003
25	MCR	N0	27	END							

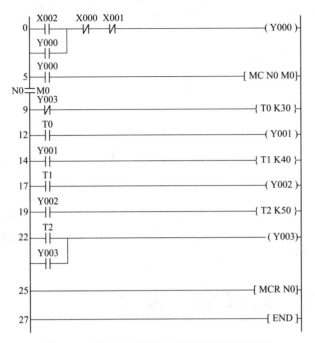

图 2-24　绕线电动机串电阻启动控制梯形图

（2）程序解释

① 当 X2 接通时，Y0 接通并自锁；

② 当 Y0 接通时，执行主控指令 MC 到 MCR 的程序；

③ T0 开始定时 3s，达到定时 T0 常开触点闭合，Y1 通电；

④ 接着 Y1 常开触点闭合，T1 开始定时 4s；

⑤ 达到定时，T1 常开触点闭合，Y2 通电；

⑥ 接着 Y2 常开触点闭合，T2 开始定时 5s；

⑦ T2 常开触点闭合，Y3 通电自锁；

⑧ Y3 常闭触点断开，T0、T1、T2 全部断电；

⑨ 主控返回；

⑩ 当 X0 或 X1 接通时，Y0、Y1、Y2、Y3 都断开。

（3）指令诠释

① 基本指令　如表 2-15 所示。

表 2-15　基本指令

符号	指令含义	功能	梯形图	操作元件
MC	主控指令	左母线移到 MC 触点的后面	⊣├⊢ MC N Y,M ⊢ └M除特殊辅助继电器以外	Y、M
MCR	主控复位指令	将临时母线返回原母线的位置	⊣├⊢ MCR N ⊢	

② 指令使用说明

a. MC、MCR 指令的目标元件为 Y 和 M，但不能用特殊辅助继电器；

b. MC 占 3 个程序步，MCR 占 2 个程序步；

c. 主控触点是与左母线相连的常开触点，是控制一组电路的总开关；

d. 与主控触点相连的触点必须用 LD 或 LDI 指令；

e. 使用主控指令后母线临时移到主控触点后，必须用 MCR 指令将临时母线返回原位置；

f. MC 指令的输入触点断开时，在 MC 和 MCR 之内的积算定时器、计数器、用置位/复位指令驱动的软元件保持其之前的状态不变，非积算定时器、用 OUT 指令驱动的软元件将复位；

g. 在一个 MC 指令区内若再使用 MC 指令称为嵌套。嵌套级数最多为 8 级，编号按 N0→N1→N2→N3→N4→N5→N6→N7 顺序增大，每级的返回用对应的 MCR 指令，从编号大的嵌套级开始复位。

2.9 绕线电动机调速控制编程

2.9.1 控制要求

绕线电动机调速控制线路如图 2-25 所示。

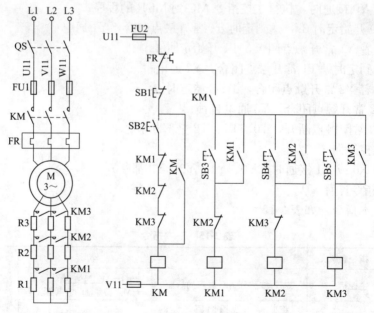

图 2-25　绕线电动机调速控制线路

① 按下 SB2，KM 通电自锁，电动机串全部电阻启动，以最低速度 1 挡运行。

② 按下 SB3，KM1 通电自锁，切除电阻 R1，电动机运行在中速 2 挡。

③ 按下 SB4，KM2 通电自锁，切除电阻 R2，电动机运行在高速 3 挡。

④ 按下 SB5，KM3 通电自锁，切除电阻 R3，电动机以最高速度运行。

⑤ 由于后一挡启动前一挡的接触器可以断电，因此将 KM2 的常闭触点串接到 KM1 线圈，将 KM3 的常闭触点串接到 KM2 线圈，以切断其电源。

⑥ 按下 SB1，所有接触器断电，电动机停止。

2.9.2 控制程序编写

（1）I/O 点的确定和分配　I/O 点的确定和分配如表 2-16 所示。

表 2-16　绕线电动机调速控制 I/O 分配表

输入元件		输出元件	
FR	X000	KM	Y000
SB1	X001	KM1	Y001
SB2	X002	KM2	Y002
SB3	X003	KM3	Y003
SB4	X004		
SB5	X995		

（2）PLC 接线图　绕线电动机调速控制的 PLC 硬件接线如图 2-26 所示。

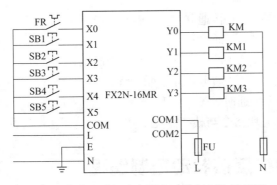

图 2-26　绕线电动机串电阻启动控制 I/O 接线图

（3）程序编写　编写控制程序如图 2-27 所示。

2.9.3 编程指令诠释

（1）语句表

```
0  LD  X002    1  OR  Y000    2  ANI X000    3  ANI  X001
4  OUT Y000    5  LD  Y000    6  MPS         7  LD   X003
```

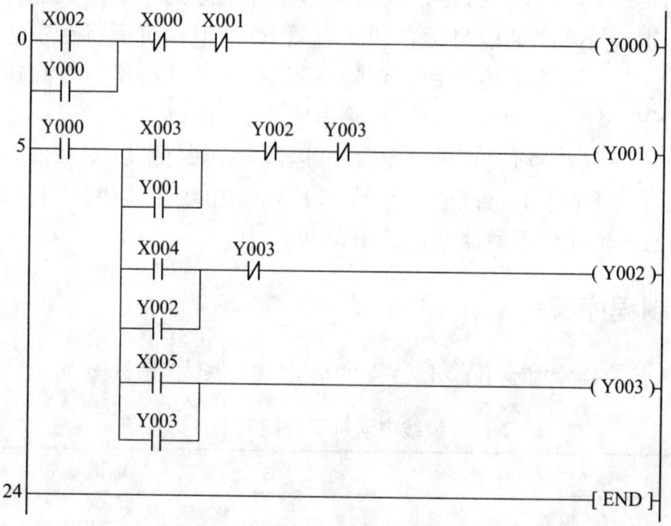

图 2-27　绕线电动机调速控制梯形图

8	OR	Y001	9	ANB		10	ANI	Y002	11	ANI	Y003
12	OUT	Y001	13	MRD		14	LD	X004	15	OR	Y002
16	ANB		17	ANI	Y003	18	OUT	Y002	19	MPP	
20	LD	X005	21	OR	Y003	22	ANB		23	OUT	Y003
24	END										

（2）程序解释

① 当 X2 接通时，Y0 接通并自锁；

② 当 X3 接通时，Y1 通电；

③ 当 X4 接通时，Y2 通电，并且联锁 Y1 断电；

④ 当 X5 接通时，Y3 通电，并且联锁 Y1、Y2 断电；

⑤ 当 X0 或 X1 接通时，Y0、Y1、Y2、Y3 都断开。

（3）指令诠释　块指令与栈指令见前述。

2.10　电动机反接制动控制编程

2.10.1　控制要求

按下 SB2 电动机运行，速度继电器的常开触点 KS 闭合。当需要停车制动时，按下 SB1，KM1 先断电，电动机依惯性继续运转；接着 KM2 通电，电动机通入反向电源而制动。待制动结束，利用 KS 常开触点的断开而切除制动电源。电动机反接制动控制线路如图 2-28 所示。

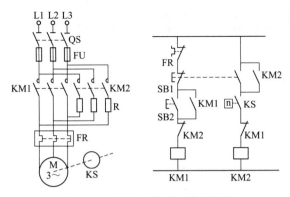

图 2-28　电动机反接制动控制线路

2.10.2　控制程序编写

（1）I/O 点的确定和分配　I/O 点的确定和分配如表 2-17 所示。

表 2-17　电动机反接制动控制 I/O 分配表

输入元件		输出元件	
FR	X000	KM1	Y000
SB1	X001	KM2	Y001
SB2	X002		
KS	X003		

（2）PLC 接线图　电动机反接制动控制的 PLC 硬件接线如图 2-29 所示。

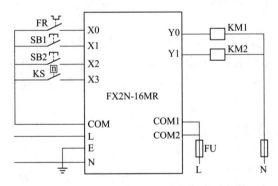

图 2-29　电动机反接制动控制 I/O 接线图

（3）程序编写　编写控制程序如图 2-30 所示。

2.10.3　编程指令诠释

（1）语句表

```
0 LD X002     1 OR Y000     2 ANI X000     3 ANI X001
```

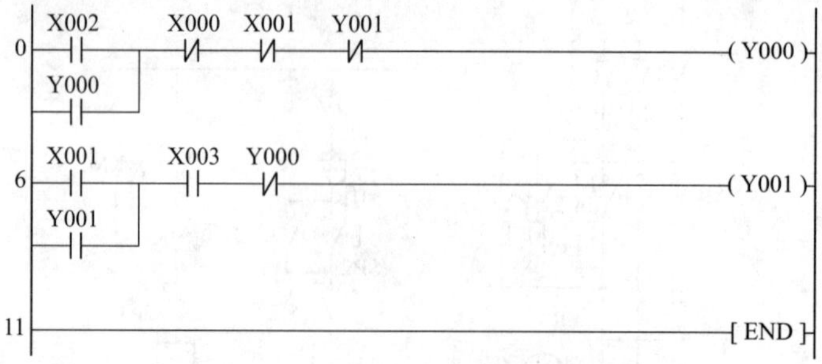

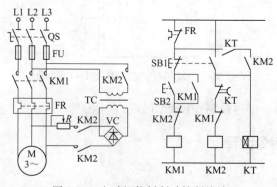

图 2-30　电动机反接制动控制梯形图

4 ANI　Y001　　5 OUT　Y000　　6 LD　X001　　7 OR　Y001
8 AND　X003　　9 ANI　Y000　　10 OUT　Y001　　11 END

（2）程序解释

① 当 X2 接通时，Y0 接通并自锁；

② 待电动机转速升高 X3 接通；

③ 当 X1 接通时，Y0 断电，Y1 接通并自锁；

④ 待电动机制动至转速很低时，X3 断开，Y1 断电；

⑤ 当 X0 或 X1 接通时，Y0 断开。

（3）指令诠释　基本指令见前述。

2.11　电动机能耗制动控制编程

2.11.1　控制要求

按下 SB2 电动机运行。当需要停车制动时，按下 SB1，KM1 先断电，电动机依惯性继续运转；接着 KM2 通电，电动机通入直流电源而制动。同时时间继电器 KT 通电延时，到时 KT 常闭触点断开而切除制动电源。电动机能耗制动控制线路如图 2-31 所示。

图 2-31　电动机能耗制动控制线路

2.11.2　控制程序编写

（1）I/O 点的确定和分配　I/O 点的确定和分配如表 2-18 所示。

表 2-18　电动机能耗制动控制 I/O 分配表

输入元件		输出元件	
FR	X000	KM1	Y000
SB1	X001	KM2	Y001
SB2	X002		

（2）PLC 接线图　电动机能耗制动控制的 PLC 硬件接线如图 2-32 所示。

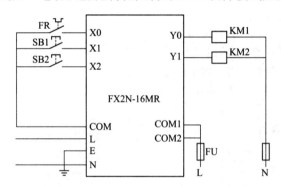

图 2-32　电动机能耗制动控制 I/O 接线图

（3）程序编写　编写控制程序如图 2-33 所示。

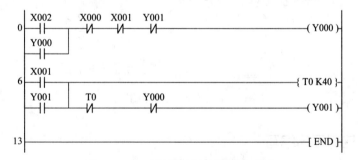

图 2-33　电动机能耗制动控制梯形图

2.11.3　编程指令诠释

（1）语句表

```
0  LD   X002      1  OR   Y000      2  ANI  X000      3  ANI  X001
4  ANI  Y001      5  OUT  Y000      6  LD   X001      7  OR   Y001
8  OUT  T0  K40    10 ANI  T000     11 ANI  Y000      12 OUT  Y001
13 END
```

（2）程序解释

① 当 X2 接通时，Y0 接通并自锁；

② 当 X1 接通，Y0 断电，Y1 接通并自锁；

③ 同时 T0 通电延时；

④ 延时到，T0 常闭触点断开，Y1 断电；

⑤ 当 X0 或 X1 接通时，Y0 断开。

（3）指令诠释　基本指令见前述。

2.12 双速电动机控制编程

2.12.1 控制要求

按下 SB2 电动机作△连接低速运行。按下 SB3 电动机作 2Y 连接高速运行。双速电动机控制线路如图 2-34 所示。

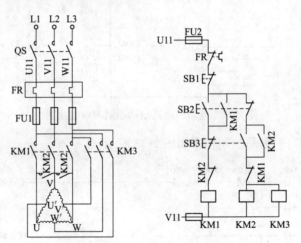

图 2-34　双速电动机控制线路

2.12.2 控制程序编写

（1）I/O 点的确定和分配　I/O 点的确定和分配如表 2-19 所示。

表 2-19　双速电动机控制 I/O 分配表

输入元件		输出元件	
FR	X000	KM1	Y000
SB1	X001	KM2	Y001
SB2	X002	KM3	T002
SB3	X003		

（2）PLC 接线图　双速电动机控制的 PLC 硬件接线如图 2-35 所示。

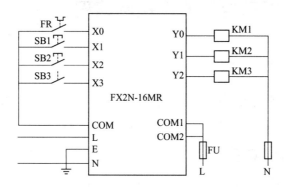

图 2-35　双速电动机控制 I/O 接线图

（3）程序编写　编写控制程序如图 2-36 所示。

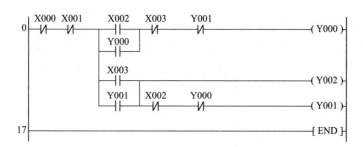

图 2-36　双速电动机控制梯形图

2.12.3　编程指令诠释

（1）语句表

0　LDI　X000	1　ANI　X001	2　MPS	3　LD　X002
4　OR　Y000	5　ANB	6　ANI　X003	7　ANI　Y000
8　OUT　Y000	9　MPP	10　LD　X003	11　OR　Y001
12　ANB	13　OUT　Y002	14　ANI　X002	15　ANI　Y000
16　OUT　Y001	17　END		

（2）程序解释

① 当 X2 接通时，Y0 接通并自锁；

② 当 X3 接通时，Y0 断电，Y1、Y2 接通并自锁；

③ 当 X0 或 X1 接通时，Y0 断开。

（3）指令诠释　基本指令见前述。

2.13 公共厕所自动冲水控制编程

2.13.1 控制要求

公共洗手间小便池在有人使用时光电开关使 X0 为 ON，冲水控制系统在使用者使用 3s 后令 Y0 为 ON，冲水 2s，使用者在离开后冲水。

2.13.2 控制程序编写

（1）I/O 点的确定和分配　I/O 点的确定和分配如表 2-20 所示。

表 2-20　公共厕所自动冲水控制 I/O 分配表

输入元件		输出元件	
光电开关 SA	X000	冲水电磁阀 YA	Y000

（2）PLC 接线图　公共厕所自动冲水控制的 PLC 硬件接线如图 2-37 所示。

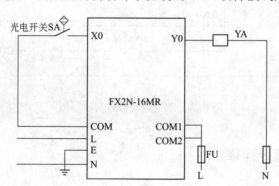

图 2-37　公共厕所自动冲水控制 I/O 接线图

（3）程序编写　编写控制程序如图 2-38 所示。

2.13.3 编程指令诠释

（1）语句表

0	LDP X000	2	OR M0	3	ANI T0	4	OUT M0
5	OUT T0 K30	7	LD T0	8	OR Y0	9	OR M1
10	ANI T1	11	OUT Y0	12	OUT T1 K20	14	LDF X0
16	OR M1	17	ANI T1	18	OUT M1	19	END

（2）程序解释

① 在 X0 接通瞬间，M0 接通并自锁；

② 同时 T0 通电延时 3s；

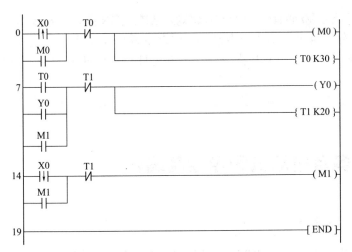

图 2-38 公共厕所自动冲水控制梯形图

③ 延时到，Y0 接通并自锁；

④ 同时 T1 通电延时 2s；

⑤ 延时到，Y0 断电；

⑥ 在 X0 断电瞬间，M1 接通并自锁；

⑦ Y0 再次接通并自锁；

⑧ 同时 T1 通电延时 2s；

⑨ 延时到，Y0 断电。

（3）指令诠释

① 基本指令 如表 2-21 所示。

表 2-21 基本指令

符号	指令含义	功能	操作元件
PLS	上升沿微分脉冲指令	当检测到上升沿信号时，驱动的操作软元件产生一个脉冲宽度为一个扫描周期的脉冲信号	
PLF	下降沿微分脉冲指令	当检测到下降沿信号时，驱动的操作软元件产生一个脉冲宽度为一个扫描周期的脉冲信号	
LDP	脉冲上升沿检测运算开始	检测到信号的上升沿时闭合一个扫描周期	X、Y、M、S、T、C
LDF	脉冲下降沿检测运算开始	检测到信号的下降沿时闭合一个扫描周期	
ANDP	脉冲上升沿检测串联连接	检测到位软元件上升沿信号时闭合一个扫描周期	
ANDF	脉冲下降沿检测串联连接	检测到位软元件下降沿信号时闭合一个扫描周期	
ORP	脉冲上升沿检测并联连接	检测到位软元件上升沿信号时闭合一个扫描周期	
ORF	脉冲下降沿检测并联连接	检测到位软元件下降沿信号时闭合一个扫描周期	

② 指令使用说明

a. PLS 指令驱动的软元件只在逻辑输入结果由 OFF 到 ON 时动作一个扫描周期；

b. PLF 指令驱动的软元件只在逻辑输入结果由 ON 到 OFF 时动作一个扫描周期；

c. 特殊辅助继电器不能作为 PLS、PLF 的操作软元件；

d. LDP、ANDP、ORP 指令驱动的软元件只在脉冲由 OFF 到 ON 时动作一个扫描周期；

e. LDF、ANDF、ORF 指令驱动的软元件只在脉冲由 ON 到 OFF 时动作一个扫描周期。

2.14 多台电动机顺序控制编程

2.14.1 控制要求

三台电动机的自动控制线路，要求 M1 启动后经 10s 后 M2 自动启动，然后经 8s 后 M3 自动启动，再经 25s 后三台电动机自动停止。如图 2-39 所示。

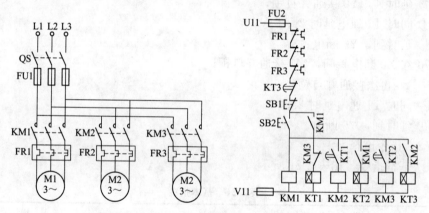

图 2-39 多台电动机顺序控制线路

2.14.2 控制程序编写

（1）I/O 点的确定和分配 I/O 点的确定和分配如表 2-22 所示。

表 2-22 多台电动机顺序控制 I/O 分配表

输入元件		输出元件	
FR1	X000	KM1	Y000
FR2	X001	KM2	Y001
FR3	X002	KM3	Y002
SB1	X003		
SB2	X004		

（2）PLC 接线图 多台电动机顺序控制的 PLC 硬件接线如图 2-40 所示。

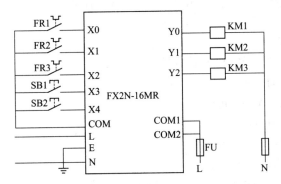

图 2-40 多台电动机顺序控制 I/O 接线图

（3）程序编写 编写控制程序如图 2-41 所示。

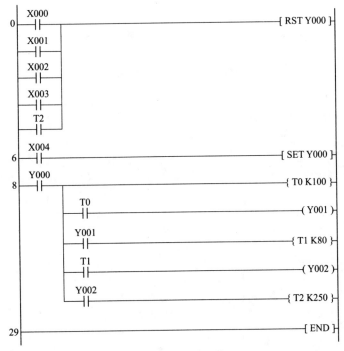

图 2-41 多台电动机顺序控制梯形图

2.14.3 编程指令诠释

（1）语句表

0	LD	X000	1	OR	X001	2	OR	X002	3	OR	X003
4	OR	T2	5	RST	Y000	6	LD	X004	7	SET	Y000
8	LD	Y000	9	MPS		10	OUT	T0	K100	13	MRD	

14	AND	T0		15	OUT	Y001	16	MRD		17	AND	Y1
18	OUT	T1	K100	21	MRD		22	AND	T1	23	OUT	Y002
24	MPP			25	AND	Y002	26	OUT	T2 K250	29	END	

（2）程序解释

① 当 X4 接通时，Y0 接通并自锁；

② T0 开始定时 10s；

③ T0 延时到，Y1 接通；

④ T1 开始定时 8s；

⑤ T1 延时到，Y2 接通；

⑥ T2 开始定时 25s；

⑦ T2 延时到，或者接通 X0 或 X1 或 X2 或 X3，Y2 复位断电。

（3）指令诠释　基本指令见前述。

第3章 ◂◂◂

SFC编程实例

3.1 运料小车单行程的控制编程

3.1.1 控制要求

运料小车单行程运动控制如图 3-1 所示。

图 3-1 运料小车单行程运动控制示意图

按下启动按钮 SB2，运料小车前进，到位后压迫行程开关 SQ1 动作，运料小车马上后退。（SQ1 通常处于断开状态，只有小车前进到位时才转为接通，其他行程开关的动作也相同）。

运料小车后退到位，压迫行程开关 SQ2 动作，停 5s 再次前进，直到行程开关 SQ3 动作，运料小车马上后退。到位后压迫行程开关 SQ2 动作，运料小车停止。

3.1.2 控制程序编写

（1）PLC 的 I/O 点的确定和分配　运料小车单行程运动控制 I/O 分配如表 3-1 所示。

表 3-1 运料小车单行程运动控制 I/O 分配表

输入元件		输出元件	
FR	X000	KM1	Y000
SB1	X001	KM2	Y001
SB2	X002		
SQ1	X003		
SQ2	X004		
SQ3	X005		

（2）PLC 接线图　运料小车单行程运动控制的 PLC 硬件接线如图 3-2 所示。

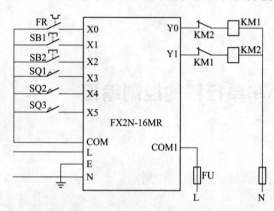

图 3-2 运料小车单行程运动控制 I/O 接线图

（3）程序编写　编写控制程序如图 3-3 所示。

3.1.3 编程指令诠释

（1）语句表

0	LD M8002	1	SET S0	3	STL S0	4	AND X2
5	SET S20	7	STL S20	8	AND M8000	9	MPS
10	ANI Y1	11	OUT Y0	12	MRD	13	AND X3
14	SET S21	16	MPP	17	LD X0	18	OR X1
19	ANB	20	SET S0	22	STL S21	23	AND M8000
24	MPS	25	ANI Y0	26	OUT Y1	27	MRD
28	AND X4	29	SET S22	31	MPP	32	LD X0
33	OR X1	34	ANB	35	SET S0	37	STL S22
38	AND M8000	39	MPS	40	OUT T0 K50	43	MRD
44	AND T0	45	SET S23	47	MPP	48	LD X0
49	OR X1	50	ANB	51	SET S0	53	STL S23
54	AND M8000	55	MPS	56	ANI Y1	57	OUT Y0
58	MRD	59	AND X5	60	SET S24	62	MPP

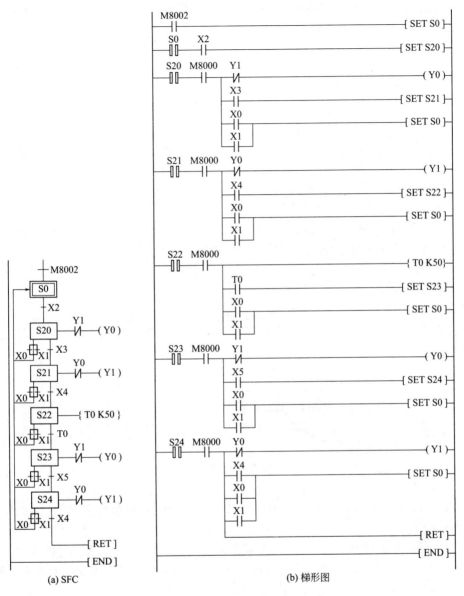

(a) SFC   (b) 梯形图

图 3-3　运料小车单行程的控制程序

63	LD	X0	64	OR	X1	65	ANB		66	SET	S0
68	STL	S24	69	AND	M8000	70	MPS		71	ANI	Y0
72	OUT	Y1	73	MPP		74	LD	X4	75	OR	X0
76	OR	X1	77	ANB		78	SET	S0	80	RET	
81	END										

（2）程序解释

① LPC 一旦运行，程序进入初始状态 S0 步。初始状态用双线框表示，通常

081

用特殊辅助继电器 M8002 的常开触点提供初始信号。其作用是为启动作好准备，防止运行中的误操作引起的再次启动。

② 启动信号 X2 接通，转移到 S20 步。

③ S20 的步进接点接通，Y0 接通保持。直到 X3 信号接通，则转移到 S21 步；或者过载信号 X0 或停止信号 X1 接通，转移到 S0 步。

④ S21 的步进接点接通，Y1 接通保持。直到 X4 信号接通，则转移到 S22 步；或者过载信号 X0 或停止信号 X1 接通，转移到 S0 步。

⑤ S22 的步进接点接通，T0 接通定时 5s。直到定时到达，则转移到 S23 步；或者过载信号 X0 或停止信号 X1 接通，转移到 S0 步。

⑥ S23 的步进接点接通，Y0 接通保持。直到 X5 信号接通，则转移到 S24 步；或者过载信号 X0 或停止信号 X1 接通，转移到 S0 步。

⑦ S24 的步进接点接通，Y1 接通保持。直到 X4 信号接通，则转移到 S0 步；或者过载信号 X0 或停止信号 X1 接通，转移到 S0 步。

(3) 指令诠释

① 步进指令　如表 3-2 所示。

表 3-2　步进指令

符号	指令含义	功能	梯形图	操作元件
STL	步进接点	将步进接点接到临时左母线		S
RET	步进返回	使临时左母线回到原来左母线的位置		无

② 指令使用说明

a. STL 触点是与左侧母线相连的常开触点，某 STL 触点接通，则对应的状态为活动步。

b. 与 STL 触点相连的触点应用 LD 或 LDI 指令，只有执行完 RET 后才返回左侧母线。

c. STL 触点可直接驱动或通过别的触点驱动 Y、M、S、T 等元件的线圈。

d. 由于 PLC 只执行活动步对应的电路块，因此使用 STL 指令时允许双线圈输出（顺控程序在不同的步可多次驱动同一线圈）。

e. STL 触点驱动的电路块中不能使用 MC 和 MCR 指令，但可以用 CJ 指令。

f. 在中断程序和子程序内，不能使用 STL 指令。

g. 状态 S 在不用于步进控制时，也可作一般辅助继电器使用，此时与辅助继电器一样。但作为辅助继电器使用时，不能提供步进接点（步进接点是可以产生一定步进动作的接点）。

h. 输出的驱动方法。STL 内的母线一旦写入 LD 或 LDI 指令后，对不需要触点的线圈就不能再编程，如图 3-4（a）所示。若要编程，需变换成图 3-4（b）所示。

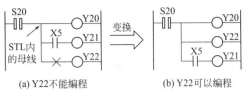

(a) Y22不能编程　　　　　(b) Y22可以编程

图 3-4　SFC 输出的驱动方法

i. 栈指令的位置。不能在 STL 内的母线处直接使用栈指令（MPS/MRD/MPP），须在 LD 或 LDI 指令后使用栈指令，如图 3-5（a）所示。

j. 状态的转移方法。对于 STL 指令后的状态（S），OUT 指令和 SET 指令具有同样的功能，都将自动复位转移源和置位转移目标。但 OUT 指令用于向分离状态转移，而 SET 指令用于向下一个状态转移。如图 3-5（b）所示。

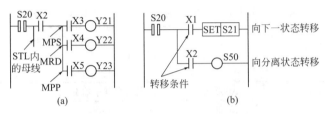

(a)　　　　　　　　(b)

图 3-5　SFC 状态的转移方法

3.2　运料小车有减速保护的控制编程

3.2.1　控制要求

运料小车有减速保护的运动控制如图 3-6 所示。

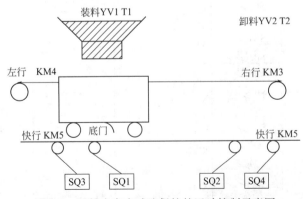

图 3-6　运料小车有减速保护的运动控制示意图

小车处于最左端时，压下行程开关 SQ3，SQ3 为小车的原位开关。按下启动按钮 SB2，装料电磁阀 YC1 得电，延时 20s，小车装料结束。接着控制器 KM3、KM5 得电，向右快行；碰到限位开关 SQ2 后，KM5 失电，小车慢行；碰到 SQ4

时，KM3失电，小车停止。

此后，电磁阀YC2得电，卸料开始，延时15s后，卸料结束；接触器KM4、KM5得电，小车向左快行；碰到限位开关SQ1后，KM5失电，小车慢行；碰到SQ3时，KM4失电，小车停止，回到原位，完成一个循环工作过程。

整个过程分为装料—右快行—右慢行—卸料—左快行—左慢行六个状态，如此周而复始地循环。

3.2.2 控制程序编写

（1）PLC的I/O点的确定和分配 运料小车有减速保护的运动控制I/O分配如表3-3所示。

表3-3 运料小车有减速保护的运动控制I/O分配表

输入元件		输出元件	
FR	X000	装料电磁阀YV1	Y000
SB1	X001	卸料电磁阀YV2	Y001
SB2	X002	右行控制接触器KM3	Y002
SQ1	X003	左行控制接触器KM4	Y003
SQ2	X004	快速控制接触器KM5	Y004
SQ3	X005		
SQ4	X006		

（2）PLC接线图 运料小车有减速保护的运动控制的PLC硬件接线如图3-7所示。

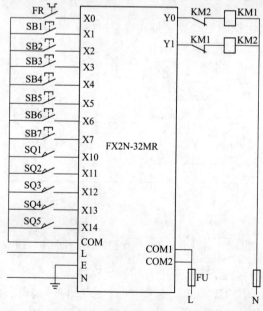

图3-7 运料小车有减速保护运动控制I/O接线图

（3）程序编写　编写控制程序如图 3-8 所示。

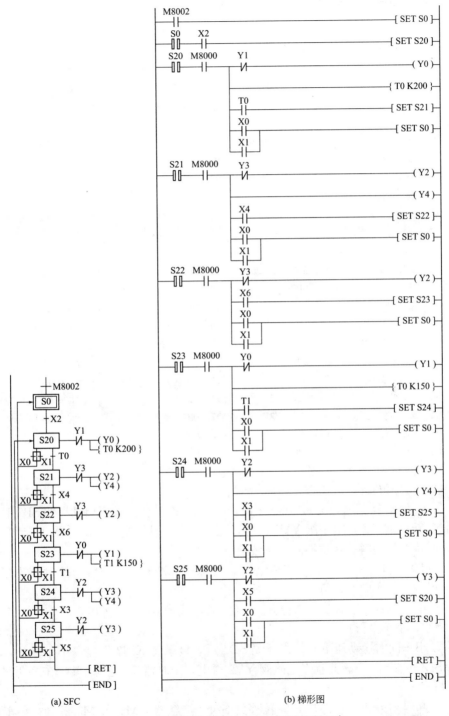

(a) SFC

(b) 梯形图

图 3-8　运料小车有减速保护的运动控制程序

3.2.3 编程指令诠释

（1）语句表

0	LD	M8002	1	SET	S0	3	STL	S0	4	AND X2
5	SET	S20	7	STL	S20	8	AND	M8000	9	MPS
10	ANI	Y1	11	OUT	Y0	12	MRD		13	OUT T0 K200
16	MRD		17	AND	T0	18	SET	S21	20	MPP
21	LD	X0	22	OR	X1	23	ANB		24	SET S0
26	STL	S21	27	AND	M8000	28	MPS		29	ANI Y3
30	OUT	Y2	31	MRD		32	OUT	Y4	33	MRD
34	AND	X4	35	SET	S22	37	MPP		38	LD X0
39	OR	X1	40	ANB		41	SET	S0	43	STL S22
44	AND	M8000	45	MPS		46	ANI	Y3	47	OUT Y2
48	MRD		49	AND	X6	50	SET	S23	52	MPP
53	LD	X0	54	OR	X1	55	ANB		56	SET S0
58	STL	S23	59	AND	M8000	60	MPS		61	ANI Y0
62	OUT	Y1	63	MRD		64	OUT	T1 K150	67	MRD
68	AND	T1	69	SET	S24	70	MPP		71	LD X0
72	OR	X1	73	ANB		74	SET	S0	76	STL S24
77	AND	M8000	78	MPS		79	ANI	Y2	80	OUT Y3
81	MRD		82	OUT	Y4	83	MRD		84	AND X3
85	SET	S25	87	MPP		88	LD	X0	89	OR X1
90	ANB		91	SET	S0	93	STL	S25	94	AND M8000
95	MPS		96	ANI	Y2	97	OUT	Y3	98	MRD
99	AND	X5	100	SET	S20	102	MPP		103	LD X0
104	OR	X1	105	ANB		106	SET	S0	107	RET
108	END									

（2）程序解释

① 当 PLC 运行时，通过 M8002 使初始状态 S0 动作。按下启动按钮 SB2 时状态由 S0 转移到 S20，电磁阀 YV1 得电，此时所有接触器复位，定时器 T0 计定时 20s，此状态为装料，在这期间小车装料。

② T0 定时 20s 后，小车装料结束，状态从 S20 转移到 S21，接触器 KM3、KM5 得电，小车向右快行。

③ 小车向右运动碰到右限位开关 SQ2 后，接触器 KM5 失电，状态从 S21 转移到 S22，小车慢行。

④ 小车向右运动压下右行程开关 SQ4 后，接触器 KM3 失电，小车停止，状态从 S22 转移到 S23。此状态电磁阀 YV2 得电，定时器 T1 定时 15s，在这期间小车卸料。

⑤ 卸料结束后，状态从 S23 转移到 S24，接触器 KM4、KM5 得电，小车向左快行。小车向左运动碰到左限位开关 SQ1 后，接触器 KM5 失电，状态从 S24

转移到 S25，小车慢行。

⑥ 小车向左运动压下左行程开关 SQ3 后，接触器 KM4 失电，小车停止，状态从 S22 转移到状态 S20。此状态电磁阀 YV1 得电，第二次定时装料 20s，如此循环。

⑦ 任何时候，过载信号 X0 或停止信号 X1 接通，转移到 S0 步。

（3）指令诠释　步进指令的功能参见上一节。

3.3　运料小车多行程的控制编程

3.3.1　控制要求

某自动生产线上运料小车的运动如图 3-9 所示。

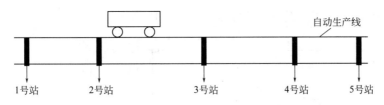

图 3-9　运料小车多行程的控制示意图

运料小车由一台三相异步电动机拖动，电动机正转小车向右行，电动机反转小车向左行。在生产线上有 5 个编码为 1~5 的站点供小车停靠，在每个停靠站安装一个行程开关以监测小车是否到达该站点。对小车的控制除了启动按钮和停止按钮之外，还设有 5 个呼叫按钮（SB1~SB5）分别与 5 个停靠站点相对应。

运料小车在自动化生产线上运动的控制要求如下。

① 按下启动按钮，系统开始工作，按下停止按钮，系统停止工作；

② 当小车当前所处停靠站的编码小于呼叫按钮的编码时，小车向右运行到按钮所对应的停靠站时停止；

③ 当小车当前所处停靠站的编码大于呼叫按钮的编码时，小车向左运行，运行到按钮所对应的停靠站时停止；

④ 当小车当前所处停靠站的编码等于呼叫按钮的编码时，小车保持不动。呼叫按钮 SB1~SB5 应具有互锁功能，先按下者优先。

3.3.2　控制程序编写

（1）PLC 的 I/O 点的确定和分配　具体的分配如表 3-4 所示。

表 3-4   运料小车多行程的控制 I/O 分配与 M 分配表

输入地址	外部输入设备	输出地址	外部输出设备
X000	热继电器 FR	Y000	电动机反转控制继电器
X001	停止按钮 SB1	Y001	电动机正转控制继电器
X002	启动按钮 SB2		
X003	1 号站呼叫按钮 SB3		
X004	2 号站呼叫按钮 SB4		
X005	3 号站呼叫按钮 SB5		
X006	4 号站呼叫按钮 SB6		
X007	5 号站呼叫按钮 SB7	中间继电器地址	功能说明
X010	1 号站行程开关 SQ1	M5	小车所在站编号＞呼叫编号
X011	2 号站行程开关 SQ2	M6	小车所在站编号＝呼叫编号
X012	3 号站行程开关 SQ3	M7	小车所在站编号＜呼叫编号
X013	4 号站行程开关 SQ4		
X014	5 号站行程开关 SQ5		

（2）PLC 接线图   系统硬件接线图如图 3-10 所示。

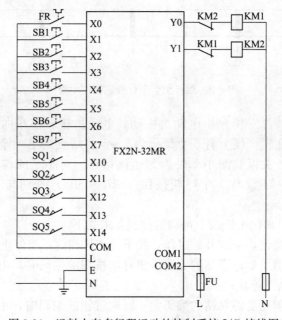

图 3-10   运料小车多行程运动的控制系统 I/O 接线图

图中 KM1 和 KM2 分别是控制电动机正转运行（小车右行前进）和反转运行（小车左行后退）的交流接触器。KM1 的线圈串联 KM2 的常闭辅助触点，KM2 的线圈串联 KM1 的常闭辅助触点，组成硬件互锁电路，可以避免因正反转切换过程中电感的延时作用而导致原接通的接触器的主触点还未断弧时，另一个接触器的主触点闭合而造成交流电源相间短路的故障。

（3）程序编写   编写控制程序如图 3-11 所示。

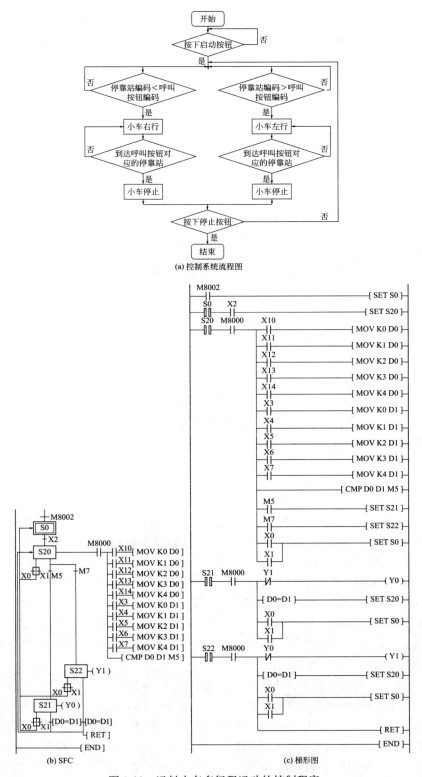

图 3-11 运料小车多行程运动的控制程序

3.3.3 编程指令诠释

(1) 语句表

0	LD	M8002	1	SET	S0	3	STL	S0	4	AND	X2
5	SET	S20	7	STL	S20	8	AND	M8000	9	MPS	
10	AND	X10	11	MOV	K0 D0	16	MRD		17	AND	X11
18	MOV	K1 D0	23	MRD		24	AND	X12	25	MOV	K2 D0
30	MRD		31	AND	X13	32	MOV	K3 D0	37	MRD	
38	AND	X14	39	MOV	K4 D0	44	MRD		45	AND	X3
46	MOV	K0 D1	51	MRD		52	AND	X4	53	MOV	K1 D1
58	MRD		59	AND	X5	60	MOV	K2 D1	65	MRD	
66	AND	X6	67	MOV	K3 D1	72	MRD		73	AND	X7
74	MOV	K4 D1	79	MRD		80	CMP	D0 D1 M5	87	MRD	
88	AND	M5	89	SET	S21	90	MRD		91	AND	M7
92	SET	S22	94	MPP		95	LD	X0	96	OR	X1
97	ANB		98	SET	S0	100	STL	S21	101	AND	M8000
102	MPS		103	ANI	Y1	104	OUT	Y0	105	MRD	
106	AND=	D0 D1	111	SET	S20	113	MPP		114	LD	X0
115	OR	X1	116	ANB		117	SET	S0	119	STL	S21
120	AND	M8000	121	MPS		122	ANI	Y0	123	OUT	Y1
124	MRD		125	AND	D0=D1	130	SET	S20	132	MPP	
133	LD	X0	134	OR	X1	135	ANB		136	SET	S0
138	RET		139	END							

(2) 程序解释

① 行程开关：程序中5个站的行程开关分别用数字0~4来表示。当小车在1号站时，行程开关X010受压，将数字0传送到数据寄存器D0；当小车在2号站时，行程开关X011受压，将数字1传送到数据寄存器D0。依次类推，当小车在5号站时，行程开关X014得电，将数字4传送到数据寄存器D0。其程序指令如：LD X010 MOV K0 D0（小车在1号站）。

② 呼叫按钮：程序中5个站的呼叫按钮也分别用数字0~4来表示，5个呼叫按钮SB1~SB5先按下者优先。当按下1号站呼叫按钮SB3时，X003得电，数字0传送到数据寄存器D1；当按下2号站呼叫按钮SB4时，X004得电，数字1传送到数据寄存器D1；依次类推，当按下5号站呼叫按钮SB7时，X007得电，数字4传送到数据寄存器D1。程序指令如：

AND X003   MOV K0 D1   （1号站呼叫按钮）。

③ 比较：对行程开关数据寄存器D0和呼叫按钮数据寄存器D1中的数据进行比较。当（D0）＞（D1）时，即小车当前所处停靠站的编码大于呼叫按钮的编码时，M5得电，小车向左运行；当（D0）＝（D1）时，即小车当前所处停靠站的编码等于呼叫按钮的编码时，M6得电，小车不动；当（D0）＜（D1）时，即小

车当前所处停靠站的编码小于呼叫按钮的编码时，M7得电，小车向右运行。程序指令为： CMP D0 D1 M5。

④ 向左运动：小车当前所处停靠站的编码大于呼叫按钮的编码时，小车向左运行，运行到呼叫按钮所对应的停靠站时停止。

⑤ 向右运动：小车当前所处停靠站的编码小于呼叫按钮的编码时，小车向右运行，运行到呼叫按钮所对应的停靠站时停止。

（3）指令诠释

① 步进指令：参见上一节。

② 传送指令MOV：如MOV K0 D0表示将K0传送到D0中。占5个程序步。

③ 比较指令CMP：如CMP D0 D1 M5表示比较D0与D1的大小而驱动以M5为首元的三个连续元件。当D0＞D1时M5接通，当D0＝D1时M6接通，当D0＜D1时M7接通。

④ 触点比较指令：如AND D0＝D1表示当D0＝D1时该串联触点接通。

3.4 双运料小车的控制编程

3.4.1 控制要求

生产流水线上两台运料小车送料，其控制要求为：按下启动按钮SB1，小车甲从行程开关SQ1处前进到SQ2处停止10s，再退到SQ1处停止；小车乙从行程开关SQ3处前进到SQ4处停10s，再退到SQ3处停止。小车运动示意图如图3-12所示。

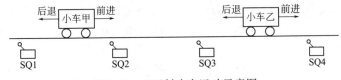

图3-12 双运料小车运动示意图

3.4.2 控制程序编写

（1）PLC的I/O点的确定和分配 具体的分配如表3-5所示。

表3-5 双运料小车的控制I/O分配表

输入元件		输出元件	
热继电器FR	X000	小车甲前进控制接触器KM1	Y000
启动按钮SB1	X001	小车甲后退控制接触器KM2	Y001
停止按钮SB2	X002	小车乙前进控制接触器KM3	Y002
行程开关SQ1	X003	小车乙后退控制接触器KM4	Y003
行程开关SQ2	X004		
行程开关SQ3	X005		
行程开关SQ4	X006		

（2）PLC接线图　系统硬件接线图如图3-13所示。

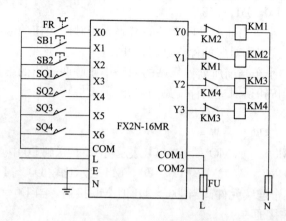

图3-13　双运料小车的控制I/O接线图

（3）程序编写　编写控制程序如图3-14所示。

3.4.3　编程指令诠释

（1）语句表

0	LD	M8002	1	SET	S0	3	STL	S0	4	AND	X2
5	SET	S20	7	SET	S23	9	STL	S20	10	AND	M8000
11	MPS		12	ANI	Y1	13	OUT	Y0	14	MRD	
15	AND	X4	16	SET	S21	18	MPP		19	LD	X0
20	OR	X1	21	ANB		22	SET	S0	24	STL	S21
25	AND	M8000	26	MPS		27	OUT	T0 K100	30	MRD	
31	AND	T0	32	SET	S22	34	MPP		35	LD	X0
36	OR	X1	37	ANB		38	SET	S0	40	STL	S22
41	AND	M8000	42	MPS		44	ANI	Y0	44	OUT	Y1
45	MRD		46	AND	X3	47	SET	S20	49	MPP	
50	LD	X0	51	OR	X1	52	ANB		53	SET	S0
55	STL	S23	56	AND	M8000	57	MPS		58	ANI	Y3
59	OUT	Y2	60	MRD		61	AND	X6	62	SET	S24
64	MPP		65	LD	X0	66	OR	X1	67	ANB	
68	SET	S0	70	STL	S24	71	AND	M8000	72	MPS	
73	OUT	T1 K100	76	MRD		77	AND	T1	78	SET	S25
80	MPP		81	LD	X0	82	OR	X1	83	ANB	
84	SET	S0	86	STL	S25	87	AND	M8000	88	MPS	
89	ANI	Y2	90	OUT	Y3	91	MRD		92	AND	X5
93	SET	S23	95	MPP		96	LD	X0	97	OR	X1
98	ANB		99	SET	S0	101	RET		102	END	

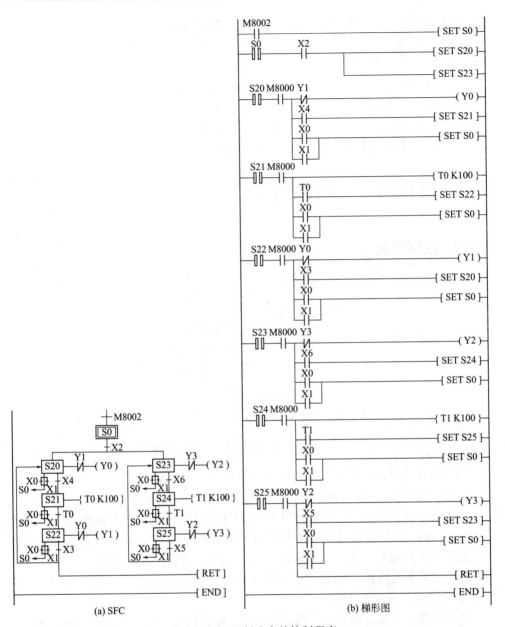

图 3-14 双运料小车的控制程序

（2）程序解释

① 通过 M8002 使初始状态 S0 动作。按下启动按钮 SB2 时状态由 S0 转移到 S20 及 S23。

② S20 接通 Y0 接通，小车甲前进，直到碰到右限位开关 SQ2 后，X4 接通，转移到 S21，定时器 T0 延时 10s。

③ 延时到，转移到 S22，此阶段 Y1 接通，小车甲向左后退，直到碰到左限

位开关 SQ1 后，X3 接通，转移返回到 S20。如此循环。

④ S23 接通 Y2 接通，小车乙前进，直到碰到右限位开关 SQ4 后，X6 接通，转移到 S24，定时器 T1 延时 10s。

⑤ 延时到，转移到 S25，此阶段 Y3 接通，小车乙向左后退，直到碰到左限位开关 SQ3 后，X5 接通，转移返回到 S23。如此循环。

⑥ 任何时候，过载信号 X0 或停止信号 X1 接通，转移到 S0 步。

（3）指令诠释　步进指令的应用参见前面几节。

3.5　液体混合器的控制编程

3.5.1　控制要求

两种液体自动混合搅拌系统示意图如图 3-15 所示。

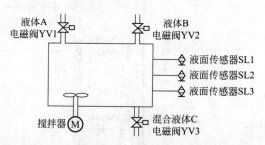

图 3-15　两种液体自动混合搅拌系统示意图

该液体自动混合搅拌系统的动作为：启动系统之前，容器是空的，各阀门关闭，各传感器 SL1＝SL2＝SL3＝OFF，搅拌电动机 M＝OFF。

首先按下启动按钮，自动打开电磁阀 YV1 使液体 A 流入。当液面到达传感器 SL2 的位置时，关闭电磁阀 YV1，同时打开电磁阀 YV2 使液体 B 流入。当液面到达传感器 SL1 位置时，关闭电磁阀门 YV2，同时启动搅拌电动机搅拌 1min。搅拌完毕后，打开混合液体 C 的放液电磁阀 YV3。当液面到达传感器 SL3 的位置时，再继续放液 6s 后关闭放液阀。

若按下停止按钮，则就此停机；如未按下停止按钮，则又开始下一次循环。

3.5.2　控制程序编写

（1）PLC 的 I/O 点的确定和分配　两种液体自动混合搅拌控制系统 I/O 分配如表 3-6 所示。

（2）PLC 接线图　两种液体自动混合搅拌控制系统的 PLC 硬件接线如图 3-16 所示。

表3-6　两种液体自动混合搅拌控制系统 I/O 分配表

输入元件		输出元件	
热继电器常闭触点 FR	X000	A 液体控制电磁阀 YV1	Y000
停止按钮 SB1	X001	B 液体控制电磁阀 YV2	Y001
启动按钮 SB2	X002	C 液体控制电磁阀 YV3	Y002
液位传感器 SL1	X003	搅拌电动机控制接触器 KM	Y003
液位传感器 SL2	X004		
液位传感器 SL3	X005		

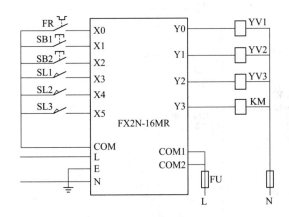

图 3-16　两种液体自动混合搅拌控制系统 I/O 接线图

（3）程序编写　编写控制程序如图 3-17 所示。

3.5.3　编程指令诠释

（1）语句表

0	LD	M8002	1	SET	S0	3	STL	S0
4	AND	X2						
5	SET	S20	7	STL	S20	8	OUT	Y0
9	AND	X4						
10	SET	S21	12	STL	S21	13	OUT	Y1
14	AND	X4						
15	SET	S22	17	STL	S22	18	AND	M8000
19	MPS							
20	ANI	X0	21	OUT	Y3	22	MPP	
23	OUT	T0　K600						
26	AND	T0	27	SET	S23	29	STL	S23
30	OUT	Y2						
31	AND	X5	32	SET	S24	34	STL	S24
35	AND	M8000						
36	MPS		37	OUT	Y2	38	OUT	T1　K60
41	MRD							
42	AND	T1	43	SET	S20	45	MPP	
46	AND	X1						
47	SET	S20	49	RET		50	END	

（2）程序解释

① 由停止转入运行时，通过 M8002 使初始状态 S0 动作。

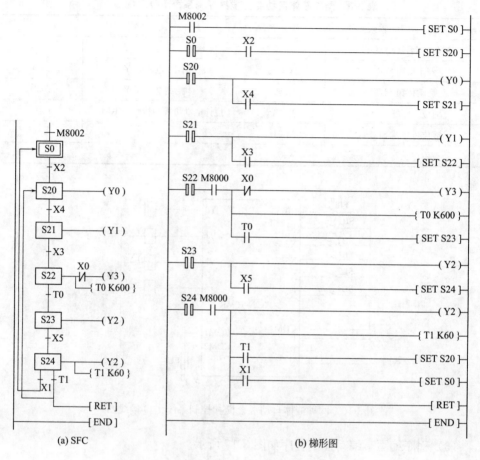

图 3-17　两种液体自动混合搅拌控制系统程序

② 按下启动按钮 SB2 时状态由 S0 转移到 S20，Y0 接通，电磁阀 YV1 得电，此状态为 A 液体流入装料容器内。

③ 待液面上升到液位传感器 SL2，X4 接通，状态从 S20 转移到 S21，Y1 接通，电磁阀 YV2 得电，此状态为 B 液体流入装料容器内。

④ 待液面上升到液位传感器 SL1，X3 接通，状态从 S21 转移到 S22，Y3 接通，接触器 KM 接通，搅拌电动机工作，此状态为液体混合搅拌，定时 60s。

⑤ 定时到，状态从 S22 转移到 S23，Y2 接通，电磁阀 YV3 得电，此状态为混合液体 C 流出。

⑥ 待液面下降到液位传感器 SL3，X5 接通，状态从 S23 转移到 S24，继续 Y2 接通，延时 6s，此状态为混合液体排空。

⑦ 定时到，状态从 S24 转移到 S20，以后循环以上过程。同时，若按下停止按钮 SB1，X1 接通，状态从 S24 转移到 S0。

（3）指令诠释　参见前面几节。

3.6 霓虹灯闪烁的控制编程

3.6.1 控制要求

用 PLC 控制霓虹灯的自动闪烁，其内容为"娄底职院欢迎您"，这 11 个字用 11 个灯点亮并实现闪烁。其闪烁要求为：启动后，依次点亮 11 个字亮 1s，再将这 11 个字以 0.6s 的周期闪烁 3 次，然后返回循环进行。霓虹灯闪烁次序如表 3-7 所示。

表 3-7 霓虹灯闪烁次序表

灯号 ＼ 步序	1	2	3	4	5	6	7	8
HL1	×							闪烁
HL2		×						闪烁
HL3			×					闪烁
HL4				×				闪烁
HL5					×			闪烁
HL6						×		闪烁
HL7							×	闪烁

3.6.2 控制程序编写

（1）PLC 的 I/O 点的确定和分配　具体的分配如表 3-8 所示。

表 3-8 霓虹灯闪烁的控制 I/O 分配表

输入元件		输出元件	
停止按钮 SB1	X000	"娄"字彩灯 HL1	Y000
启动按钮 SB2	X001	"底"字彩灯 HL2	Y001
		"职"字彩灯 HL3	Y002
		"院"字彩灯 HL4	Y003
		"欢"字彩灯 HL5	Y004
		"迎"字彩灯 HL6	Y005
		"您"字彩灯 HL7	Y006

（2）PLC接线图　系统硬件接线图如图 3-18 所示。

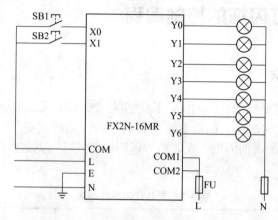

图 3-18　霓虹灯闪烁的控制 I/O 接线图

（3）程序编写　编写控制程序如图 3-19 所示。

3.6.3　编程指令诠释

（1）语句表

0	LD	M8002	1	SET	S0	3	STL	S0	4	AND	X1
5	SET	S20	7	STL	S20	8	AND	M8000	9	MPS
10	OUT	Y0	11	OUT	T0　K10	14	MRD		15	ANI	T0
16	SET	S21	17	MPP		18	AND	X0	19	SET	S0
21	STL	S21	22	AND	M8000	23	MPS		24	OUT	Y1
25	OUT	T1　K10	28	MRD		29	ANI	T1	30	SET	S22
32	MPP		33	AND	X0	34	SET	S0	36	STL	S22
37	AND	M8000	38	MPS		39	OUT	Y2	40	OUT	T2　K10
43	AND	M8000	44	MRD		45	ANI	T2	46	SET	S23
48	MPP		49	AND	X0	50	SET	S0	52	STL	S23
53	AND	M8000	54	MPS		55	OUT	Y3	56	OUT	T3　K10
59	MRD		60	ANI	T3	61	SET	S24	62	MPP
63	AND	X0	64	SET	S0	66	STL	S24	67	AND	M8000
68	MPS		69	OUT	Y4	70	OUT	T4　K10	73	MRD
74	ANI	T4	75	SET	S25	76	MPP		77	AND	X0
78	SET	S0	80	STL	S25	81	AND	M8000	82	MPS
83	OUT	Y5	84	OUT	T5　K10	87	MRD		88	ANI	T5
89	SET	S26	91	MPP		92	AND	X0	93	SET	S0
95	STL	S26	97	AND	M8000	98	MPS		99	OUT	Y6
100	OUT	T6　K10	103	MRD		104	ANI	T6	105	SET	S27
107	MPP		108	AND	X0	109	SET	S0	111	STL	S27
112	ANI	T7	113	MPS		114	OUT	Y0	115	OUT	Y1

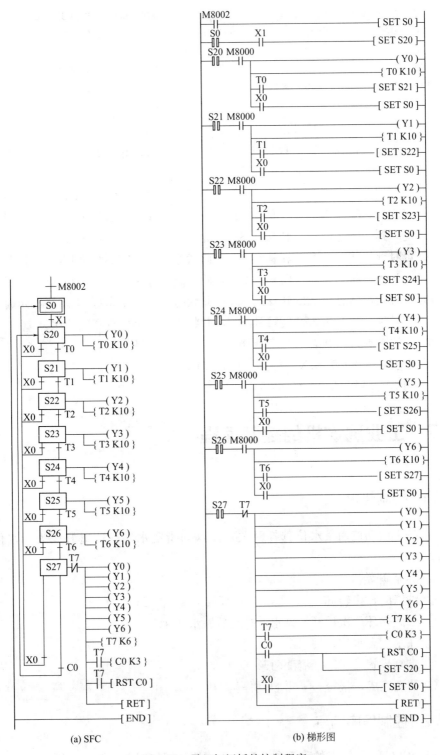

(a) SFC (b) 梯形图

图 3-19 霓虹灯闪烁的控制程序

116	OUT	Y2		117	OUT	Y3		118	OUT	Y4		119	OUT	Y5
120	OUT	Y6		121	OUT	T7	K6	124	MRD			125	AND	T7
126	OUT	C0	K3	129	MRD			130	AND	C0		131	RST	C0
133	SET	S20		135	MPP			136	AND	X0		137	SET	S0
139	RET			140	END									

（2）程序解释

① 通过 M8002 使初始状态 S0 动作。

② 按下启动按钮 SB2，时状态由 S0 转移到 S20，此状态"娄"字彩灯 HL1 亮，定时 1s。

③ 定时到，状态由 S20 转移到 S21，此状态"底"字彩灯 HL2 亮，定时 1s。

④ 定时到，状态由 S21 转移到 S22，此状态"职"字彩灯 HL3 亮，定时 1s。

⑤ 定时到，状态由 S22 转移到 S23，此状态"院"字彩灯 HL4 亮，定时 1s。

⑥ 定时到，状态由 S23 转移到 S24，此状态"欢"字彩灯 HL5 亮，定时 1s。

⑦ 定时到，状态由 S24 转移到 S25，此状态"迎"字彩灯 HL6 亮，定时 1s。

⑧ 定时到，状态由 S25 转移到 S26，此状态"您"字彩灯 HL7 亮，定时 1s。

⑨ 定时到，状态由 S26 转移到 S27，此状态 7 个字彩灯亮闪 3 次。

⑩ 亮闪次数到，状态由 S27 转移到 S20，返回循环。

任何时候，停止信号 X1 接通，都转移到 S0 步。

（3）指令诠释　步进指令的应用参见前面几节。

3.7 工业洗衣机的控制编程

3.7.1 控制要求

① 按下启动按钮及水位选择开关，注水到指定水位（这里假设为高水位），关水。

② 2s 后开始洗涤。

③ 洗涤时，正转 60s，停 2s；然后反转 60s，停 2s。

④ 如此循环 5 次后开始排水，排空后脱水 30s。

⑤ 注水到高水位，关水。

⑥ 重复步骤②～⑤，清洗两遍。

⑦ 清洗完成，报警 3s，并自动停机。

3.7.2 控制程序编写

（1）PLC 的 I/O 点的确定和分配　具体的分配如表 3-9 所示。

表 3-9　工业洗衣机的控制 I/O 分配表

输入元件		输出元件	
热继电器 FR	X000	进水电磁阀 YV1	Y000
停止按钮 SB1	X001	排水电磁阀 YV2	Y001
启动按钮 SB2	X002	洗涤电动机正转控制接触器 KM1	Y002
低水位传感器 SL1	X003	洗涤电动机反转控制接触器 KM2	Y003
中水位传感器 SL2	X004	脱水电动机控制接触器 KM3	Y004
高水位传感器 SL3	X005	报警音响 HA	Y005
排空位传感器 SL4	X006		

（2）PLC 接线图　系统硬件接线图如图 3-20 所示。

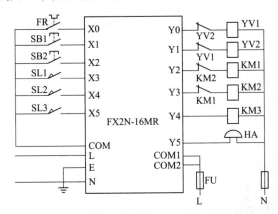

图 3-20　工业洗衣机的控制 I/O 接线图

（3）程序编写　编写控制程序如图 3-21 所示。

3.7.3　编程指令诠释

（1）语句表

0	LD	M8002	1	SET	S0	3	STL	S0	4	AND	X2
5	SET	S20	7	STL	S20	8	AND	M8000	9	MPS
10	ANI	Y1	11	OUT	Y0	12	MRD		13	AND	X5
14	SET	S21	16	MPP		17	AND	X1	18	SET	S0
20	STL	S21	21	AND	M8000	22	MPS		23	OUT	T0	K20
26	MRD		27	AND	T0	28	SET	S22	30	MPP
31	AND	X1	32	SET	S0	34	STL	S22	35	AND	M8000
36	MPS		37	ANI	X0	38	ANI	T1	39	ANI	Y3
40	OUT	Y2	41	MRD		42	OUT	T1	K600	45	MRD
46	AND	T1	47	OUT	T2	K20	50	MRD		51	AND	T2
52	SET	S23	54	MPP		55	AND	X1	56	SET	S0

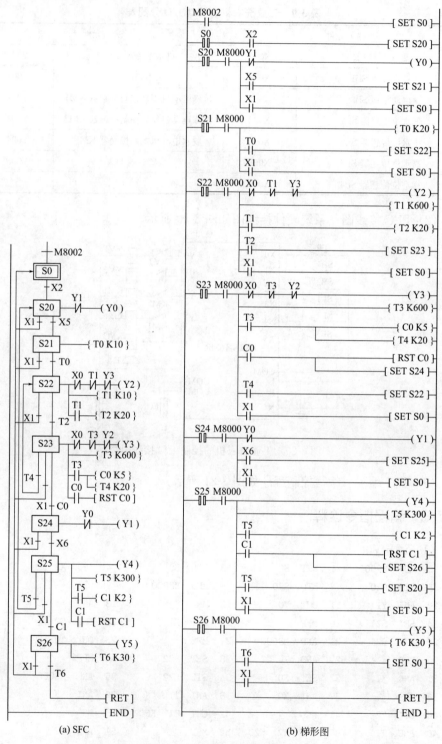

(a) SFC   (b) 梯形图

图 3-21　工业洗衣机的控制程序

58	STL	S23	59	AND	M8000	60	MPS		61	ANI	X0
62	ANI	T3	63	ANI	Y2	64	OUT	Y3	65	MRD	
66	OUT	T3	K600	69	MRD		70	AND	T3	71	OUT	C0	K5
74	OUT	T4	K20	77	MRD		78	AND	C0	79	RST	C0
81	SET	S24	83	MRD		84	AND	T4	85	SET	S22
87	MPP		88	AND	X1	89	SET	S0	91	STL	S24
92	AND	M8000	93	MPS		94	ANI	Y0	95	OUT	Y1
96	MRD		97	AND	X6	98	SET	S25	100	MPP	
101	AND	X1	102	SET	S0	104	STL	S25	105	AND	M8000
106	MPS		107	OUT	Y4	108	OUT	T5	K300	111	MRD	
112	AND	T5	113	OUT	C1	K2	116	MRD		117	AND	C1
118	RST	C1	120	SET	S26	122	MRD		123	AND	T5
124	SET	S20	126	MPP		127	AND	X1	128	SET	S0
130	STL	S26	131	AND	M8000	132	MPS		133	OUT	Y5
134	OUT	T6	K30	137	MPP		138	LD	T6	139	OR	X1
140	ANB		141	SET	S0	143	RET		144	END	

（2）程序解释

① 通过 M8002 使初始状态 S0 动作。按下启动按钮 SB2 时状态由 S0 转移到 S20 及 S23。

② S20 接通，Y0 接通，洗衣机开始进水，直到水位开关 SQ2 接通后，X4 接通，转移到 S21，定时器 T0 延时 10s。

③ S23 接通，Y2 接通，洗衣机开始正转，X6 接通，转移到 S24，定时器 T1 延时 10s。

④ 延时到，转移到 S25，此阶段 Y3 接通，洗衣机开始反转，直到 X5 接通，转移返回到 S23。如此循环。

⑤ 延时到，转移到 S22，此阶段 Y1 接通，洗衣机开始放水，直到水位开关 SQ1 接通后，X3 接通，转移返回到 S20。如此循环。

⑥ 任何时候，过载信号 X0 或停止信号 X1 接通，转移到 S0 步。

（3）指令诠释　步进指令的应用参见前面几节。

第4章 ◀◀◀

功能指令的编程实例

4.1 闪光信号灯的控制编程

4.1.1 控制要求

用传送指令编写程序，控制要求为：用 4 个按钮控制 8 盏信号灯，当 X0 接通时所有灯亮，当 X1 接通时奇数灯亮，当 X2 接通时偶数灯亮，当 X3 接通时所有灯灭。

4.1.2 控制程序编写

（1）PLC 的 I/O 点的确定和分配　闪光信号灯的控制 I/O 分配与相应控制要求如表 4-1 所示。

表 4-1　闪光信号灯的控制 I/O 分配表

输入元件		输出元件（K2Y0）								传送数据
		HL8	HL7	HL6	HL5	HL4	HL3	HL2	HL1	
		Y7	Y6	Y5	Y4	Y3	Y2	Y1	Y0	
SB1	X0	×	×	×	×	×	×	×	×	H00FF
SB2	X1	×		×		×		×		H00AA
SB3	X2		×		×		×		×	H0055
SB4	X3									H0000

（2）PLC 接线图　闪光信号灯的控制 I/O 接线如图 4-1 所示。

（3）程序编写　编写控制程序如图 4-2 所示。

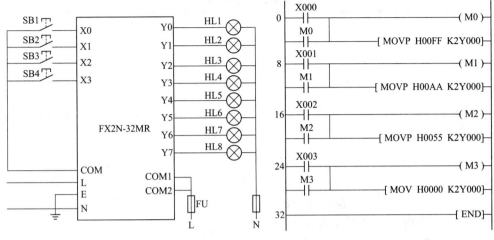

图 4-1 闪光信号灯的控制接线图　　图 4-2 闪光信号灯的控制梯形图

4.1.3 编程指令诠释

（1）语句表

0	LD	X000	1	OR	M0
2	OUT	M0	3	MOVP	H00FF K2Y000
8	LD	X001	9	OR	M1
10	OUT	M1	11	MOVP	H00AA K2Y000
16	LD	X002	17	OR	M2
18	OUT	M2	19	MOVP	H0055 K2Y000
24	LD	X003	25	OR	M3
26	OUT	M3	27	MOVP	H00FF K2Y000
32	END				

（2）程序解释

① 当 X0 接通时，将 H00FF 传送到 K2Y000。由于十六进制 F 对应二进制 1111，故 Y0～Y7 驱动的灯全部亮。

② 当 X1 接通时，将 H00AA 传送到 K2Y000。由于十六进制 A 对应二进制 1010，故 Y0～Y7 驱动的灯所有单号亮。

③ 当 X2 接通时，将 H0055 传送到 K2Y000。由于十六进制 5 对应二进制 0101，故 Y0～Y7 驱动的灯所有双号亮。

④ 当 X3 接通时，将 H0000 传送到 K2Y000。由于十六进制 0 对应二进制 0000，故 Y0～Y7 驱动的灯全部灭。

（3）指令诠释

① 功能指令　如表 4-2 所示。

表 4-2　功能指令

符号	指令含义	功能	操作元件	
			S（源）	D（目标）
(D) MOV (P)	传送	将源元件传送到目标元件	K、H、KnX、KnY、KnM、KnS、T、C、D、V、Z	KnY、KnM、KnS、T、C、D、V、Z

② 指令使用说明

a. FX2N 系列 PLC 功能指令编号为 FNC0～FNC246，实际有 130 个功能指令。

b. 功能指令分为 16 位指令和 32 位指令。功能指令默认是 16 位指令，加上前缀 D 是 32 位指令，例如 DMOV。

c. 功能指令默认是连续执行方式，加上后缀 P 表示为脉冲执行方式，例如 MOVP。

d. 多数功能指令有操作数。执行指令后其内容不变的称为源操作数，用 S 表示。被刷新内容的称为目标操作数，用 D 表示。

e. 功能指令的格式如图 4-3 所示。

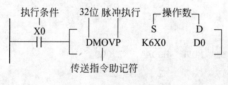

图 4-3　功能指令的格式

4.2　流水灯光的控制编程

4.2.1　控制要求

用功能指令设计 PLC 控制系统，控制要求：一个 8 盏流水灯（"化工出版社欢迎您"）每隔 1s 顺序点亮，并不断循环。

4.2.2　控制程序编写

（1）PLC 的 I/O 点的确定和分配　流水灯光的控制 I/O 分配如表 4-3 所示。

（2）PLC 接线图　流水灯光的控制 I/O 接线如图 4-4 所示。

（3）程序编写　编写控制程序如图 4-5 所示。

表 4-3　流水灯光的控制 I/O 分配表

输入元件			输出元件		
名称	符号	输入继电器	名称	符号	输出继电器
停止按钮	SB1	X0	"化"字彩灯	HL1	Y0
启动按钮	SB2	X1	"工"字彩灯	HL2	Y1
			"出"字彩灯	HL3	Y2
			"版"字彩灯	HL4	Y3
			"社"字彩灯	HL5	Y4
			"欢"字彩灯	HL6	Y5
			"迎"字彩灯	HL7	Y6
			"您"字彩灯	HL8	Y7

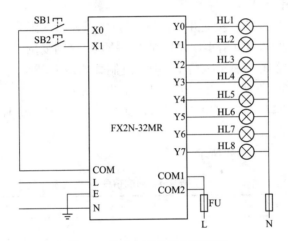

图 4-4　流水灯光的控制接线图

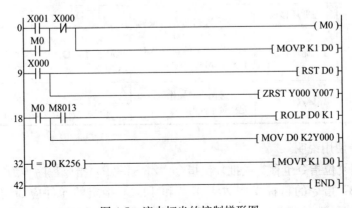

图 4-5　流水灯光的控制梯形图

107

4.2.3 编程指令诠释

（1）语句表

0	LD	X001	1	OR	M0
2	ANI	X000	3	OUT	M0
4	MOVP	K1 D0	9	LD	X000
10	RST	D0	13	ZRST	Y000 Y007
22	MOVP	H00AA K2Y000	27	LD	M0
28	MPS		29	AND	M8013
30	ROLP	D0 K1	35	MPP	
36	MOV	D0 K2Y000	41	LD=	D0 K256
46	MOVP	K1 D0	51	END	

（2）程序解释

① 当 X0 接通时，M0 接通并且自锁，同时将 K1 传送到 D0。

② 当 X1 接通时，D0 清零，并且 Y000～Y007 区间复位。

③ 当 M0 接通时，每隔 1s 将 D0 中二进制数向左循环移位 1 位。并且将 D0 的值上传给 K2Y0（驱动 Y000～Y007 八个输出软元件）。

④ 当 D0 的值等于 256（第 9 位为 1，其余位为 0）时，将 K1 传送到 D0。

（3）指令诠释

① 功能指令　如表 4-4 所示。

表 4-4　功能指令

符号	指令含义	功能	操作元件	
ZRST	区间复位	将首元件与末元件之间的所有元件复位	D1（目标）	D2（目标）
			Y、M、S、T、C、D（D1 元件号≤ D2 元件号）	
ROL（P）	左循环移位	各位数据向左（或向右）循环移动 n 位，最后一次移出的位存入进位标志 M8022 中	D	n
ROR（P）	右循环移位		KnY、KnM、KnS、T、C、D、V 和 Z	K、H 16 位操作：$n \leqslant 16$ 32 位操作：$n \leqslant 32$
[LD＝] 等	触点比较	比较两个源操作数，满足比较条件则触点闭合	[S1]	[S2]
			源操作数可取所有的数据类型	

② 指令使用说明

a. 区间复位指令也称为成批复位指令。ZRST（P）指令程序步为 5 步。

b. ZRST 指令的目标操作数 [D1] 和 [D2] 指定的元件应为同类软元件，[D1] 指定的元件号应小于 [D2] 指定的元件号。若 [D1] 指定的元件号大于 [D2] 指定的元件号，则只有对 [D1] 指定的元件被复位。

c. ZRST 指令为 16 位处理指令，但可在［D1］、［D2］中指定 32 位计数器。需要注意的是不能混合指定，即要么全部是 16 位计数器，要么全部是 32 位计数器。

d. ROL（P）/ROR（P）指令的目标操作数可取 KnY、KnM、KnS、T、C、D、V 和 Z，目标元件中指定位元件的组合只有在 K4（16 位）和 K8（32 位指令）时有效。

e. 16 位循环移位指令占 5 个程序步，32 位循环移位指令占 9 个程序步。

f. 用连续指令执行时，循环移位操作每个周期执行一次。

g. 触点比较指令相当于一个触点，分为 3 种：LD 开始的触点比较指令接在左侧的母线上，AND 开始的触点比较指令与其他触点或电路串联，OR 开始的触点比较指令与其他触点或电路并联。

触点比较指令的助记符和含义如表 4-5 所示。

表 4-5 触点比较指令的助记符和含义

FNC NO.	指令助记符	指令名称
224	LD=	触点比较指令运算开始（S1）=（S2）时导通
225	LD>	触点比较指令运算开始（S1）>（S2）时导通
226	LD<	触点比较指令运算开始（S1）<（S2）时导通
228	LD<>	触点比较指令运算开始（S1）≠（S2）时导通
229	LD≤	触点比较指令运算开始（S1）≤（S2）时导通
230	LD≥	触点比较指令运算开始（S1）≥（S2）时导通
232	AND=	触点比较指令串联连接（S1）=（S2）时导通
233	AND>	触点比较指令串联连接（S1）>（S2）时导通
234	AND<	触点比较指令串联连接（S1）<（S2）时导通
236	AND<>	触点比较指令串联连接（S1）≠（S2）时导通
237	AND≤	触点比较指令串联连接（S1）≤（S2）时导通
238	AND≥	触点比较指令串联连接（S1）≥（S2）时导通
240	OR=	触点比较指令并联连接（S1）=（S2）时导通
241	OR>	触点比较指令并联连接（S1）>（S2）时导通
242	OR<	触点比较指令并联连接（S1）<（S2）时导通
244	OR<>	触点比较指令并联连接（S1）≠（S2）时导通
245	OR≤	触点比较指令并联连接（S1）≤（S2）时导通
246	OR≥	触点比较指令并联连接（S1）≥（S2）时导通

【例 4-1】触点比较指令的应用如图 4-6 所示。当 C0 的当前值等于 K10 时，Y0 被驱动；当 D100 的值大于 K-25 且 X0 接通时，Y1 置位；当 X2 接通且 D150 的值大于 K36 时，Y1 复位；当 M2 接通或 C0 的值等于 K100 时，M20 通电。

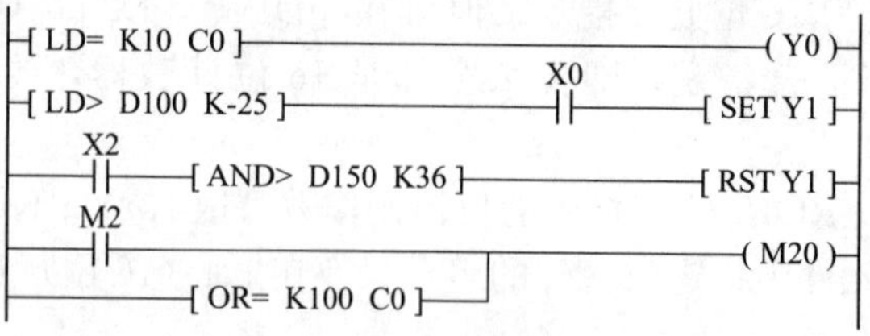

```
        ┤LD= K10 C0├                              ( Y0 )
                                      X0
        ┤LD> D100 K-25├              ─┤├─        ┤ SET Y1 ├
        X2
        ┤├      ┤AND> D150 K36├                  ┤ RST Y1 ├
        M2
        ┤├                                        ( M20 )
                 ┤OR= K100 C0├
```

图 4-6　触点比较指令的应用示例

4.3　彩灯循环的控制编程

4.3.1　控制要求

用功能指令设计彩灯循环的 PLC 控制程序，控制要求为：X0 控制接于 Y0～Y17 上的 16 个彩灯（"省示范高职娄底职业技术学院欢迎您"）是否移位，每秒移一位；X1 控制左移或右移；彩灯的初值应用 MOV 指令设定为十六进制数 H000F（仅 Y0～Y3 接通）。

4.3.2　控制程序编写

（1）PLC 的 I/O 点的确定和分配　彩灯循环的控制 I/O 分配如表 4-6 所示。

表 4-6　彩灯循环的控制 I/O 分配表

输入元件			输出元件		
名称	符号	输入继电器	名称	符号	输出继电器
移位开关	SA1	X0	"省"字彩灯	HL1	Y0
移向开关	SA2	X1	"示"字彩灯	HL2	Y1
			"范"字彩灯	HL3	Y2
			"高"字彩灯	HL4	Y3
			"职"字彩灯	HL5	Y4
			"娄"字彩灯	HL6	Y5
			"底"字彩灯	HL7	Y6
			"职"字彩灯	HL8	Y7
			"业"字彩灯	HL9	Y10
			"技"字彩灯	HL10	Y11
			"术"字彩灯	HL11	Y12
			"学"字彩灯	HL12	Y13
			"院"字彩灯	HL13	Y14

续表

输入元件			输出元件		
			"欢"字彩灯	HL14	Y15
			"迎"字彩灯	HL15	Y16
			"您"字彩灯	HL16	Y17

（2）PLC 接线图　彩灯循环的控制 I/O 接线如图 4-7 所示。

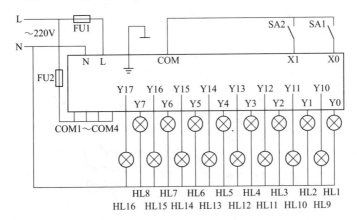

图 4-7　彩灯循环的控制 I/O 接线图

（3）程序编写　编写控制程序如图 4-8 所示。

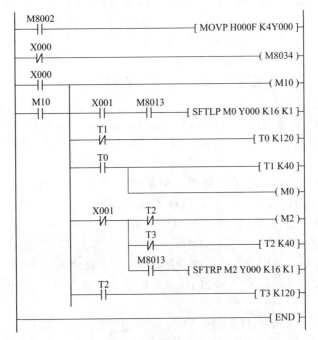

图 4-8　彩灯循环的控制梯形图

4.3.3 编程指令诠释

（1）语句表

0	LD	M8002		1	MOVP	H000F	K4Y000	
6	LDI	X000		7	OUT	M8034		
8	LD	X000		9	OR	M10		
10	MPS			11	OUT	M10		
12	MRD			13	AND	X001		
14	AND	M8013		15	SFTLP	M0	Y000	K16 K1
24	MRD			25	ANI	T1		
26	OUT	T0	K120	29	MRD			
30	AND	T0		31	OUT	T1	K40	
32	OUT	M0		33	MRD			
34	ANI	X000		35	MPS			
36	ANI	T2		37	OUT	M2		
38	MRD			39	ANI	T3		
40	OUT	T2	K40	43	MPP			
44	AND	8013		45	SFTRP	M2	Y000	K16 K1
54	MPP			55	AND	T2		
56	OUT	T3	K120	59	END			

（2）程序解释

① 当 PLC 运行时，M8002 接通一个扫描周期，将 H000F 传送到 K4Y000，设置初值使 Y3～Y0 接通。

② 当 X0 断开时，全部禁止。

③ 当 X0 接通时，M10 接通并自锁。

④ 当 X1 接通时，每隔 1s 将 M0 的值（此时为 0）向 Y17～Y0 中向左移位 1 位。

⑤ 定时 12s 后（此时 Y17～Y14 全部接通置 1，其余断开置 0），M0 接通置 1，T1 接通定时 4s。每隔 1s 将 M0 的值（此时为 1）向 Y17～Y0 中继续向左移位 1 位。

⑥ T1 定时 4s 到（此时 Y3～Y0 全部接通置 1，其余断开置 0），T0 断开，M0 断开置 0，回到初始状态。以后继续重复步骤④～⑥。

⑦ 当 X1 断开时，M2 接通置 1，且 T2 通电定时 4s。每隔 1s 将 M2 的值（此时为 1）向 Y17～Y0 中向右移位 1 位。

⑧ 定时 4s 后（此时 Y17～Y14 全部接通置 1，其余断开置 0），M2 断开置 0，T3 接通定时 12s。每隔 1s 将 M2 的值（此时为 0）向 Y17～Y0 中继续向右移位 1 位。

⑨ T3 定时 12s 到（此时 Y3～Y0 全部接通置 1，其余断开置 0），T2 断开一个扫描周期又开始接通定时，M2 接通置 1，回到初始状态。以后继续重复步骤

⑦~⑨。

（3）指令诠释

① 功能指令　如表 4-7 所示。

表 4-7　功能指令

符号	指令含义	功能	操作元件			
			[S]	[D]	n_1	n_2
SFTL（P）	位左移	使位软元件中的状态向左/向右移位，n_1指定位软元件长度，n_2指定移位的位数	X、Y、M、S	Y、M、S	K、H $n_2 \leqslant n_1 \leqslant 1024$	
SFTR（P）	位右移					

② 指令使用说明

a. 位元件移位指令 SFT（P）只对位元件进行操作，即源操作数和目的操作数只能是位元件，源操作数可以取 X、Y、M 和 S，目标操作数可以取 Y、M 和 S。[S] 为移位的源位元件首元件，[D] 为移位的目标位元件首元件。n_1 为目标位元件组的长度（个数），n_2 为源元件个数（也是目标位元件移动的位数）；n_1 和 n_2 都只能是常数 K 和 H，且要求 $n_2 \leqslant n_1 \leqslant 1024$。

b. 左移位指令 SFTL（P）指令的功能为：将 n_1 个目标位元件中的数据向左移动 n_2 位，n_2 个源位元件中的数据被补充到空出的目标位元件中。

左移位指令示例梯形图如图 4-9 所示，若 X10 为 ON，则执行位左移位指令，目标位元件组 M15～M0（n_1 为 16）中的 16 位数据将左移 4 位（n_2 为 4），M15～M12 从高位端移出，X3～X0 中的 4 位数据将被传送到 M3～M0，所以 M15～M12 中原来的内容将会丢失，但源位元件 X3～X0 的内容保持不变。位元件左移位指令的执行过程如图 4-10 所示。

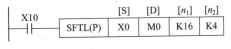

图 4-9　左移位指令示例梯形图

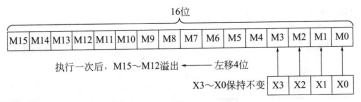

图 4-10　位元件左移位指令执行过程示意图

c. 右移位指令 SFTR（P）的功能为：将 n_1 个目标位元件中的数据向右移动 n_2 位，n_2 个源位元件中的数据被补充到空出的目标位元件中。

右移位指令示例梯形图如图 4-11 所示，若 X10 为 ON，则执行位右移位指令，目标位元件组 M15～M0（n_1 为 16）中的 16 位数据将左右移 4 位（n_2 为 4），

M3～M0 从低位端移出，X3～X0 中的 4 位数据将被传送到 M15～M12，所以 M3～M0 中原来的内容将会丢失，但源位元件 X3～X0 的内容保持不变。

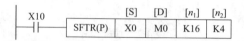

图 4-11　右移位指令示例梯形图

右移位指令执行过程示意图如图 4-12 所示。

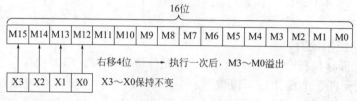

图 4-12　位元件右移位指令执行过程示意图

4.4　环系列按钮步进彩灯的控制编程

4.4.1　控制要求

PLC 开机 RUN 时，灯 L0 亮；当按下按钮 SB1 时，灯 L1 亮；当按下按钮 SB2 时，灯 L2 亮；当按下按钮 SB0 时，灯 L0 亮；依次循环点亮 3 个灯，如图 4-13 所示。

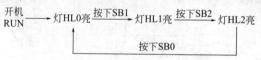

图 4-13　环系列按钮步进彩灯的控制要求示意图

4.4.2　控制程序编写

（1）PLC 的 I/O 点的确定和分配　环系列按钮步进彩灯的控制 I/O 分配如表 4-8 所示。

表 4-8　环系列按钮步进彩灯的控制 I/O 分配表

输入元件			输出元件		
名称	符号	输入继电器	名称	符号	输出继电器
控制按钮	SB0	X0	彩灯	HL0	Y0
控制按钮	SB1	X1	彩灯	HL1	Y1
控制按钮	SB2	X2	彩灯	HL2	Y2

（2）PLC接线图　环系列按钮步进彩灯的控制I/O接线如图4-14所示。

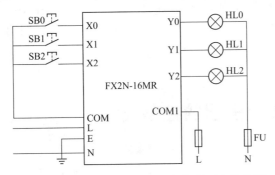

图4-14　环系列按钮步进彩灯的控制I/O接线图

（3）程序编写　编写控制程序如图4-15所示。

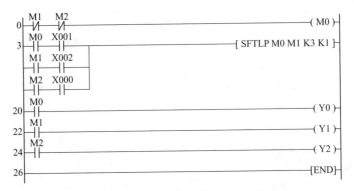

图4-15　环系列按钮步进彩灯的控制梯形图

4.4.3　编程指令诠释

（1）语句表

0	LDI M1	1	ANI M2	2	OUT M0
3	LD M0	4	AND X001	5	LD M1
6	AND X002	7	ORB	8	LD M2
9	AND X000	10	ORB	11	SFTLP M0 M1 K3 K1
20	LD M0	21	OUT Y0	22	LD M1
23	OUT Y1	24	LD M2	25	OUT Y2
26	END				

（2）程序解释

① 当PLC运行时，M0接通。

② 当X1接通时，将M0的值（此时为1）向M3～M1中向左移位1位。完成后，M1接通，从而使M0断开置0。

③ 当X2接通时，将M0的值（此时为0）向M3～M1中向左移位1位。完成

后，M2 接通，继续保持 M0 断开置 0。

④ 当 X0 接通时，将 M0 的值（此时为 0）向 M3～M1 中向左移位 1 位。完成后，M3 接通，而 M1、M2 都断开，从而使 M0 接通置 1。回到初始状态。以后将重复步骤②～④。

（3）指令诠释　见前一节 4.3。

4.5　仓储物料进出的控制编程

4.5.1　控制要求

装有两台传送带的物料仓储系统，两台传送带之间有一个仓库区。如图 4-16 所示。

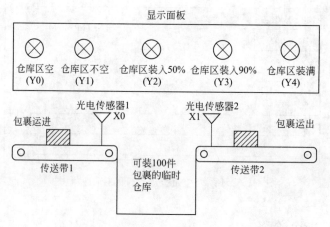

图 4-16　仓储物料进出的控制要求示意图

物料传送带 1 将包裹运送至临时仓库区。传送带 1 靠近仓库区一端安装的光电传感器确定已有多少包裹运送至仓库区。

传送带 2 将临时库区中的包裹运送至装货场，在这里货物由卡车运送至顾客。物料传送带 2 靠近仓库区一端安装的光电传感器确定已有多少包裹从库区运送至装货场。

4.5.2　控制程序编写

（1）PLC 的 I/O 点的确定和分配　仓储物料进出的控制 I/O 分配如表 4-9 所示。

（2）PLC 接线图　仓储物料进出的控制 I/O 接线如图 4-17 所示。

（3）程序编写　编写控制程序如图 4-18 所示。

表 4-9　仓储物料进出的控制 I/O 分配表

输入元件			输出元件		
名称	符号	输入继电器	名称	符号	输出继电器
光电传感器	B1	X0	指示灯	HL1	Y0
光电传感器	B2	X1	指示灯	HL2	Y1
			指示灯	HL3	Y2
			指示灯	HL4	Y3
			指示灯	HL5	Y4

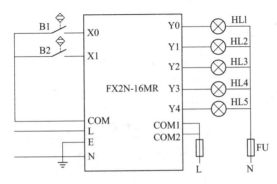

图 4-17　仓储物料进出的控制接线图

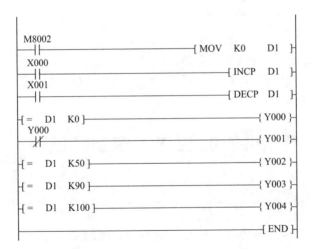

图 4-18　仓储物料进出的控制梯形图

4.5.3　编程指令诠释

（1）语句表

0	LD	M8002	1	MOV	K0	D1	6	LD	X000
7	INCP	D1	10	LD	X001	11	DECP	D1

14	LD =	D1 K0	19	OUT	Y000	20	LDI	Y000
21	OUT	Y001	22	LD =	D1 K50	27	OUT	Y002
28	LD =	K90	33	OUT	Y003	34	LD =	D1 K100
39	OUT	Y004	40	END				

（2）程序解释

① 当 PLC 运行时，D1 传送初值 K0。

② 当 X000 接通时，D1 值加 1。

③ 当 X001 接通时，D1 值减 1。

④ 当 D1 等于 K0 时，触点接通，Y000 接通；并且将已经接通的 Y001 断开。

⑤ 当 D1 等于 K50 时，触点接通，Y002 接通。

⑥ 当 D1 等于 K90 时，触点接通，Y003 接通。

⑦ 当 D1 等于 K100 时，触点接通，Y004 接通。

（3）指令诠释

① 功能指令　如表 4-10 所示。

表 4-10　功能指令

符号	指令含义	功能	操作元件	
			[D]	程序步
(D) INC (P)	增 1	使数据寄存器的数据增加或减少 1	D、V、Z	16 位指令：3 步
(D) DEC (P)	减 1			32 位指令：5 步

② 指令使用说明

a. 触点比较指令的诠释见 4.2 节。

b. 增 1/减 1 指令在 X0 触点闭合的那个扫捕周期执行加/减 1，目标元件的数据被加/减 1 后存储。

4.6　步进电动机快进/慢进的控制编程

4.6.1　控制要求

设计八拍四相步进电动机的 PLC 控制程序，控制要求为：

四相绕组 ABCD 的正向步进通电顺序为 A→AB→B→BC→C→CD→D→DA，然后循环。

设各种通电情况为 m1、m2、m3、m4、m5、m6、m7、m8。

4.6.2　控制程序编写

（1）PLC 的 I/O 点的确定和分配　步进电动机快进/慢进的控制 I/O 分配如表 4-11 所示。

表 4-11 步进电动机快进/慢进的控制 I/O 分配表

输入元件			输出元件		
名称	代号	输入继电器	名称	代号	输出继电器
停止按钮	SB1	X0	A 相绕组输入端	KA1	Y0
启动按钮	SB2	X1	B 相绕组输入端	KA2	Y1
快进/慢进选择控制开关	SA	X2	C 相绕组输入端	KA3	Y2
			D 相绕组输入端	KA4	Y3

（2）PLC 接线图　步进电动机快进/慢进的控制 I/O 接线如图 4-19 所示。

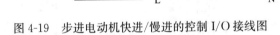

图 4-19　步进电动机快进/慢进的控制 I/O 接线图

（3）程序编写　编写控制程序如图 4-20 所示。

4.6.3 编程指令诠释

（1）语句表

0	LD	X1	1	OR	M10	2	ANI	X0
3	OUT	M10	4	LDI	M1	5	ANI	M2
6	ANI	M3	7	ANI	M4	8	ANI	M5
9	ANI	M6	10	ANI	M7	11	ANI	M8
12	OUT	M0	13	LD	X2	14	MOV	K5 D0
19	LDI	X2	20	MOV	K10 D0	26	LD	M10
27	AND	T0	28	SFTL	M0 M1 K8 K1	37	LD	M8
38	OR	M1	39	OR	M2	40	OUT	Y0
41	LD	M2	42	OR	M3	43	OR	M4
44	OUT	Y1	45	LD	M4	46	OR	M5
47	OR	M6	48	OUT	Y2	49	LD	M6
50	OR	M7	51	OR	M8	52	OUT	Y3
53	END							

119

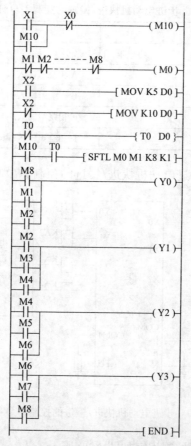

图 4-20　步进电动机快进/慢进的控制梯形图

（2）程序解释　如图 4-21 所示。

① 当 X1 接通时 M10 接通并自锁，X0 接通便停止。

② 当 M1～M8 都不接通时，M0 接通置 1。

③ 当 X2 接通时，将 K5 传送到 D0。此时为快进。

④ 当 X2 不接通时，将 K10 传送到 D0。此时为慢进。因为 D0 的值为 T0 的设定值，D0 值越大，周期越长，速度越慢。

⑤ 当 T0 的设定值为 D0，产生振荡。

⑥ 当 T0 接通时，将 M0 送到 M1～M8 中左移 1 位。这样，每过 0.5s（快进时）或 1s（慢进时）左移 1 位，8 步后循环。

⑦ 当 M8 或 M1 或 M2 接通时，Y0 接通，此时 A 相绕组通电。

当 M2 或 M3 或 M4 接通时，Y1 接通，此时 B 相绕组通电。

当 M4 或 M5 或 M6 接通时，Y2 接通，此时 C 相绕组通电。

当 M6 或 M7 或 M8 接通时，Y3 接通，此时 D 相绕组通电。

（3）指令诠释　位移位指令的诠释见 4.3 节。

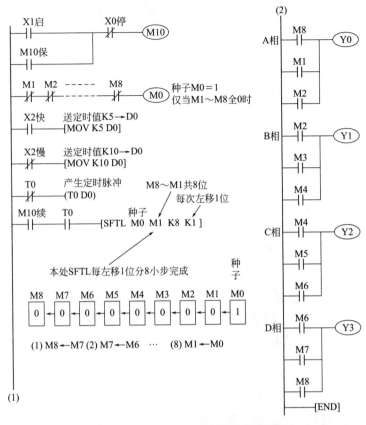

图 4-21 步进电动机快进/慢进控制梯形图的解释

（4）四相步进电动机的简介　步进电动机是一种将电脉冲转化为角位移的执行机构。电动机的转速、停止的位置只取决于脉冲信号的频率和脉冲数，而不受负载变化的影响，即给电动机加一个脉冲信号，电动机则转过一个步距角。

① 步进电动机的控制

a. 换相顺序控制：通电换相这一过程称为脉冲分配。例如：混合式步进电动机的工作方式，其各相通电顺序为 A→B→C→D，通电控制脉冲必须严格按照这一顺序分别控制 A、B、C、D 相的通断。

b. 步进电动机的转向控制：如果给定工作方式正序换相通电，步进电动机正转，如果按反序通电换相，则电动机就反转。

c. 步进电动机的速度控制：如果给步进电动机发一个控制脉冲，它就转一步，再发一个脉冲，它会再转一步。两个脉冲的间隔越短，步进电动机就转得越快。

② 步进电动机的工作过程　步进电动机的工作原理图如图 4-22 所示。

当开关 S_B 接通电源时，S_A、S_C、S_D 断开，B 相磁极与转子 0、3 号齿对齐，同时，转子的 1、4 号齿与 C、D 相绕组磁极产生错齿，2、5 号齿与 D、A 相绕组

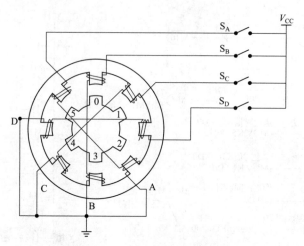

图 4-22　步进电动机的工作原理图

磁极产生错齿。

　　当开关 S_C 接通电源时，S_B、S_A、S_D 断开，由于 C 相绕组的磁力线和 1、4 号齿之间磁力线的作用，使转子转动，1、4 号齿与 C 相绕组的磁极对齐。而 0、3 号齿与 A、B 相绕组产生错齿，2、5 号齿与 A、D 相绕组磁极产生错齿。

　　依次类推，A、B、C、D 四相绕组轮流供电，则转子会沿着 A、B、C、D 方向转动。

　　四相步进电动机按照通电顺序的不同，可分为单四拍、双四拍、八拍三种工作方式。单四拍与双四拍的步距角相等，但单四拍的转动力矩小。八拍工作方式的步距角是单四拍与双四拍的一半，因此，八拍工作方式既可以保持较高的转矩又可提高控制精度。

　　单四拍、双四拍与八拍工作方式的电源通电时序与波形分别如图 4-23 所示。

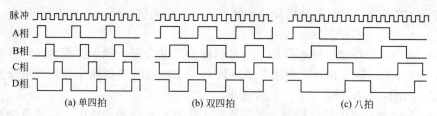

图 4-23　步进电动机工作时序图

对步进电动机四个绕组依次实现如下方式的循环通电控制：

单四拍运行：正转 A→B→C→D；反转 D→C→B→A。

双四拍运行：正转 AB→BC→CD→DA；反转 DC→CB→BA→AD。

八拍运行：正转 A→AB→B→BC→C→CD→D→DA。

4.7 子程序调用的控制编程

4.7.1 控制要求

设计应用子程序调用的控制 8 盏彩灯，控制要求如下：
(1) 按 1—8 正序依次点亮；　　　(2) 按 8—1 逆序依次点亮；
(3) 按 1—8 正序单数依次点亮；　(4) 按 8—1 逆序依次点亮；
(5) 全部熄灭；　　　　　　　　　(6) 依次点亮再依次熄灭。
(7) 若按下停止按钮全部熄灭。

4.7.2 控制程序编写

(1) PLC 的 I/O 点的确定和分配　子程序调用的控制 I/O 分配如表 4-12 所示。

表 4-12　子程序调用的控制 I/O 分配表

输入元件			输出元件		
名称	符号	输入继电器	名称	符号	输出继电器
停止按钮	SB1	X0	"化"字彩灯	EL1	Y0
启动按钮	SB2	X1	"工"字彩灯	EL2	Y1
			"出"字彩灯	EL3	Y2
			"版"字彩灯	EL4	Y3
			"社"字彩灯	EL5	Y4
			"欢"字彩灯	EL6	Y5
			"迎"字彩灯	EL7	Y6
			"您"字彩灯	EL8	Y7

(2) PLC 接线图　子程序调用的控制 I/O 接线如图 4-24 所示。

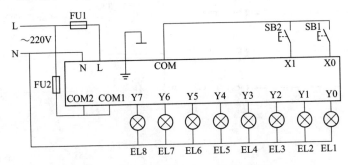

图 4-24　子程序调用的控制接线图

（3）程序编写　编写控制程序如图 4-25 所示。

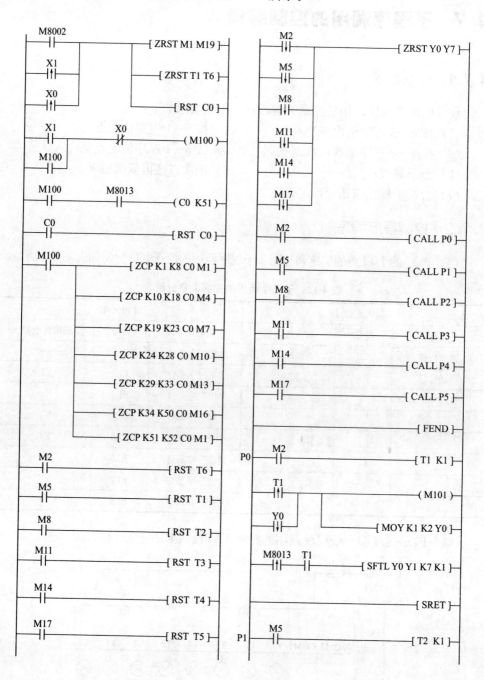

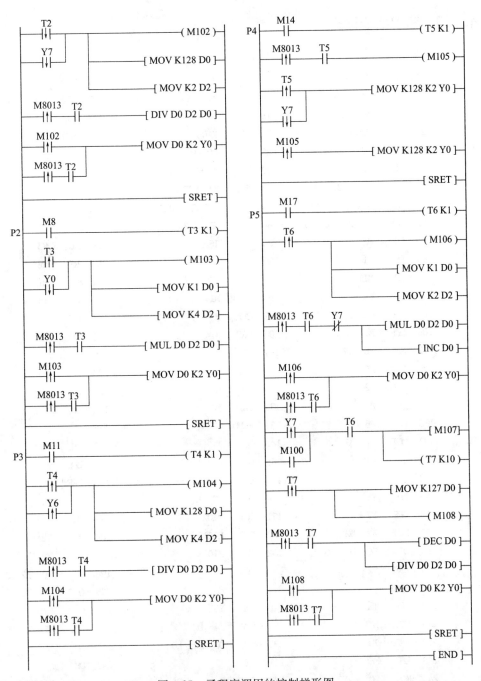

图4-25 子程序调用的控制梯形图

4.7.3 编程指令诠释

（1）语句表

0	LD	M8002		1	ORP	X1		3	ORP	X0
5	ZRST	M1 M19		10	ZRST	T1 T6		15	RST	C0
17	LD	X1		18	OR	M100		19	ANI	X0
20	OUT	M100		21	LD	M100		22	AND	M8013
23	OUT	C0 K51		26	LD	C0		27	RST	C0
29	LD	M0		30	ZCP	K1 K8 C0 M1				
39	ZCP	K10 K18 C0 M4		48	ZCP	K19 K23 C0 M7				
57	ZCP	K24 K28 C0 M10		66	ZCP	K29 K33 C0 M13				
75	ZCP	K34 K50 C0 M16		84	ZCP	K51 K52 C0 M1				
85	LD	M2		86	RST	T6		88	LD	M5
89	RST	T1		91	LD	M8		92	RST	T2
92	LD	M11		93	RST	T3		95	LD	M14
96	RST	T4		98	LD	M17		99	RST	T5
100	LDF	M2		102	ORF	M5		104	ORF	M8
106	ORF	M11		108	ORF	M14		110	ORF	M17
112	ZRST	Y0 Y7		117	LD	M2		118	CALL	P0
120	LD	M5		121	CALL	P1		123	LD	M8
124	CALL	P2		126	LD	M11		127	CALL	P3
129	LD	M14		130	CALL	P4		132	LD	M17
133	CALL	P5		135	FEND		(P0) 136	LD	M2
137	OUT	T1 K1		140	LDP	T1		142	ORF	Y0
144	OUT	M101		145	MOV	K1 K2Y0		150	LDP	M8013
152	AND	T1		153	SFTL	Y0 Y1 K7 K1		162	SRET	
(P1) 163	LD	M5		164	OUT	T2 K1		167	LDP	T2
169	ORF	Y7		171	OUT	M102		172	MOV	K128 D0
177	MOV	K2 D2		182	LDP	M8013		184	AND	T2
185	DIV	D0 D2 D0		192	LDP	M102		194	LDP	M8013
196	AND	T2		197	ORB		198	MOV	D0 K2Y0
203	SRET		(P2) 204	LD	M8		205	OUT	T3 K1
208	LDP	T3		210	ORF	Y0		212	OUT	M103
213	MOV	K1 D0		220	MOV	K4 D2		227	LDP	M8013
229	AND	T3		230	MUL	D0 D2 D0		237	LDP	M103
239	LDP	M8013		241	AND	T3		242	ORB	
243	MOV	D0 K2Y0		248	SRET		(P3) 249	LD	M11
250	OUT	T4 K1		253	LDP	T4		255	ORF	Y6
257	OUT	M104		258	MOV	K128 D0		263	MOV	K4 D2
268	LDP	M8013		270	AND	T4		271	DIV	D0 D2 D0
278	LDP	M104		280	LDP	M8013		282	AND	T4

	283	ORB		284	MOV	D0 K2Y0	289	SRET
(P4)	290	LD	M14	291	OUT	T5 K1	294	LDP	M8013
	296	AND	T5	297	OUT	M105	298	ORF	Y7
	300	MOV	K128 K2Y0	305	LDP	M105	307	MOV	K128 K2Y0
	312	SRET		(P5) 313	LD	M17	314	OUT	T6 K1
	317	LDP	T6	319	OUT	M106	320	MOV	K1 D0
	325	MOV	K2 D2	330	LDP	M8013	332	AND	T6
	333	ANI	Y7	334	MUL	D0 D2 D0	341	INC	D0
	343	LDP	M106	345	LDP	M8013	347	AND	T6
	348	ORB		349	MOV	D0 K2Y0	354	LDP	Y7
	356	OR	M100	357	AND	T6	358	OUT	M107
	359	OUT	T7 K10	362	LDP	T7	364	MOV	K127 D0
	369	OUT	M108	370	LDP	M8013	372	AND	T7
	373	DEC	D0	376	DIV	D0 D2 D0	383	LDP	M108
	384	LDP	M8013	386	AND	T7	387	ORB	
	388	MOV	D0 K2Y0	393	SRET		394	END	

（2）程序解释

① 当开机或启动或停机时，所有软元件复位。

② 当 X1 接通启动时，M100 接通自锁。每 1s 向 C0 输入一个脉冲。

③ 执行 7 条区间比较指令，当相应接通 M2、M5、M8、M11、M14、M17 后，从而复位相应的定时器 T1～T6 与 Y0～Y7，并且相应调用子程序 P0～P5。

④ 子程序 P0：当 M2 接通后，缓冲 0.1s 后，将 1 传送给 K2Y0 即将 K2Y0 置初值 1（只有 Y0 接通），继而将 Y0 的值（等于 1）每过 1s 向 Y1～Y7 左移 1 次，然后返回主程序相应位置。完成控制要求（1）的控制。

⑤ 子程序 P1：当 M5 接通后，缓冲 0.1s 后，将 128 传送给 D0，且将 2 传送给 D2，继而每过 1s 将 D0 除以 D2（相当于右移 1 位）的值传送到 D0，再将 D0 传送给 K2Y0，然后返回主程序相应位置。完成控制要求（2）的控制。

⑥ 子程序 P2：当 M8 接通后，缓冲 0.1s 后，将 1 传送给 D0，且将 4 传送给 D2，继而每过 1s 将 D0 乘以 D2（相当于左移 2 位）的值传送到 D0，再 D0 传送给将 K2Y0，然后返回主程序相应位置。完成控制要求（3）的控制。四则运算指令诠释具体见 4.11 节。

⑦ 子程序 P3：当 M11 接通后，缓冲 0.1s 后，将 128 传送给 D0，且将 4 传送给 D2，继而每过 1s 将 D0 除以 D2（相当于右移 1 位）的值传送到 D0，再 D0 传送给将 K2Y0，然后返回主程序相应位置。完成控制要求（4）的控制。

⑧ 子程序 P4：当 M14 接通后，缓冲 0.1s 后，将 128 传送给 K2Y0，即所有灯全部熄灭。完成控制要求（5）的控制。

⑨ 子程序 P5：当 M17 接通后，缓冲 0.1s 后，将 1 传送给 D0，且将传送给 D2，继而每过 1s 将 D0 乘以 D2（相当于左移 1 位）的值传送到 D0，又将 D0 加 1，再 D0 传送给将 K2Y0，这样使得 Y0～Y7 依次全部点亮；当全部点亮（即 Y7

接通）后，将 127 传送给 D0（即 Y0～Y7 全亮），每过 1s 将 D0 减 1，并且将 D0 除以 D2 的值传送到 D0，再将 D0 的值传送给 K2Y0；然后返回主程序相应位置。完成控制要求（6）的控制。

⑩ 随时可以断开 X0 熄灭全部灯。完成控制要求（7）的控制。

（3）指令诠释

① 功能指令　如表 4-13 所示。

表 4-13　功能指令

符号	指令含义	功能	操作元件
CALL（P）	子程序调用	当执行条件满足时，该指令使程序跳到标号处，执行该标号所在对应的子程序	P（P0～P127，P63 除外）
SRET	子程序返回	返回到调用该子程序的 CALL 指令的下一逻辑行	无

② 指令使用说明

a. 子程序及其位置：子程序是为一些特定的控制目的编制的相对独立的程序。为区别于主程序，规定程序编写时将主程序排在前边，子程序排在后面，并以主程序结束指令 FEND（FNC06）将这两部分程序隔开。

b. 转移标号不能重复，也不可与跳转指令的标号重复。

c. 子程序的调用与执行：子程序指令在梯形图中的表示如图 4-26 所示。子程序调用指令 CALL 安排在主程序中，X000 是子程序执行的条件。当 X000 置 1 时，执行指针标号为 P0 的子程序一次。子程序 P0 安排在主程序结束指令 FEND 之后，标号 P0 和子程序返回指令 SRET 之间的程序构成 P0 子程序的内容，当执行到返回指令 SRET①时，返回主程序。

若主程序带有含多个子程序或子程序中嵌套子程序时，子程序可依次列在主程序结束指令之后，并以不同的标号相区别。图 4-26 中第一个子程序嵌套了第二个子程序，当第一个子程序执行到 X010 接通时，调用标号 P1 的第二个子程序，执行到 SRET②时，返回第一个子程序断点处继续执行。这样在子程序内调用指令可达 4 次，整个程序嵌套最多 5 次。

d. 子程序执行的意义：以图 4-26 为例，若调用指令改为非脉冲执行指令 CALL P10，当 X001 置 1 并保持不变时，每当程序执行到该指令时，都转去执行 P10 子程序，遇到 SRET 指令即返回原断点继续执行原程序。而在 X001 置 0 时，程序的扫描就仅在主程序中进行。子程序的这种执行方式在对有多个控制功能需依一定的条件有选择地实现时，是有重要意义的，它可以使程序的结构简洁明了。编程时将这些相对独立的功能都设置成子程序，而在主程序中再设置一些选择条件对这些子程序进行控制就可。当有多个子程序排列在一起时，标号与最靠近的子程序返回指令构成一个子程序。

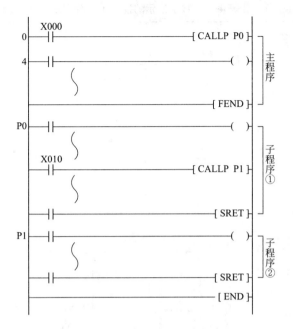

图 4-26 子程序在梯形图中的表示

e. 三菱 FX1N、FX2N（C）系列 PLC 的子程序指针规定为：P0～P62、P64～P127。因 P63 是专用向 END 跳转，所以子程序不能用此指针。

f. 子程序调用指令与跳转指令的区别：跳转指令是跳转后执行相应的指针程序段，并继续向下执行，而不再返回；子程序调用指令是执行相应的指针程序段后，利用 SRET 指令返回，执行调用指令后的程序。

4.8 数字显示的控制编程

4.8.1 控制要求

设计数字显示的控制程序，控制要求为：用按钮增加 1 或减少 1 来控制七段数码管显示 1、2、3、4、5、6、7、8、9、0 的控制系统程序。

4.8.2 控制程序编写

（1）PLC 的 I/O 点的确定和分配　数字显示的控制 I/O 分配如表 4-14 所示。

（2）PLC 接线图　数字显示的控制 I/O 接线如图 4-27 所示。

（3）程序编写　编写控制程序如图 4-28 所示。

表 4-14　数字显示的控制 I/O 分配表

输入元件			输出元件		
名称	符号	输入继电器	名称	符号	输出继电器
增 1 按钮	SB1	X0	数码管段 a	a	Y0
减 1 按钮	SB2	X1	数码管段 b	b	Y1
			数码管段 c	c	Y2
			数码管段 d	d	Y3
			数码管段 e	e	Y4
			数码管段 f	f	Y5
			数码管段 g	g	Y6

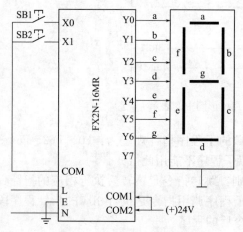

图 4-27　数字显示的控制接线图

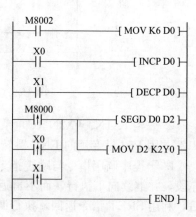

图 4-28　数字显示的控制梯形图

4.8.3　编程指令诠释

（1）语句表

0	LD	M8002	2	MOV K6 D0		7	LD	X0
8	INCP	D0	11	LD	X1	12	DECP	D0
15	LDP	M8000	17	ORP	X0	19	ORP	X1
21	SEGD	D0 D2	25	MOV	D2 K2Y0	30	END	

（2）程序解释

① 当开机时，将 6 传送给 D0（D0 置初值）。

② 当 X0 接通时，D0 增加 1。

③ 当 X1 接通时，D0 减少 1。

④ 当开机或 X0 或 X1 接通时，将 D0 低 4 位的数据（十六进制数）译成七段数码管的数据存于 D2 中，并且将 D2 传送给 K2Y0。

（3）指令诠释

① 功能指令 如表4-15所示。

表4-15 功能指令

符号	指令含义	功能	操作元件	
			S	D
SEGD	七段译码指令	将［S］指定元件的低4位二进制数（1位十六进制数）译成七段数码管的数据格式存于［D］中，［S］的高8位保持不变	K、H、KnY、KnM、KnS、T、C、D、V、Z	KnY、KnM、KnS、T、C、D、V、Z

② 指令使用说明

a. 七段译码指令SEGD表示将源元件［S］指定元件的低4位所确定的数据（十六进制数）译成七段数码管的数据格式存于目标元件［D］中，而［S］的高8位保持不变。

b. 七段译码指令SEGD的源元件和目标元件都是字元件。

4.9 工业广告灯自动闪烁的控制编程

4.9.1 控制要求

用PLC控制一个工业广告灯自动闪烁，工业广告灯字的内容为"湖南娄底职院实习工厂欢迎您"，这13个字用13个灯点亮并实现闪烁。广告灯闪烁要求为：启动闪烁按钮后，13个灯依次点亮1s，如"湖"字亮1s后"南"字亮1s，以此类推，直至"您"字亮1s后，13个字以0.6s的周期闪烁3次。再返回第一个字循环控制。

4.9.2 控制程序编写

（1）PLC的I/O点的确定和分配 选择三菱FX2N-48MR，I/O分配如表4-16所示。

表4-16 工业广告灯自动闪烁的控制I/O分配表

输入元件			输出元件		
名称	符号	输入继电器	名称	符号	输出继电器
停止按钮	SB1	X0	"湖"字彩灯	HL1	Y0
启动按钮	SB2	X1	"南"字彩灯	HL2	Y1
			"娄"字彩灯	HL3	Y2
			"底"字彩灯	HL4	Y3
			"职"字彩灯	HL5	Y4
			"院"字彩灯	HL6	Y5

续表

输入元件		输出元件		
		"实" 字彩灯	HL7	Y6
		"习" 字彩灯	HL8	Y7
		"工" 字彩灯	HL9	Y10
		"厂" 字彩灯	HL10	Y11
		"欢" 字彩灯	HL11	Y12
		"迎" 字彩灯	HL12	Y13
		"您" 字彩灯	HL13	Y14

（2）PLC 接线图　工业广告灯自动闪烁的控制 I/O 接线如图 4-29 所示。

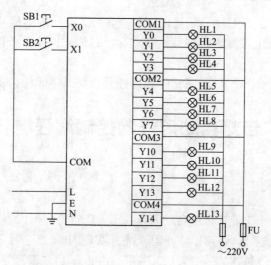

图 4-29　工业广告灯自动闪烁的控制 I/O 接线图

（3）程序编写　编写控制程序如图 4-30 所示。

4.9.3　编程指令诠释

（1）指令表

0	LD	X000	1	OR	M0	2	ANI	X001	3	OUT	M0

0　LD　X000　　1　OR　M0　　2　ANI　X001　　3　OUT　M0
4　LD　M0　　5　ANI　T1　　6　OUT　T0　K5　　9　LD　T0
10　OUT　T1　K5　　13　LD　T1　　14　PLS　M1　　16　LD　M0
17　ANI　M3　　18　ANI　M4　　19　ANI　M5　　20　ANI　M6
21　ANI　M7　　22　ANI　M8　　23　ANI　M9　　24　ANI　M10
25　ANI　M11　　26　ANI　M12　　27　ANI　M13　　28　ANI　M14
29　ANI　M15　　30　OUT　M2　　31　LD　M1　　32　ANI　M15
33　SFTL　M2 M3 K13 K1　　42　LD　M2　　43　OR　T2
44　OUT　Y000　　45　LD　M3　　46　OR　T2　　47　OUT　Y001
48　LD　M4　　49　OR　T2　　50　OUT　Y002　　51　LD　M5

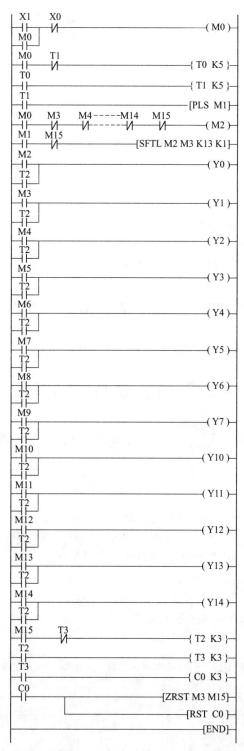

图 4-30 工业广告灯自动闪烁的控制梯形图

52	OR	T2	53	OUT	Y003	54	LD	M6	55	OR	T2
56	OUT	Y004	57	LD	M7	58	OR	T2	59	OUT	Y005
60	LD	M8	61	OR	T2	62	OUT	Y006	63	LD	M9
64	OR	T2	65	OUT	Y007	66	LD	M10	67	OR	T2
68	OUT	Y010	69	LD	M11	70	OR	T2	71	OUT	Y011
72	LD	M12	73	OR	T2	74	OUT	Y012	75	LD	M13
76	OUT	Y013	77	OUT	Y013	78	LD	M14	79	OR	T2
80	OUT	Y014	81	LD	M15	82	ANI	T3	83	OUT	T2 K3
86	LD	T2	87	OUT	T3 K3	90	LD	T3	91	OUT	C0 K3
94	LD	C0	95	ZRST	M3 M15				100	END	

（2）程序解释

① M3～M15 都不接通时，M2 才能接通。

② T0 与 T1 构成周期 1s 的振荡电路。

③ 每过 1s，M2 向 M3～M15 位移一次，从而依次点亮 13 个字灯（对于 Y0～Y14）。

④ T0 与 T1 构成周期 0.6s 的振荡电路，实现 13 个字以 0.6s 的周期闪烁。

⑤ C0 设定值 3，实现振荡 3 次。

⑥ 振荡 3 次后，利用区间复位指令将 M3～M15 全部复位，实现将所有灯熄灭。

4.10 两按钮控制三盏彩灯的控制编程

4.10.1 控制要求

设计两按钮控制三盏彩灯（P、L、C）闪烁的 PLC 控制程序，其控制要求为：

按下启动按钮，"P"字彩灯亮，以后每隔 1s 顺序点亮一个彩灯，直到 3 个彩灯全亮，然后 3 个彩灯同时闪烁 3 次（亮 1s 灭 1s），0.6s 以后再依次点亮各彩灯，进行循环控制。可随时用停止按钮控制全部彩灯停止。

4.10.2 控制程序编写

（1）PLC 的 I/O 点的确定和分配 两按钮控制三盏彩灯的控制 I/O 分配如表 4-17 所示。

表 4-17 两按钮控制三盏彩灯的控制 I/O 分配表

输入元件			输出元件		
名称	符号	输入继电器	名称	符号	输出继电器
停止按钮	SB1	X0	"P"字彩灯	HL1	Y0
启动按钮	SB2	X1	"L"字彩灯	HL2	Y1
			"C"字彩灯	HL3	Y2

（2）PLC 接线图 两按钮控制三盏彩灯的控制 I/O 接线如图 4-31 所示。

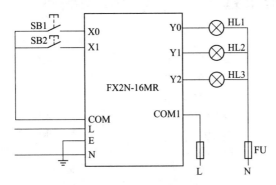

图 4-31 两按钮控制三盏彩灯的控制 I/O 接线图

（3）程序编写 编写控制程序如图 4-32 所示。

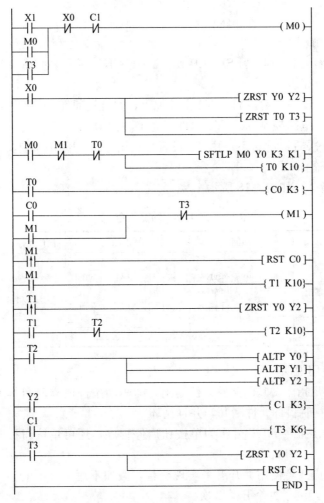

图 4-32 两按钮控制三盏彩灯的梯形图

4.10.3　编程指令诠释

（1）语句表

0 LD X1	1 OR M0	2 ANI X0
3 OUT M0	4 LD M0	5 ANI M1
6 ANI T0	7 SFTLP M0 Y0 K3 K1	
16 OUT T0 K10	19 LD T0	20 OUT C0 K2
23 LD C0	24 OR M1	25 ANI T3
26 OUT M1	27 LD M1	28 RST C0
30 OUT T1 K10	33 LD T1	34 ZRST Y0 Y2
39 LD T1	40 ANI T2	41 OUT T2 K10
44 LD T2	45 ALT Y0	48 ALT Y1
51 ALT Y2	54 LD Y0	55 OUT C1 K3
58 LD C1	59 OUT T3 K6	62 LD T3
63 RST C1	65 END	

（2）程序解释

① 启动后，执行程序［SFTLP M0 Y0 K3 K1］则每过 1s（T0 设置）Y0、Y1、Y2 依次点亮。

② 1s（T1 设置）后，Y0～Y2 全部熄灭，并且接通 T2 振荡电路。

③ T2 振荡电路控制 Y0～Y2 闪烁（亮 1s 灭 1s）。

④ 闪烁 3 次后，过 0.6s（由 T3 设置）利用 T3 断开 M1 而返回①循环控制。

（3）指令诠释

① 功能指令　如表 4-18 所示。

表 4-18　功能指令

符号	指令含义	功能	梯形图	操作元件 D	程序步
ALT （FNC66）	交替输出 指令	对输出元件状态取反（输入由转换为 ON 时，目标元件反向输出）	X0　　　[D.] ├─┤├─┤ALTP│Y0│ X0 ⎍⎍⎍⎍ Y0 ⎍__⎍__	Y、M 和 S	3 步（ALT 为 16 位运算指令）

② 指令使用说明

a. 交替输出指令 ALT 表示交替输出，即驱动条件成立时目标元件接通，驱动条件再次成立时目标元件断开，并且循环。

b. 交替输出指令 ALT 可作为单按钮启停程序，还可单按钮控制两个负载自动轮流工作。

c. 使用时应注意使用上升沿来实现交替，假如不用上升沿的话，很可能按一次 PLC 实际已经读了这个开关 2 次。

4.11 四则运算的控制编程

4.11.1 控制要求

设计四则运算功能指令 PLC 控制程序，控制要求为：按下启动按钮后，4 盏彩灯"欢迎光临"顺序点亮 1s，再反序每隔 1s 熄灭。以后依次循环控制。随时可以用停止按钮控制全部彩灯熄灭。

4.11.2 控制程序编写

（1）PLC 的 I/O 点的确定和分配　四则运算的控制 I/O 分配如表 4-19 所示。

表 4-19 四则运算的控制 I/O 分配表

输入元件			输出元件		
名称	符号	输入继电器	名称	符号	输出继电器
停止按钮	SB1	X0	"欢"字彩灯	HL1	Y0
启动按钮	SB2	X1	"迎"字彩灯	HL2	Y1
			"光"字彩灯	HL3	Y2
			"临"字彩灯	HL4	Y3

（2）PLC 接线图　四则运算的控制 I/O 接线如图 4-33 所示。

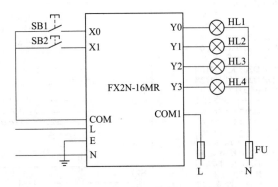

图 4-33 四则运算的控制 I/O 接线图

（3）程序编写　编写控制程序如图 4-34 所示。

4.11.3 编程指令诠释

① 功能指令　如表 4-20 所示。

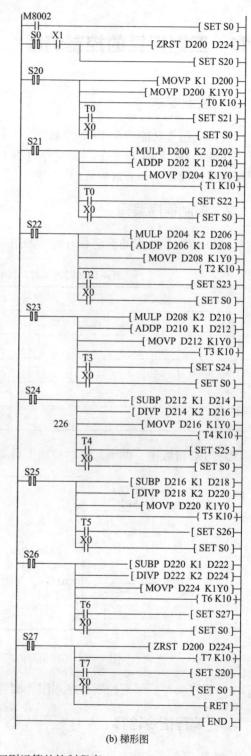

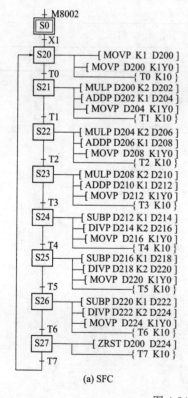

(a) SFC

(b) 梯形图

图 4-34 四则运算的控制程序

表 4-20 功能指令

符号	指令含义	功能	梯形图
FNC20 (D) ADD (P)	加法指令	将源元件的二进制数相加，结果送到指定的目标元件	X0 [S1.] [S2.] [D.] ⊢⊢ ADD D10 D12 D14
FNC21 (D) SUB	减法指令	将源元件的二进制数相减，结果送到指定的目标元件	X0 [S1.] [S2.] [D.] ⊢⊢ SUB D10 D12 D14
(D) MUL (P)	乘法指令	将源元件的二进制 16 位数相乘，结果送到指定的目标元件	X0 [S1.] [S2.] [D.] ⊢⊢ MUL D0 D2 D4 X1 [S1.] [S2.] [D.] ⊢⊢ D MUL D0 D2 D4
(D) DIV (P)	除法指令	将源元件的二进制 16 位数相除，结果送到指定的目标元件	X0 [S1.] [S2.] [D.] ⊢⊢ DIV D0 D2 D4 16位除法 X1 [S1.] [S2.] [D.] ⊢⊢ D DIV D0 D2 D4 32位除法

② 指令使用说明

a. 使用乘法和除法指令时注意事项：

• 源操作数可为所有数据类型，目标操作数可为 KnY、KnM、KnS、T、C、D、V 和 Z。

• 16 位的运算占 7 个程序步，32 位的运算占 13 个程序步。

• 数据为有符号二进制数，最高位为符号位（0 为正，1 为负）。

• 加减法指令的三个标志：零标志（M8020）、借位标志（M8021）和进位标志（M8022）。当运算结果超过 32767（16 位）或 2147483647（32 位）则进位标志置 1；当运算结果小于-32767（16 位运算）或-2147483647（32 位运算），借位标志就会置 1。

b. 使用乘法和除法指令时注意事项：

• 源操作数可为所有数据类型，目标操作数可为 KnY、KnM、KnS、T、C、D、V 和 Z，特别注意 Z 只有 16 位乘法时能用，32 位不可用。

• 16 位的运算占 7 程序步，32 位的运算为 13 程序步。

• 32 位乘法运算中，如用位元件作目标，则只能得到乘积的低 32 位，高 32 位将丢失，此时应先将数据移入字元件再运算；除法运算中将位元件指定为目标元件，则无法得到余数，除数为 0 时发生运算错误。

• 两个 16 位的运算，积应该采用两个连续的目标元件，商与余数各一个目标元件。两个 32 位的运算，积应该采用四个连续的目标元件，商与余数各两个目标元件。

• 积、商和余数的最高位为符号位。

c. 加 1 指令（D）INC（P）(FNC24) 和减 1 指令（D）DEC（P）(FNC25)：已在本章前面介绍了。

4.12 定时报时器的控制编程

4.12.1 控制要求

设计某校园定时报时器 PLC 控制程序，控制要求为：

① 6:30 电铃每秒响一次，10 次后自动停止；

② 6:40—7:00 启动校园广播体操系统；

③ 7:00—23:00 开启校园铃声系统；

④ 7:30 开启校园网络系统；

⑤ 18:00 开启校园照明系统；

⑥ 22:30 关闭校园照明系统；

⑦ 23:00 关闭校园网络系统。

4.12.2 控制程序编写

（1）PLC 的 I/O 点的确定和分配 定时报时器的控制 I/O 分配如表 4-21 所示。

表 4-21 定时报时器的控制 I/O 分配表

输入元件			输出元件		
名称	符号	输入继电器	名称	符号	输出继电器
停止按钮	SB1	X0	电铃	KA1	Y0
启动按钮	SB2	X1	校园广播体操系统	KA2	Y1
			校园铃声系统	KA3	Y2
			校园网络系统	KA4	Y3
			校园照明系统	KA5	Y4

（2）PLC 接线图 定时报时器的控制 I/O 接线如图 4-35 所示。

（3）程序编写 编写控制程序如图 4-36 所示。

4.12.3 编程指令诠释

（1）语句表

0	LD	C0	2	RST	C0	4	LD	X1
5	OR	M0	6	MPS		7	ANI	X0
8	OUT	M0	9	AND	M8013	10	OUT	C0 K60

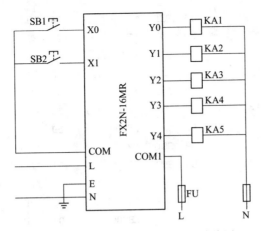

图 4-35　定时报时器的控制 I/O 接线图

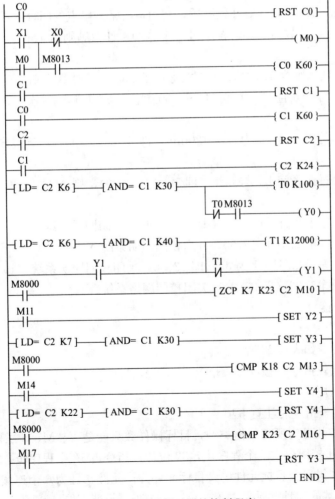

图 4-36　定时报时器的控制程序

13	LD	C1		14	RST	C1		16	LD	C0	
17	OUT	C1	K60	20	LD	C2		21	RST	C2	
23	LD	C1		24	OUT	C2	K24	27	LD =	C2	K6
32	AND =	C1	K30	37	OUT	T0	K100	40	ANI	T0	
41	AND	M8013		42	OUT	Y0		43	LD =	C2	K6
48	AND =	C1	K40	53	OUT	T1	K12000	56	AND	T1	
57	OUT	Y1		58	LD	M8000		59	ZCP	K7 K23 C2 M10	
68	LD	M11		69	SET	Y2		70	LD =	C2	K7
75	AND =	C1	K30	80	SET	Y3		81	LD	M8000	
82	CMP	K18 C2 M13						89	LD	M14	
90	SET	Y4		91	LD =	C2	K22	96	AND =	C1	K30
101	RST	Y4		102	LD	M8000		103	CMP	K23 C2 M16	
110	LD	M17		111	RST	Y3		112	END		

（2）程序解释

① 计数器 C0、C1、C2 计数满后，利用自身常开触点的闭合清零。

② 启动后，计数器 C0 每隔 1s 进一个脉冲，计数满则为 1min，并且向 C1 进一个脉冲。

③ C1 计数满则为 1h，并且向 C2 进一个脉冲，C2 计数满则为 1 日。

④ 当 C2 等于 6 且 C1 为 30（即 6：30）电铃 Y0 每秒响一次，10s（即 10 次）后自动停。

⑤ 当 C2 等于 6 且 C1 为 40 后 20min（即 6：40—7：00）启动校园广播体操系统 Y1。

⑥ 当 C2 进入区间 K7 与 K23（即 7：00—23：00），则 M11 接通，开启校园铃声系统 Y2。

⑦ 当 C2 等于 7 且 C1 为 30（即 7：30）开启校园网络系统 Y3。

⑧ 当 C2 等于 18（即 18：00）开启校园照明系统 Y4。

⑨ 当 C2 等于 22 且 C1 为 30（即 22：30）关闭校园照明系统 Y4。

⑩ 当 C2 等于 23（即 23：00）关闭校园网络系统 Y3。

（3）指令诠释

① 功能指令

a. 比较指令如表 4-22 所示。

b. 区间比较指令、触点比较指令见 4.2 节。

② 指令使用说明

a. 所有比较指令时注意事项

• 源操作数可为所有数据类型，目标操作数只能是 Y、M、S 三种类型元件。

• 16 位比较指令占 7 个程序步，32 位比较指令占 13 个程序步。

• 比较结果送至目标元件中，目标元件为位元件，且为 3 个连续位元件来表示两个源操作数的三种关系：大于、小于、等于（只能三取一）。

表 4-22　比较指令

符号	指令含义	功能	梯形图	操作元件	程序步
(D) CMP (P)　(FNC10)	比较指令	将源操作数〔S1〕与〔S2〕的数据进行比较，结果用目标元件〔D〕的状态来表示	X1 ─┤├─ 〔S1.〕〔S2.〕〔D.〕 CMP K68 C0 M0 M0 ─┤├─ 〔K68＞C0,M0＝ON〕 M1 ─┤├─ 〔K68＝C0,M1＝ON〕 M2 ─┤├─ 〔K68＜C0,M2＝ON〕	S1、S2：K、H、K*n*X、K*n*Y、K*n*M、K*n*S、T、C、D、V、Z　D：Y、M 和 S（连续三个位软元件）	16 位指令 CMP（P）：7 步　32 位指令 DCMP（P）：13 步
(D) ZCP (P)　(FNC11)	区间比较指令	将一个源操作数〔S〕与两个源操作数 S1 和 S2 间的比较区域比较	X0 ─┤├─ FNC11 ZCP(P) S1 S2 S D	源操作数 S1、S2、S：K、H、K*n*X、K*n*Y、K*n*M、K*n*S、T、C、D、V、Z　目标操作数 D：Y、M、S	16 位指令 ZCP（P）：9 步　32 位指令 (D) ZCP（P）：17 步

- 比较操作不改变两个源操作数的内容。比较操作完成后的比较结果具有记忆功能。即没有新的比较操作，保持比较结果。

b. 使用区间比较指令时注意事项

- 源操作数可为所有数据类型，目标操作数只能是 Y、M、S 三种类型元件。
- 16 位的运算占 9 程序步，32 位的运算为 17 程序步。
- 三个源操作数有三种情况：$S＜S1$，$S1≤S≤S2$，$S2＜S$。
- 将区域比较的操作结果存入目标操作数中：$S＜S1→Dn$；$S1≤S≤S2→Dn＋1$；$S＞S2→Dn＋2$。并且三种情况取一。
- 常规的区域 $S1＜S2$，假如 $S1＞S2$，则比较区间变为一点，即 $S1＝S2$。
- 区间比较不会改变源操作数的内容。区间比较操作后的结果具有记忆功能。

第5章

›››

特殊功能模块的编程实例

5.1 模拟输入模块（FX2N-4AD）的编程

5.1.1 控制要求

设计应用输入模块 FX2N-4AD 的 PLC 控制程序，控制要求为：输入模块 FX2N-4AD连接在特殊功能模块的 0 号位置，通道 1 与通道 2 用作电压输入，平均数设为 4，PLC 的数据寄存器 D0、D1 接收平均数字值。

5.1.2 控制程序编写

编写控制程序如图 5-1 所示。

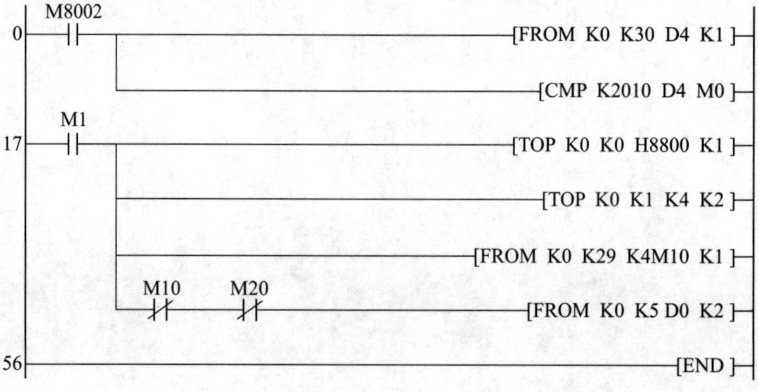

```
       M8002
  0     ├┤                                    ─[FROM  K0  K30  D4  K1]

                                              ─[CMP  K2010  D4  M0]

        M1
 17     ├┤                                    ─[TOP  K0  K0  H8800  K1]

                                              ─[TOP  K0  K1  K4  K2]

                                              ─[FROM  K0  K29  K4M10  K1]

        M10    M20
        ├┤     ─┤├─                           ─[FROM  K0  K5  D0  K2]

 56                                           ─[END]
```

图 5-1 模拟输入模块 FX2N-4AD 的控制程序

5.1.3　编程指令诠释

（1）语句表

```
0   LD    M8000        1   FROM  K0   K80  D4   K1      10  CMP  K2010  D4   M0
17  LD    M1           18  TOP   K0   K0   H3300 K1     27  TOP  K0   K1   K4  K2
36  FROM  K0    K29  K4M10  K1                           45  ANI  M10
46  ANI   M20          47  FROM  K0   K5   D0   K2       56  END
```

（2）程序解释

① 将编号 K0 的特殊功能模块内的编号为 K30 开始的 K1 个缓冲寄存器 BFM ♯30 的数据读出到 PLC 主机，并存到 D4 开始的 K1 个数据寄存器 D4 中。

读出识别码与 K2010 比较，如果识别码是 K2010 则表示 PLC 所连模块是 FX2N-4AD，CMP 指令将 M1 接通（K2010 等于 D4）。

② 将 H3300 写入 BFM♯0，建立模拟输入通道♯1、♯2。

♯0 缓冲区的作用是通道初始化，从低位到高位分别指定通道 1～通道 4，位的定义为：

0——预设范围（−10～10V）；1——预设范围（4～20mA）；

2——预设范围（−20～20mA）；3——通道关闭。

本例的 H3300 是关闭 3、4 通道，1、2 通道设为模拟值范围是 −10～10V DC。

③ 将 4 写入缓冲区♯1、♯2，即将通道 1 和通道 2 的平均采样数设为 4，大概意思就是每读取 4 次将这 4 次的平均值写入♯5、♯6 缓冲区。

④ 读取 FX2N-4AD 当前的状态，判断是否有错误。如果有错误 M10～M22 相应的位接通。

⑤ 如果没有错误，则读取♯5、♯6 缓冲区（采样数的平均值）的值并保存到 PLC 寄存器 D0、D1 中。

（3）指令诠释

① FROM：三菱 FX 系列 PLC 的 BFM 读出指令。

a. FROM、FROMP：16 位连续执行和脉冲执行型指令。

DFROM、DFROMP：32 位连续执行和脉冲执行型指令。

b. 读出指令 FROM 的编程格式：[FROM　K1　K29　D0　K2]

K1：特殊模块的地址编号（从最靠基本单元的那个开始编号），只能用数值，范围：0～7；

K29：特殊模块的缓冲存储器首元件编号，只能用数值，范围：0～32767；

D0：目标寄存器首元件编号，可以用 T、C、D 和除 X 外的位元件组合如 K4Y0；

K2：传送的点数，只能用数值，范围：1～32767。

指令的作用：从特殊单元（或模块）No.1 的缓冲寄存器（BFM）♯29、♯30 中读出 16 位数据传送至 PLC 的 D0、D1 寄存器里。

c. 说明:

- 在特殊辅助继电器 M8164 闭合状态下, D8164 内的数据作为传送点数。

- 在特殊辅助继电器 M8028 断开状态下, 在 FROM 指令执行时, 自动进入中断禁止状态, 输入中断和定时器中断不能执行。在这期间发生的中断只能等 FROM 指令执行完后开始执行。FROM 指令可以在中断程序中使用。

- 当特殊辅助继电器 M8028 闭合时, 在 FROM 指令执行时, 如发生中断则执行中断程序, FROM 指令不能在中断程序中使用。

② TO: 三菱 FX 系列 PLC 的 BFM 写入指令。

a. TO、TOP: 16 位连续执行和脉冲执行型指令;

DTO、DTOP: 32 位连续执行和脉冲执行型指令。

b. 写入指令 TO 的编程格式: [TO K1 K12 D0 K2]

K1: 特殊模块的地址编号, 只能用数值, 范围: 0~7;

K12: 特殊模块的缓冲存储器首元件编号, 只能用数值, 范围: 0~32767;

D0: 源寄存器首元件编号, 可以用 T、C、D, 数值和位元件组合如 K4X0;

K2: 传送的点数, 只能用数值, 范围: 1~32767。

指令的作用是: 将 PLC16 位寄存器 D0、D1 的数值分别写入特殊单元(或模块)No.1 的缓冲寄存器(BFM) ♯12、♯13 中。

c. 说明:

- 在特殊辅助继电器 M8164 闭合时, D8164 内的数据作为传送点数。

- 当特殊辅助继电器 M8028 断开状态下, 在 TO 指令执行时, 自动进入中断禁止状态, 输入中断和定时器中断不能执行。在这期间发生的中断只能等 FROM 指令执行完后开始执行。TO 指令可以在中断程序中使用。

- 当特殊辅助继电器 M8028 闭合状态下, 在 TO 指令执行时, 如发生中断则执行中断程序, TO 指令不能在中断程序中使用。

(4) FX2N-4AD 简介

① 特殊功能模块与 PLC 主机的连接: 如图 5-2 所示。

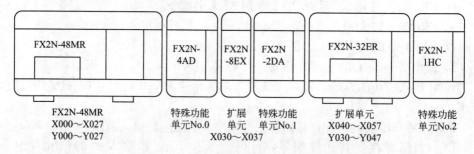

图 5-2　特殊功能模块与 PLC 主机的连接

② 可选用的模拟值范围: -10~10V DC (分辨率: 5mV), 或者是 4~20mA, -20~20mA (分辨率 20μA)。

③ FX2N-4AD 和 FX2N 主单元之间通过缓冲存储器交换数据: FX2N-4AD 共

有16位数据的缓冲存储器32个。

④ FX2N-4AD占用FX2N扩展总线的8个点：这8个点可以分配成输入或输出。FX2N-4AD消耗FX2N主单元或有源扩展单元5V电源槽30mA的电流。

⑤ 配线图：FX2N-4AD的配线图如图5-3所示。

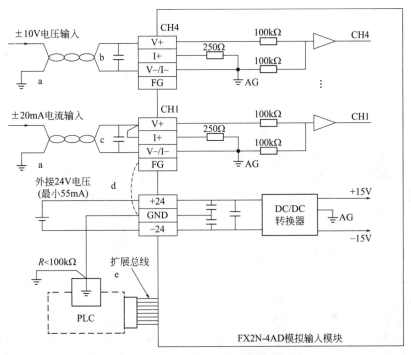

图5-3　FX2N-4AD的配线图

a. 模拟输入通过双绞屏蔽电缆接收。电缆要远离电源线或其他可能产生电磁干扰的电线。

b. 若输入有电压波动或外电路中有电磁干扰，可接一个平滑电容器（0.1～0.47μF，25V）。

c. 若采用电流输入，需要连接V＋与I＋端子。

d. 若电磁干扰过强，将FG的外壳接地端与FX2N-4AD的接地端子GND连接。

e. FX2N-4AD的接地端子GND连接与PLC主机接地端子连接接地。可能的话，主机采用3级接地方式。

⑥ 缓冲存储器（BFM）的分配。

BFM #0：通道初始化，缺省值H0000。

BFM #1～#4：通道1～通道4的平均采样数（取样次数范围1～4096），用于得到平均结果。缺省值设为8（正常速度），高速操作可选择1。

BFM#5～#8：通道1～通道4采样数的平均输入值，即根据#1～#4规定

147

的平均采样次数，得出所有采样的平均值。

BFM ♯9～♯12：通道 1～通道 4 读入的当前值。

BFM ♯13、♯14：保留，用户不可以更改。

BFM ♯15：选择 A/D 转换速度，设为 0（缺省值）则选择正常速度（15ms/通道）；设为 1 则选择高速（15ms/通道）。

BFM ♯16～♯19：保留，用户不可以更改。

BFM♯20：复位到缺省值和预设，缺省值为 0。当 BFM♯20 被置 1 时，整个 FX2N-4AD 的设定值均恢复到缺省设定值。这是快速地擦除零点和增益的非缺省设定值的办法。

BFM ♯21：禁止调整偏移、增益值。若 BFM ♯21 的（b1、b0）置为（1，0），则增益和零点的设定值禁止改动。要改动零点和增益的设定值时必须令（b1，b0）的值为（0，1）。缺省设定为（0，1）。

零点：数字量输出为 0 时的输入值。增益：数字输出为＋1000 时的输入值。

BFM ♯22：偏移/增益调整，G-O（增益-零点）位的状态 G4 O4 G3 O3 G2 O2 G1 O1。

BFM ♯23：偏移值，缺省值为 0。

BFM ♯24：增益值，缺省值为 5000。

在 BFM♯23 和 BFM♯24 内的增益和零点设定值会被送到指定的输入通道的增益和零点寄存器中。需要调整的输入通道由 PFM ♯22 的 G-O（增益-零点）bit 的状态来指定。例如，若 BFM ♯22 的 G1、O1 置 1，则 BFM ♯23 和 ♯24 的设定值即可送入通道 1 的增益和零点寄存器。各通道的增益和零点既可统一调整，也可独立调整。

BFM ♯23 和 ♯24 中设定值以 mV 或 μA 为单位，但受 FX2N-4AD 的分辨率的影响，其实际响应以 5 mV/20μA 为步距。

BFM ♯25～♯28：保留，用户不可以更改。

BFM ♯29：错误状态。BFM ♯29 中各位的状态是 FX2N-4AD 运行正常与否的信息。例如，b2 为 OFF 时，表示 DC 24V 电源正常；b2 为 ON 时，则电源有故障。用 FROM 指令将其读入，即可作相应处理。状态信息详见表 5-1。

表 5-1　BFM ♯29 的位设备功能表

BFM ♯29 的位设备	ON（开）	OFF（关）
b0：错误	b1～b3 任何一个为 ON 如果 b2～b4 任何一个为 ON，所有通道的 A/D 转换停止	无错误
b1：偏移/增值错误	在 EEPROM 中的偏移/增值数据不正常或者调整错误	偏移/增值正常
b2：电源故障	24V DC 电源故障	电源正常
b3：硬件错误	A/D 转换器或其他硬件故障	硬件正常

BFM ♯29 的位设备	ON（开）	OFF（关）
b4～b9：没有定义	—	—
b10：数字范围错误	数字输出值超出指定范围，即小于－2048 或大于＋2047	数字输出值正常
b11：平均采样错误	平均采样数不小于 4097，或者不大于 0（使用缺省值 8）	平均正常（1～4096 间）
b12：偏移/增值调整禁止	禁止 BFM ♯21 的（b1，b0）设为（1，0）	允许 BFM ♯21 的（b1，b0）设为（1，0）
b13～b15：没有定义	—	—

BFM ♯30：存放特殊功能模块的识别码，PLC 可用 FROM 指令读入。用户在程序中可以方便地利用这一识别码在传送数据前先确认该特殊功能模块。识别码 K2010。

BFM ♯31：禁用。

5.2 模拟输出模块（FX2N-2DA）的编程

5.2.1 控制要求

设计应用输出模块 FX2N-2DA 的 PLC 控制程序，控制要求为：FX2N-2DA 模块在 1 号位置，其通道 CH1 和 CH2 作为电压输出，将数据存储器 D1 和 D2 的内容通过 CH1、CH2 输出。X000 接通时，通道 1（CH1）执行数字量到模拟量的转换；X001 接通时，通道 2（CH2）执行数字量到模拟量的转换。

5.2.2 控制程序编写

编写控制程序如图 5-4 所示。

5.2.3 编程指令诠释

（1）语句表

```
  0  LD   X000              1  MOV  D100   K4M100          6  TO   K1   K16   K2M100   K1
 15  TO   K1   K17   H004   K1                            24  TO   K1   K17   H0000   K1
 33  TO   K1   K16   K1M108  K1                           42  TO   K1   K17   H0002   K1
 51  TO   K1   K17   H0000   K1                           60  LD   X001
 61  MOV  D101   K4M100                                   66  TO   K1   K16   K2M100   K1
 75  TO   K1   K17   H004   K1                            84  TO   K1   K17   H0000   K1
 93  TO   K1   K16   K1M108  K1                          102  TO   K1   K17   H0001   K1
111  TO   K1   K17   H0000   K1                          120  END
```

（2）程序解释　如图 5-5 所示。

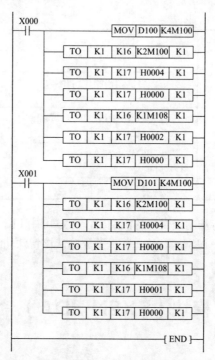

图 5-4   模拟输出模块 FX2N-2DA 的控制程序

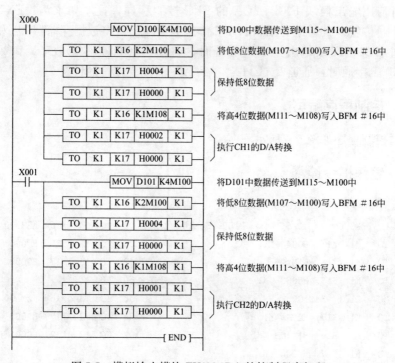

图 5-5   模拟输出模块 FX2N-2DA 的控制程序解释

（3）指令诠释 TO 指令的含义见上一节。

（4）FX2N-2DA 简介

① FX2N-2DA 概述 FX2N-2DA 模拟量输出模块将 12 位的数字值转换成相应的模拟量输出，它有 2 路输出通道，通过输出端子变换，也可任意选择电压或电流输出状态。

电压输出时，输出信号范围为 DC $-10 \sim +10$V，可接负载阻抗为 1kΩ$\sim$ 1MΩ，分辨率为 5mV，综合精度 0.1V；电流输出时，输出信号范围为 DC $+4 \sim$ $+20$mA，可接负载阻抗不大于 250Ω，分辨率为 20μA，综合精度 0.2mA。

FX2N-2DA 模拟量模块的工作电源为 DC 24V，模拟量与数字量之间采用光电隔离技术。FX2N-2AD 模拟量模块的 2 个输出通道，要占用基本单元的 8 个映像表，即在软件上占 8 个 I/O 点数，在计算 PLC 的 I/O 时可以将这 8 个点作为 PLC 的输出点来计算。

② FX2N-2DA 的接线 FX2N-2DA 的接线如图 5-6 所示。

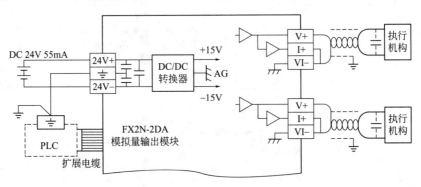

图 5-6 FX2N-2DA 的接线图

图中模拟输出信号采用双绞屏蔽电缆与外部执行机构连接，电缆应远离电源线或其他可能产生电气干扰的导线。当电压输出有波动或存在大量噪声干扰时，可以接一个 $0.1 \sim 0.47\mu$F（25V）的电容。对于电压输出，应将端子 I＋和 VI－连接。FX2N-2DA 接地端与 PLC 主单元接地端连接。

③ FX2N-2DA 的缓冲寄存器（BFM）分配 FX2N-2DA 模拟量模块内部有一个数据缓冲寄存器区，它由 32 个 16 位的寄存器组成，编号为 BFM ♯0～♯31，其内容与作用如表 5-2 所示。数据缓冲寄存器区内容可以通过 PLC 的 FROM 和 TO 指令来读写。

④ FX2N-2DA 偏置与增益的调整 FX2N-2DA 出厂时偏置值和增益值已经设置成：数字值为 0～4000，电压输出为 0～10V。当 FX2N-2DA 用作电流输出时，必须重新调整偏置值和增益值。偏置值和增益值的调节是对数字值设置实际的输出模拟值，可通过 FX2N-2DA 的容量调节器，并使用电压和电流表来完成。

表 5-2　FX2N-2DA 缓冲寄存器（BFM）的分配

BFM 编号	内容		备注
#0	通道初始化，用 2 位 16 位数字 H×× 表示，2 位数字从右至左分别控制 CH1、CH2 两个通道		每位数字取值范围为 0、1，其含义如下： 0 表示输出范围为−10～+10V 1 表示输入范围为+4～+20mA
#1	通道 1	存放输出数据	
#2	通道 2		
通道 #3～#4	保留		
#5	输出保持与复位 缺省值为 H00		H00 表示 CH2 保持、CH1 保持 H01 表示 CH2 保持、CH1 复位 H10 表示 CH2 复位、CH1 保持 H11 表示 CH2 复位、CH1 复位
#6～#15	保留		
#16	输出数据的当前值		8 位数据存于 b7～b0
#17	转换通道设置		将 b0 由 1 变成 0，CH2 的 D/A 转换开始 将 b1 由 1 变成 0，CH1 的 D/A 转换开始 将 b2 由 1 变成 0，D/A 转换的低 8 位数据保持
#18～#19	保留		
#20	复位到缺省值和预设值		缺省值为 0；设为 1 时，所有设置将复位缺省值
#21	禁止调整偏置和增益值		(b1, b0) 位设为 (1, 0) 时，禁止 (b1, b0) 位设为 (0, 1) 时，允许（缺省值）
#22	偏置、增益调整通道设置		b3 与 b2、b1 与 b0 各为调整 CH2、CH1 的增益与偏置值
#23	偏置值设置		缺省值为 0000，单位为 mV 或 μA
#24	增益值设置		缺省值为 5000，单位为 mV 或 μA
#25～#28	保留		
#29	错误信息		表示本模块的出错类型
#30	识别码（K3010）		固定为 K3010，可用 FROM 读出识别码来确认此模块
#31	禁用		

　　增益值可设置为 0～4000 的任意数字值。但是，为了得到 12 位的最大分辨率，电压输出时，对于 10V 的模拟输出值，数字值调整到 4000；电流输出时，对于 20mA 的模拟输出值，数字值调整到 4000。

　　偏置值也可根据需要任意进行调整。但一般电压输入时偏置值设为 0V，电流输入时偏置值设为 4mA。

5.3 定位模块（FX2N-1PG）的编程

5.3.1 控制要求

设计应用 FX2N-1PG 特殊模块控制 SX-815L 设备上机器人的直行的 PLC 控制程序。

5.3.2 控制程序编写

（1）运转速度图 如图 5-7 所示。

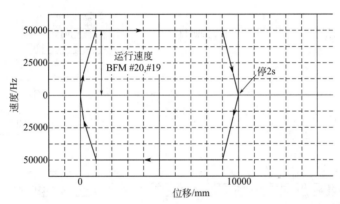

图 5-7 单速定位操作运转速度图

（2）I/O 分配 如表 5-3 所示。

表 5-3 FX2N-1PG 程序的 I/O 分配表

FX2N 系列 PLC		FX2N-1PG 特殊模块
输入	输出	
X000：异常重置		DOG：近点信号输入
X001：停止命令		STOP：减速停止输入
X002：正转脉冲停止		PG0：来自伺服驱动器的 Z 相信号输入
X003：反转脉冲停止	Y000：待机中显示	FP：正转脉冲输出，连接到伺服驱动器 PP 端子
X004：JOG＋操作		RP：反转脉冲输出，连接到伺服驱动器 NP 端子
X005：JOG-操作		CLR：偏差计数器清除输出信号，连接到伺服驱动器 CR 端子
X006：原点返回启动		
X007：自动云子启动		

（3）I/O 接线图 FX2N-1PG 与步进电动机接线如图 5-8 所示。

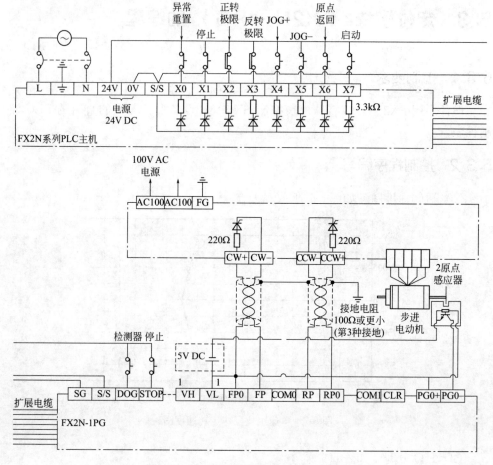

图 5-8　FX2N-1PG 与步进电动机接线图

① 根据外部电源连接其中一个端子。

②当没有原点感应器时，请将 Z 信号数设置为 0。此时，当 DOG 信号 ON 时，电动机立即停止。为了防止机械损坏，请将原点返回速度设置尽可能降低。

FX2N-1PG 与 MR-J2 型伺服电动机接线如图 5-9 所示。

（4）BFM 参数设定

① FX2N-1PG 输出模式　FX2N-1PG 输出模式为脉冲输出模式。既能实现 JOG 操作，又可以定位运行。

② 缓冲存储器 BFM 的设置　将 BFM ♯3 的值设为 H100，即为脉冲输出模式，改变 BFM ♯3 的值就可以改变 1PG 的输出模式（请参照 BFM 列表）。最大速度（BFM ♯4）设为 K9000，基速（BFM ♯6）设为 K300，JOG 速度（BFM ♯7）设为 K6000，原点返回速率（BFM ♯9）设为 K6000，回原点过减速点后的爬行速率（BFM ♯11）为 K2000，原点返回的 0 点个数即 POG 的输入次数（BFM ♯12）设为 1，原点位置（BFM ♯13）设为 0，加减速时间设为 K300。

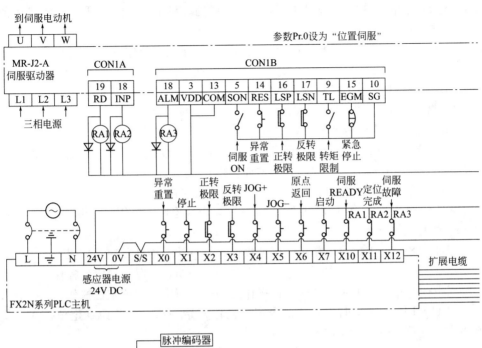

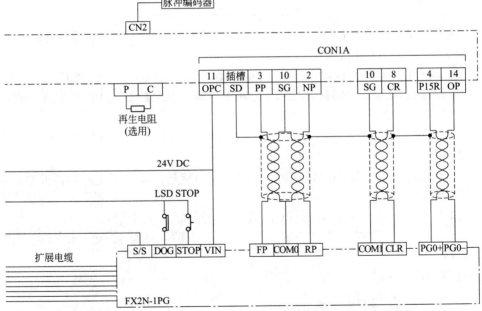

图 5-9　FX2N-1PG 与 MR-J2 型伺服电动机接线图

③ 操作命令（BFM ♯25）设置　在数据被写入 BFM ♯24 时，如下写 BFM ♯25（b0～b12）。

［b0］b0＝1 时：误差复位。后面描述的误差标志（BFM ♯28b7）被复位。

［b1］b1＝0→1 时：停止。该位与 PGU（"FX2N-1PG 脉冲发生器单元"的简

称，下同）中的 STOP 输入起作用的方式一样的，只是停止操作可以从 PLC 中的顺控程序执行。

［b2］b2=1 时，前向脉冲停止。正向脉冲在正向限位位置马上停止。

［b3］b3=1 时，反向脉冲停止。反向脉冲在反向限位位置马上停止。

［b5］b5=1 时，JOG 操作。

b5 持续为 1 的时间少于 300ms 时：产生一个反向脉冲，

b6 持续为 1 的时间大于或等于 300ms 时：产生连续的反向脉冲。

［b6］b6=0→1 时，原位返回开始→开始返回原位，并在 DOG 输入（近点标志）或 PG0（0 点标志）给出时在机器原位停止。

［b7］b7=0 时：绝对位置；当 b7=1 时：相对位置。

相对或绝对位置由 b7 的状态（0 或 1）规定（当操作使用 b8、b9 或 b10 执行时，该位有效）。

［b8］b8=0→1 时，中断单速定位操作开始→执行中断单速定位操作。

［b9］b9=0→1 时，中断单速定位操作开始→执行中断单速定位操作。

［b10］b10=1→1 时，单速定位操作开始→执行中断单速定位操作。

［b11］b11=0→1 时，外部命令定位操作开始→执行外部命令定位操作，旋转方向由速度命令的标志决定。

［b12］b12=1 时：变速操作→执行变速操作。

注意：BFM ♯25 b6～b4 和 b12～b8 中只有一位可以置位，若其中有两个或更多被置位，不会有操作执行。

④ 状态和错误代码读取（BFM ♯28）　用于说明 PGU 状态的 PLC 的状态信息自动保存在 BFM ♯28 时，使用 FROM 指令将它读入 PLC。［BFM ♯28］状态信息（b0～b8）如下。

［b0］b0=0 时：BUSY；b0=1 时：READY。在 PG0 产生脉冲时，该位设置为 BUSY。

［b1］b1=0 时：反向旋转；b1=1 时：正向旋转。操作由正向脉冲开始时，该位设为 1。

［b2］b2=0 时：不执行原点返回；b2=1 时：原点返回执行。

当原位返回结束时，b2 被设置为 1，并在断电前一直为 1，要复位 b2，需使用程序。

【例 5-1】复位 b2 的程序：

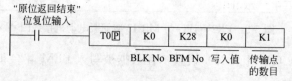

使用 T0（P）指令将 "K0" 写入 BFM ♯28（状态信息）。

通过这个程序，只有 BFM ♯28 中的 b2（原点返回结束）被复位并重写为 0。

［b3］b3=0时：STOP输入OFF；b3=1时：STOP输入ON。

［b4］b4=0时：DOG输入OFF；b4=1时：DOG输入ON。

［b5］b5=1时：PG0输入OFF；b5=1时：PG0输入ON。

［b6］b6=1时：当前位置值溢出。

保存在BFM♯2和♯26中的32位数据溢出。在返回原点结束或断电时复位。

［b7］b7=1时，误差标志。

当PGU中发生一个错误时，b7变成1，并且错误的内容被保存到BFM♯29中。

当BFM♯25b0变为1或者断电时，错误标志复位。

［b8］b8=0时：定位开始；b8=1时：定位结束。

当定位开始原点返回或错误复位（只有在错误发生时）时，b8被清除，并在定位结 束后设置。当返回原位结束时，b8也被设置。

在BFM♯28b0设置为1［（READY）］时，不同的起始命令均被唯一地接收。

BFM♯28b0被设置为1［（READY）］时，不同的数据也被唯一地接收，然而BFM♯25b1（停止命令）、BFM♯25b2（正向脉冲停止）和BFM♯25b3（反向脉冲停止）的信息即使在BFM♯28被设置为0（BUSY）时也会被接收。

无论BFM♯28b0的设置如何，均可将数据从PGU读到PLC。

即使BFM♯28b0被设置为0（BUSY），当前位置也会根据脉冲的产生而改变。如：

$$\vdash\!\!\dashv\text{FROM K0 K28 K4M100 K1}\vdash$$

将BFM♯28中的值送入K4M100中，把BFM♯28的状态标志位通过M100~M115表示。PLC可通过辅助继电器来做出判断，例如M8028置1表示定位结束。

⑤ 单速定位操作设定 缓冲存储器BFM♯17设定位置（K50000），BFM♯19设定定位操作的速率（K5000此速度在定位运行过程中可以改变），将BFM♯25中的b8置1即定位开始，置0定位结束。如果需要中断定位操作，则把BFM♯25中的b1置1，复位b8置0即可。如表5-4所示。

表5-4 FX2N-1PG程序的BFM参数设置一览表

BFM	项目		设置值	注
♯0	电动机转一圈所需脉冲数		8192（以MR-J2为例）	PLS/R（脉冲数/转）
♯2，♯1	电动机转一圈的移动距离		1000	m/R
♯3	参数		H200E	
	b1，b0	单位制	b1=1，b0=0	复合系统
	b5，b4	位置数据倍率	b5=1，b4=1	10^3
	b8	脉冲输出方式	0	正转脉冲
	b9	旋转方向	0	电流值增加

BFM		项目	设置值	注
#3	b10	原点返回方向	0	电流值减少
	b12	DOG 信号极性	0	DOG 输入 ON
	b13	计数开始计时	1	DOG 输入尾部
	b14	STOP 信号极性	0	运行中断
	b15	STOP 输入模式	0	剩余距离驱动
#5，#4		最高速度	5000	
#6		启动速度	0	
#8，#7		JOG 速度	10000	
#10，#9		原点返回速度（高速）	10000	
#11		原点返回速度（爬行）	1500	
#12		原点返回时 Z 相信号数	10	
#14，#13		原点位置定义	0	
#15		加/减速时间	100	ms
#16		保留	—	
#18，#17		目标位置（Ⅰ）	1000	mm
#20，#19		运转速度（Ⅰ）	5000	Hz
#22，#21		目标位置（Ⅱ）		
#24，#23		运转速度（Ⅱ）	—	
#25		运转命令	M0	
	b0	异常重置指令		
	b1	停止指令	M1	
	b2	正转脉冲停止指令	M2	
	b3	反转脉冲停止指令	M3	
	b4	JOG＋指令	M4	
	b5	JOG-指令	M5	
	b6	原点返回启动指令	M6	
	b7	相对/绝对坐标选择	b7＝M7＝1	相对坐标位址
	b8~b12	单速定位启动指令	b8＝M8，b12~b9 不用	
#27，#26		相对位置	D11，D10	mm
#28		运转状态信息	M31~M20	
#29		异常码	D20	
#30		模式代码	D12	
#31		保留	—	

（5）程序编写 设计 FX2N-1PG 程序的梯形图如图 5-10 所示。

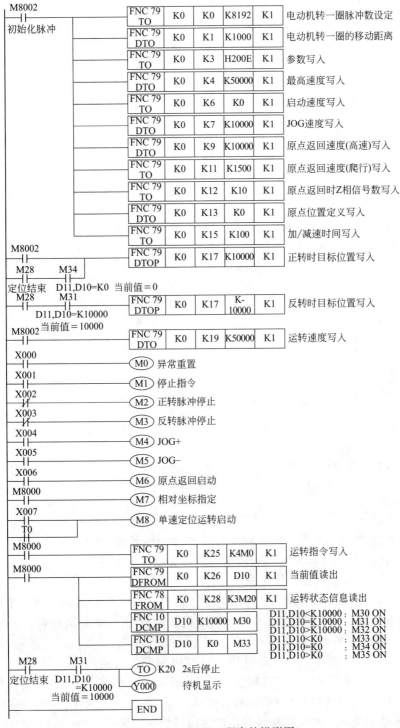

图 5-10 FX2N-1PG 程序的梯形图

5.3.3 编程指令诠释

（1）语句表

0	LD	M8002				1	TO	K0	K0	K8192	K1
10	DTO	K0	K0	K1000	K1	27	TO	K0	K3	H200E	K1
36	DTO	K0	K4	K50000	K1	53	TO	K1	K17	H0002	K1
62	DTO	K0	K6	K0	K1	79	DTO	K0	K7	K10000	K1
96	DTO	K0	K9	K10000	K1	113	TO	K0	K11	K1500	K1
122	TO	K0	K12	K10	K1	131	DTO	K0	K13	K0	K1
148	TO	K0	K15	K100	K1	157	LD	M8002			
158	LD	M28				159	AND	M34			
160	ORB					161	DTOP	K0	K17	K10000	K1
178	LD	M28				179	AND	M31			
180	DTOP	K0	K17	K10000	K1	197	LD	M8002			
198	DTO	K0	K19	K50000	K1	215	LD	X0			
216	OUT	M0				217	LD	X1			
218	OUT	M1				219	LDI	X2			
220	OUT	M2				221	LDI	X3			
222	OUT	M3				223	LD	X4			
224	OUT	M4				225	LD	X5			
226	OUT	M5				227	LD	X6			
228	OUT	M6				229	LD	M8000			
230	OUT	M7				231	LD	X7			
232	OR	T0				233	OUT	M8			
234	LD	M8000				235	TO	K0	K25	K4M0	K1
244	LD	M8000				245	DFROM	K0	K26	D10	K1
262	FROM	K0	K28	K3M20	K1	271	DCMP	D1	K10000	M30	
284	DCMP	D10	K0	M33		297	LD	M28			
298	AND	M31				299	OUT	T0	K20		
302	OUT	Y0				303	END				

（2）程序解释　见图5-10 FX2N-1PG程序的梯形图中附注。

（3）指令诠释　FROM、TO指令的使用如前一节所述。

（4）FX2N-1PG定位模块简介

① 概述　FX2N-1PG脉冲发生器单元（简称"PGU"）可以完成一个独立轴的简单定位，这是通过向伺服或步进电动机的驱动放大器提供指定数量的脉冲（最大100kPPS）来实现的。

FX2N-1PG是作为FX2N系列PLC的扩展部分配置的，每一个PGU作为一个特殊的时钟，使用FROM/TO指令，并占用8点输入/输出与PLC进行数据传输。一个PLC可以连接8个PGU从而可以实现8个独立的操作。如图5-11所示。PGU为需要高速响应和采用脉冲输出的定位操作提供连接终端。

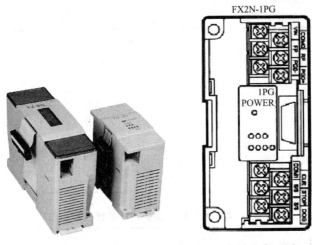

图 5-11　FX2N-1PG 定位模块的外形图与端子布置图

　　② LED 灯显示与端子的分配　FX2N-1PG 定位模块 LED 灯的功能如表 5-5 所示。FX2N-1PG 定位模块端子的分配与功能如表 5-6 所示。FX2N-1PG 定位模块端的性能规格如表 5-7 所示。

表 5-5　FX2N-1PG 定位模块 LED 灯的功能表

LED 灯	功能	
POWER	显示 PUG 的供电状态，当有 PLC 提供 5V 电压时亮	
STOP	当输入 STOP 时亮，有 STOP 端子或 BFM♯2561 使用时亮	
DOG	当有 DOG 输入时亮	
FP	当输出前向脉冲或方向时，闪烁	可以使用 BFM ♯3b8 变更输出格式
RP	当输出反向脉冲或方向时，闪烁	
CLR	当输出 CLR 信号灯亮	
ERR	当发生错误时闪烁，当发生错误时不接受起始命令	

表 5-6　FX2N-1PG 定位模块端子的分配与功能表

端子	功能
STOP	减速停止输入（在外部命令操作模式下可作为停止命令输入起作用）
DOG	根据操作模式提供以下不同功能： ① 原位返回操作：近点信号输入 ② 中断单速操作：中断输入 ③ 外部命令操作：开始减速输入
SS	24V DC 电源端子，用于 STOP 和 DOG 输入，连接到 PLC 的电源或外部电源
PG0＋	0 点信号的电源端子，连接伺服放大器或外部电源（5～24V DC，24mA 或更小）
PG0－	从伺服单元或伺服放大器输入 0 点信号，响应脉冲宽度：4s 或更大
VIN	脉冲输出电源端子（由伺服放大器或外部电源供电）5～24V DC，35mA 或更多

续表

端子	功能
FP	输出前向脉冲或脉冲的端子：100kHz，20mA 或更少（5～24V DC）
COM0	用于脉冲输出的通用端子
RP	输出反向脉冲或方向的端子：100kHz，20mA 或更少（5～24V DC）
COM1	CLR 输出的公共端
CLR	清除漂移计数器的输出：5～24V DC，20mA 或更少，输出脉冲宽度：20mA（在返回原位结束或 LIMIT SEITCH 输入被给出时输出）
●	空闲端子，不可用作继电器端子

表 5-7 FX2N-1PG 定位模块端的性能规格表

项目	规格
驱动电源	① ＋24V（用于输入信号）：24V DC±10% 消耗的电流：40mA 或更少，由外部电源或 PLC 的＋24V 输出供电 ② ＋5V（用于内部控制）：5V DC，55mA，由 PLC 通过扩展电缆供电 ③ 用于脉冲输出：5～24V DC，消耗的电流：35mA 或更少
占用的 I/O 点数	每一个 PGU 占用 8 点
控制轴的数目	1 个（1 个 PLC 最多控制 8 个独立的轴）
指令速度	当脉冲速度在 10PPS＝100kPPS 允许操作 指令单位可以在 Hz、cm/min、10°/min 和 in/min 中选择（1in＝2.54cm）
设置脉冲	0～±999.999；可以选择绝对位置规格或相对移动规格 可以在脉冲、μm、$10^{-3}°$ 和 $10^{-4}in$ 之中选择指令单位 可以为定位数据设置倍数 10^0、10^1、10^2 或 10^3
脉冲输出格式	可以选择前向（FP）和方向（RP）脉冲或带方向（DIR）的脉冲（PLS）。集电极开路的晶体管输出。5～24V DC，20mA 或更少
外部 I/O	为每一点提供光耦隔离和 LED 操作指示 3 点输入（STOP/DOG）24V DC，7mA 和（PG0♯1）24V DC，7mA
与 PLC 的通信	PGU 中有 16 位 RAM（无备用电源）缓存器 BFM ♯0～♯31 使用 FROM/TO 指令可以执行与 PLC 间的通信 当两个 BFM 合在一起可以处理 32 位数据

③ 缓冲存储器（BFM）的分配　FX2N-1PG 定位模块的 BFM 分配表 5-8 所示。

表 5-8 FX2N-1PG 定位模块的 BFM 分配表

BFM 编号		b15	b14	b13	b12	b11	b10	b9	b8	b7	b6
高 16 位	低 6 位										
	♯0	脉冲速度	A	1～32767PLS/R							
♯2	♯1	进给速率	B	1～999999①							
	♯3	STOP输入模式	STOP输入极性	计数开始定时	DOG输入极性	—	原位返回方向	旋转方向	脉冲输出格式	—	—

续表

BFM编号 高16位	BFM编号 低6位	b15	b14	b13	b12	b11	b10	b9	b8	b7	b6
♯5	♯4	最大速率　V_{max}　10~10000Hz									
	♯6	偏置速率									
♯8	♯7	JOG速率　V_{JOG} 10~10000Hz									
♯10	♯9	原点返回速率（高速）　V_{RT} 10~10000Hz									
	♯11	原点返回速率（爬行速率）　V_{OR} 10~1000Hz									
	♯12	用于原点返回的0点信号数目　N　0~32767PLS									
♯14	♯13	原点位置　HP　0~±999999②									
	♯15	加速/减速时间　T_a　50~5000ms									
	♯16	保留									
♯18	♯17	设置装置（Ⅰ）　P（Ⅰ）　0~±999999③									
♯20	♯19	操作速率（Ⅰ）　V（Ⅰ）　10~10000Hz									
♯22	♯21	设置位置（Ⅱ）　P（Ⅱ）　0~±999999④									
♯24	♯23	操作速率（Ⅱ）　V（Ⅱ）　10~10000Hz									
	♯25	—	—	—	变速操作启动	外部命令定位启动	双速定位启动	中断单速定位启动	单速定位启动	相对/绝对位置	原点返回启动
♯27	♯26	当前位置　CP　自动写－2147483648~2147483648									
	♯28	—	—	—	—	—	—	—	定位结束标志	错误标志	当前位置值溢出
	♯29	错误代码　当错误发生时，错误代码被自动写入									
	♯30	样式代码　"5110"被自动写入									
	♯31	保留									

BFM编号 高16位	BFM编号 低16位	b5	b4	b3	b2	b1	b0	读/写
	♯0	初始值：2000PLS/R						
♯2	♯1	初始值：1000PLS/R						
	♯3	定位数据倍数 10^0~10^3			—	—	系统单位（电动机系统、机械系统、合并的系统）	
♯5	♯4	初始值：100000Hz						R/W
	♯6	初始值：0Hz						
♯8	♯7	初始值：10000Hz						
♯10	♯9	初始值：50000Hz						
	♯11	初始值：1000Hz						
	♯12	初始值：10PLS						

续表

BFM编号		b5	b4	b3	b2	b1	b0	读/写
高16位	低16位							
♯14	♯13	初始值: 0						R/W
	♯15	初始值: 100ms						
	♯16							—
♯18	♯17	初始值: 0						
♯20	♯19	初始值: 10Hz						
♯22	♯21	初始值: 0						
♯24	♯23	初始值: 10Hz						R/W
	♯25	JOG-操作	JOG+操作	反向脉冲停止	正向脉冲停止	停止	错误复位	
♯27	♯26	当前位置 CP 自动写—2147483648~2147483647						
	♯28	PG0 输入 ON	DOG 输入 ON	STOP 输入 ON	原位反向结束	反向/正向旋转	准备好	
	♯29							R
	♯30							
	♯31							—

① 单位是 $\mu m/R$、$10^{-3}°/R$ 或 $10^{-4}in/R$。

② 单位是 PLS、$\mu m/R$、$10^{-3}°/R$ 或 $10^{-4}in/R$，由 BFM ♯3b1 和 b0 设置而定。

③ 在 BFM ♯25b6 和 b12~b8 中只有一位可置位，若有两位或更多被置位，不会执行。

④ 当数据写入 BFM ♯0、♯1、♯2、♯3、♯4、♯5、♯5、♯6 和♯15 时，在第一个定位操作过程中数据在 PGU 内计算。这样可以节省处理时间（最大 500ms）。

注：PG0 为原点检测，DOG 为减速点检测，STOP 为行程终端检测。

④ 操作模式和缓存设置　FX2N-1PG 定位模块 BFM 设置如表 5-9 所示。

表 5-9　FX2N-1PG 定位模块 BFM 设置表
（表中○表示不需要设置的项）

BFM编号		名字	JOG	原位返回	单速定位	中断单速定位	双速定位	外部命令定位	定位变速
高位	低位								
—	♯0	脉冲速率	不必为电动机系统设置单位（PLS 和 Hz），需要为机器和合并系统设置单位						
♯2	♯1	进给速率							
—	♯3	参数	○	○	○	○	○	○	○
♯5	♯4	最大速度	○	○	○	○	○	○	○
—	♯6	偏置速度①	○	○	○	○	○	○	○
♯8	♯7	JOG 速度	○	—	—	—	—	—	—

续表

BFM 编号		名字	JOG	原位返回	单速定位	中断单速定位	双速定位	外部命令定位	定位变速
高位	低位								
♯10	♯9	原点返回速度（高速）	—	○	—	—	—	—	—
—	♯11	原点返回速度（爬行）							
—	♯12	用于原点返回的 0 点信号的数目							
♯14	♯13	原点							
—	♯15	加速/减速时间	○	○	○	○	○	○	—
—	♯16	保留	—	—	—	—	—	—	—
♯18	♯17	设置位置（Ⅰ）	—	—	—	○	○	○	—
♯20	♯19	操作位置（Ⅰ）	—	—	—	○	○	③	③
♯22	♯21	设置位置（Ⅱ）	—	—	—	—	○	—	—
♯24	♯23	操作位置（Ⅱ）	—	—	—	—	○	—	—
—	♯25	操作命令	○	○	○	○	○	○	○
♯27	♯26	当前位置	②	—	②	②	②	—	—
—	♯28	状态信息	②	②	②	②	②	②	②
—	♯29	错误代码	②	②	②	②	②	②	②
—	♯30	模型代码	②	②	②	②	②	②	②
—	♯31	保留	—	—	—	—	—	—	—

① 当使用伺服电动机时，可以使用初始值 0。
② 正确信息。
③ FP/RP 输出由正向/反向速度命令产生，绝对值应在偏置速度（BFM ♯6）和最大速度（BFM ♯5 和♯4）的范围内。

⑤ FROM/TO 指令的应用

a. FROM/TO 指令：BFM 读出/写入。16 位连续执行型 FROM/TO、脉冲执行型 FROMP/TOP，程序步各 9 步；32 位连续执行型 DFROM/DTO、脉冲执行型 DFROMP/DTOP，程序步各 17 步。

FROM 指令是将特殊单元的缓冲存储器 BFM 的内容读到 PLC 中的指令。

TO 指令是将数据从 PLC 中写入特殊单元的缓冲存储器 BFM 中的指令。

b. FROM 指令的机能和动作：

M1：特殊单元/块的编号（K0～K7，从一个靠 PLC 基本单元最近的单元开始）；

M2：缓存的首地址（M2＝K0～K31）；

D：传输目的地的首地址；

N：传输的点数。

程序诠释：

• 从特殊单元/模块 No.1 的缓冲存储器 BFM ♯29 读出 16 位数据传送至 PLC 的 D120 中。

• X000＝ON 时执行读出，X000＝OFF 时不执行传送。脉冲指令执行后也同样。

c. TO 指令的机能和动作：

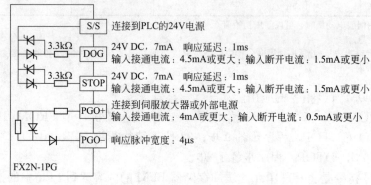

程序诠释：

• 对特殊单元/模块 No.1 的缓冲存储器 BFM ♯0～♯15 写入可编程控制器 D0～D15。

• X000＝ON 时执行写入，X000＝OFF 时不执行传送，传送点的数据不变化。脉冲指令执行后也如此。位元件的数据指定是 K1～K4（16 位指令）、K1～K8（32 位指令）。

⑥ I/O 规格

a. 输入信号规格如图 5-12 所示。

图 5-12 FX2N-1PG 模块的输入信号规格

b. 输出信号规格如图 5-13 所示。

⑦ 诊断

a. 运转前检查

• 再次检查本模块 I/O 接线盒扩展电缆是否确实连接无误。

• 本模块占 I/O 点数 8 点，消耗主机或扩展机 5V 电源 55mA。需要计算检查所有特殊模块消耗的电流是否在主机或扩展机允许值以内。

• 各种定位运转模式务必在 BFM ♯0～♯24 相关设定值写入后再通过 BFM

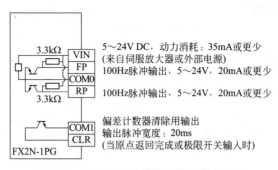

图 5-13　FX2N-1PG 模块的输出信号规格

♯25 下达运转命令，否则不会动作。不过，各个运转模式可能需要 BFM ♯0～♯24 部分或全部设定，也可能不需任何设定。

总之，BFM ♯0～♯15 存储标准数据，而 BFM ♯17～♯24 存储运转数据。

b. 异常检查

• LED 灯检查。

电源指示：PLC 供应的 5V DC 电源正常时，POWER LED 灯亮。

输入指示：本模块输入端子 STOP、DOG、CLR 信号为 ON 时，相应 LED 指示灯亮。

输出指示：本模块输出端子 FP、RP、PG0 信号为 ON 时，相应 LED 指示灯亮。

异常指示：异常发生时，指示灯 ERR LED 闪烁，此时不接收任何启动指令。

• 异常内容检查。从 PLC 将 BFM ♯29 的内容读出，即能进行异常原因排除。

5.4　PLC 扩展设备的配置

FX 系列 PLC 拥有许多的扩展设备。

① 用于增加 PLC 基本单元输入/输出点数的扩展单元和扩展模块。

② 用于实现模拟量控制、定位控制、高速计数控制和数据通信等特殊功能的特殊功能模块等。

③ 扩展设备不能单独使用，必须与基本单元联机运行。

5.4.1　扩展设备的组成方式

FX2N 系列 PLC 扩展设备的组合方式有以下几种。

① FX2N 系列的扩展单元、扩展模块。

② FX0N 系列的扩展模块、特殊模块（不能接 FX0N 系列的扩展单元）。

③ "FX2N-CNV-IF 型转换电缆" ＋ "FX1、FX2 系列的扩展单元、扩展模

块、特殊单元、特殊模块"。

④ 可用"方式①＋方式②"，或者"方式①＋方式②＋方式③"（注意："方式③"后面不能再挂"方式①"或"方式②"）。

PLC 基本单元后可连接多台扩展设备，如图 5-14 所示。

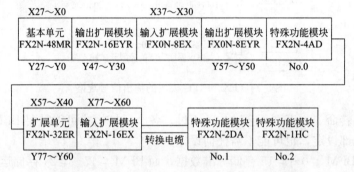

图 5-14　FX2N 系列 PLC 扩展设备的配置实例

5.4.2　扩展设备台数的确定

基本单元可根据实际应用选择连接多台不同系列的扩展设备，一般要考虑输入输出总点数、设备种类、基本单元或扩展单元的电源容量等问题。

（1）输入/输出总点数的确定　基本单元上连接了扩展设备后应满足以下要求。

① 输入点数小于 184 点；

② 输出点数小于 184 点；

③ 输入、输出的总点数不超过 256 点；

④ 若基本单元上还接了特殊单元、特殊模块，则输入/输出总点数限定在 n 点以内。$n=256$（最大总点数）-8（每台特殊模块占有的点数）×使用台数－基本单元点数。

（2）电源容量的计算　PLC 的基本单元和扩展单元以及特殊单元都自带电源，扩展模块和特殊模块则需要由外部供给 24V DC 或 5V DC 电源。

基本单元和扩展单元在连接扩展模块或特殊模块时，要将连接的台数控制在基本单元和扩展单元电源容量能承受的范围内。即各模块消耗的电源容量和必须小于供给的电源容量。

5.4.3　输入/输出地址号的分配

当 PLC 的基本单元加入扩展单元或扩展模块后，其输入继电器（X）和输出继电器（Y）的地址从基本单元开始，顺序连接扩展单元或扩展模块的，用八进制数顺序编号。

5.4.4　特殊功能模块的地址分配

特殊功能模块使用 FROM（FNC78）/TO（FNC79）应用指令进行数据交换，它们不占输入继电器（X）和输出继电器（Y）的地址编号，如图 5-14 所示。

每个 FX2N 基本单元最多可连 8 个特殊功能模块。

5.4.5　扩展设备的组成方式

对图 5-14 所示 FX2N 系列 PLC 扩展设备的配置各项指标进行计算。

（1）输入/输出点数的验证

① 输入点数＝24 点（FX2N-48MR）＋8 点（FX0N-8EX）＋16 点（FX2N-32ER）＋16（FX2N-16EX）＝64 点≤184 点。

② 输出点数＝24 点（FX2N-48MR）＋16 点（FX2N-16EYR）＋8 点（FX0N-8EYR）＋16 点（FX2N-32ER）＝64 点≤184 点。

③ 输入/输出总点数＝128 点＜232 点（256 中扣除 3 台特殊模块的点数，即 3×8＝24 点）。

可见，该配置的输入/输出点数符合要求。

（2）DC 24V 电源容量的验证　基本单元与扩展单元均可向扩展模块提供 DC 24V 电源，不同规格的基本单元、扩展单元 DC 24V 的供给电流容量及扩展模块 DC 24V 的耗电量如表 5-10 所示。

表 5-10　FX2N 系列设备的供耗电量表

设备种别	型号	供给电流容量	耗电量
基本单元	FX2N-16M、32M	250mA	
	FX2N-48M～128M	460mA	
扩展单元	FX2N-32E、FX-32E	250mA	
	FX2N-48E、FX-48E	460mA	
输入扩展模块	FX2N、FX0N 各输入扩展模块		8 点耗电 50mA
	FX1、FX2 各输入扩展模块		8 点耗电 55mA
输出扩展模块	FX2N、FX0N 各输出扩展模块		8 点耗电 75mA
	FX1、FX2 各输出扩展模块		8 点耗电 75mA

PLC 扩展时，各个扩展模块消耗电流必须在可供给单元的总容量以内，若容量不够，必须增加带 DC 24V 电源的扩展单元进行容量补充，而剩余容量可作传感器或负载方面的电源。

【例 5-2】基本单元 FX2N-48MR 如要连接扩展模块 FX0N-8EX、FX2N-

16EX、FX0N-8EYR，请计算供给电流总容量是否足够。

解：由表 5-10 知，基本单元 FX2N-48MR 的 DC 24V 供给电流容量为 460mA，扩展模块 FX0N-8EX、FX2N-16EX、FX0N-8EYR 各自的 DC 24V 耗电量为 50mA、50×2mA、75mA。

供电电流剩余容量 $\Delta I = 460\text{mA} - (50\text{mA} + 50 \times 2\text{mA} + 75\text{mA}) = 235\text{mA} > 0$。

供电电流总容量足够。

第6章 <<<

典型PLC应用系统的编程实例

6.1 PLC应用系统的设计内容

6.1.1 PLC应用系统设计的基本内容

PLC应用系统是由用户输入/输出设备与PLC连接而成的,其设计内容如下。

(1)确定系统方式 PLC可构成各种各样的控制系统,如单机控制系统、集中控制系统等。在进行应用系统设计时,要确定系统的构成形式。

(2)选择设备 选择用户输入设备(按钮、操作开关、限位开关、传感器等)、输出设备(继电器、接触器、信号灯等执行元件)以及由输出设备驱动的控制对象(电动机、电磁阀等)。这些设备属于一般的电气元件,其选择的方法属于其他课程的内容。

(3)选择PLC PLC是控制系统的核心部件,正确选择PLC对于保证整个控制系统的技术经济指标起着重要的作用。选择PLC应包括机型选择、容量选择、I/O模块选择、电源模块选择以及特殊功能模块的选择等。

(4)确定I/O 分配I/O点,绘制I/O接线图,考虑必要的安全保护措施。必要时还须设计控制台(柜)。

(5)设计程序 包括设计控制系统流程图、梯形图、语句表(即程序清单)。控制程序是整个系统工作的软件,是保证系统正常、安全、可靠的关键。因此控制系统的程序应经过反复调试与修改,直到满足要求为止。

(6)编制技术文件 编制控制系统的技术文件,包括说明书、电气原理图及电气元件明细表、I/O接线图、I/O地址分配表、控制流程图、梯形图等。梯形图便于用户在生产发展或工艺改进时修改程序,并帮助用户维修分析和排除故障。

6.1.2 PLC 应用系统的设计方法和步骤

设计 PLC 应用系统时，必须全面了解被控对象的机构和运行过程，明确动作的逻辑关系，最大限度地满足被控对象的控制要求，并且力求应用系统简单、经济、方便、安全、可靠。

应用系统设计须遵循一些共同的原则，使 PLC 应用系统的设计方法和步骤符合科学化，形成工程化，趋于标准化。

（1）设计原则及方法

① 系统设计的原则　在进行 PLC 控制系统的设计时，一般应遵循以下几个原则：

a. 完全满足被控对象的工艺要求。

b. 在满足控制要求和技术指标的前提下，尽量使控制系统简单、经济。

c. 控制系统要安全可靠。

d. 在设计时要给控制系统的容量和功能预留一定的裕度，便于以后的调整和扩充。

② 系统设计的内容

a. 根据被控对象的特性及用户的要求，拟定 PLC 控制系统的技术条件和设计指标，并写出详细的设计任务书，作为整个控制系统设计的依据。

b. 参考相关产品资料，选择开关种类、传感器类型、电气传动形式、继电器/接触器的容量以及电磁阀等执行机构。

c. 选择 PLC 的型号及程序存储器容量，确定各种模块的数量。

d. 绘制 PLC 的输入/输出端子接线图。

e. 设计 PLC 控制系统的监控程序。

f. 输入程序并调试，根据设计任务书进行测试，提交测试报告。

g. 根据要求设计电气柜、模拟显示盘和非标准电气元部件。

h. 编写设计说明书和使用说明书等设计文档。

③ 设计方法与步骤　PLC 控制系统的设计方法与步骤如图 6-1 所示。

a. 详细了解和分析被控对象的工艺条件，根据生产设备和生产过程的控制要求，分析被控对象的机构和运行过程，明确动作的逻辑关系（动作顺序、动作条件）和必须要加入的联锁保护及系统的操作方式（手动、自动）等。

b. 根据被控对象对 PLC 控制系统的技术指标，确定所需输入/输出信号的点数，选配适当的 PLC。

c. 根据控制要求有规则、有目的地分配输入/输出（I/O 分配），设计 PLC 的 I/O 电气接线图（PLC 的 I/O 口与输入/输出设备的连接图）。绘出接线图并接线施工，完成硬件设计。

d. 根据生产工艺的要求画出系统的工艺流程图。

e. 根据系统的工艺流程图设计出梯形图，同时可进行电气控制柜的设计和施工。

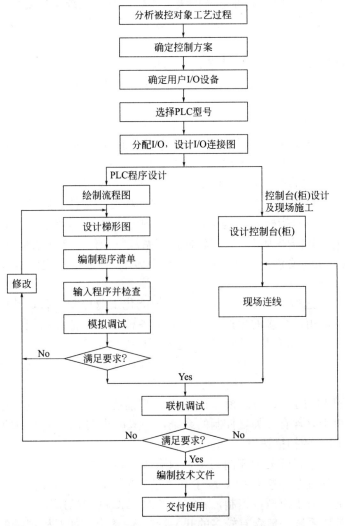

图 6-1　PLC 控制系统设计方法与步骤

f. 如用编程器，需将梯形图转换成相应的指令并输入到 PLC 中。

g. 调试程序，先进行模拟调试，再进行系统调试。调试时可模拟用户输入设备的信号给 PLC，输出设备可暂时不接，输出信号可通过 PLC 主机的输出指示灯监控通断变化，对于内部数据的变化和各输出点的变化顺序，可在上位计算机上运行软件的监控功能，查看运行动作时序图。

h. 程序模拟调试通过后，接入现场实际控制系统与输入/输出设备联机调试，如不满足要求，再修改程序或检查更改接线，直至满足要求。调试成功后做程序备份，同时提交测试报告。

i. 编写有关技术文件（包括 I/O 电气接口图、流程图、程序及注释文件、故障分析及排除方法等），完成整个 PLC 控制系统的设计。

以上是设计一个 PLC 控制系统的大致步骤，具体系统设计要根据系统规模的大小、控制要求的复杂程度、控制程序步数的多少灵活处理，有的步骤可以省略，也可作适当的调整。

④ 确定设计任务书 生产工艺流程的特点和要求是设计 PLC 控制系统的主要依据，所以必须详细了解和分析对象的特性。设计任务书一般应包括以下几个方面：

a. 控制系统的名称。

b. 控制任务和范围。在设计任务书中指明控制对象的范围，必须完成的动作，包括动作时序和方式（手动、自动，点动、间断、连续等）等。

c. 检测和控制的参数表（I/O 分配表）。根据工艺指标、操作要求和安全措施等确定检测点和控制点的含义、数量、量程、精度、特性、安装位置等。一般在满足控制要求和技术指标的前提下，检测点和控制点应尽可能地少，并且精度要求也应以满足实际需要为准，否则将使控制系统复杂化，增加系统成本。

d. 参数之间的关系。明确在控制过程中各输入/输出量之间的先后顺序和逻辑关系。

（2）PLC 的选型 PLC 是一种通用的智能化工业控制设备，其档次和功能面向各种各样的应用，众多的生产厂家提供了各种系列、各种功能的产品。目前常见的国内外 PLC 产品有几百种型号，这为用户提供了广泛的选择余地，但也给用户的选型带来一些不便。下面简要介绍如何合理地选型，以组成经济实用的控制系统。

① 选择 PLC 的形式与规模 PLC 的选型前提是在功能上应满足生产过程的工艺要求。对于只含有开关量控制的系统，一般的小型 PLC 即可满足要求，不需要特别考虑 PLC 的扫描速度。

如果被控对象以开关量控制为主，只有少量的模拟量控制，则可考虑选用小容量、高性能的机型。这类 PLC 除了开关量处理外，还具有较强的算术运算和数据处理等功能。对于模拟量控制，就需要考虑 PLC 的扫描速度。

复杂的控制系统一般含有较多的开关量输入/输出，如对模拟量的控制要求也较高，可考虑选用中档和高档机型。中、高档 PLC 都具有模拟量输入/输出、PID 运算、闭环控制和快速响应等功能，但价格较高。对于更复杂的控制系统，其控制点既多又分散，一般要求较快的响应速度，并具有数据处理、文件管理、分析决策等功能，就要选用具有通信联网等功能的 PLC 系统，以组成分布式工业控制网络。

② 选择 PLC 的机型与容量

a. PLC 机型的选择 根据控制系统的功能要求和容量来选择 PLC，首先是 PLC 生产厂家的选择，在完成相同功能的情况下，选择厂家在考虑可靠性的同时兼顾经济性。接下来根据生产厂家提供的技术资料选择机型，注意考虑输出类型（如晶体管型、继电器型和晶闸管型）、I/O 点数和工作电源等。若电气控制柜还需与其他控制柜联网运行，选型时还需考虑有无联网功能。对于工艺过程相对稳定、使用环境相对较差的场合，宜选用整体式 PLC。对于较复杂的系统，可选用模块式 PLC，以便于调整、扩充以及快速方便地判断与处理故障。

此外，对于一个单位而言，应尽量使机型统一，以便于系统的设计、管理、使用和维护。

b. PLC 容量的选择　PLC 容量包括输入/输出点数和用户程序存储器两个方面。

• 输入/输出点数（I/O 点数）的估算。根据被控对象的输入信号与输出信号的总点数，再考虑 15%～20% 的备用量，以便以后的调整和扩充。

• 用户程序存储器容量的估算。用户程序存储器容量与许多因素有关，如 I/O 点数、运算处理量以及程序的结构等，因此不可能预先准确地计算出程序容量，只能作粗略的估算。一些项目所占的存储空间可参照以下原则进行估算：

开关量输入：5～10 步/点。

开关量输出：3～5 步/点。

模拟量输入/输出：50～80 步/通道。

定时器/计数器：3～5 步/个。

通信接口：200 步/个。

数据处理：5～10 步/量。

或按照公式估算：存储器容量＝开关量 I/O 总点数×10＋模拟量通道数×100

最后按所估算的总步数再加 100% 的备用量。需要注意的是，有些小型 PLC 的用户程序存储器容量是固定的，在选择时要充分考虑。

③ 选择开关量输入/输出模块　不同的开关量 I/O 模块的电路组成不同，开关量 I/O 模块的选择主要是根据点数、电路结构、电压形式、电压范围等方面。

a. 开关量输入模块的选择　PLC 的开关量输入模块用来检测来自现场（如按键、行程开关、接近开关等）的通断信号，并经过隔离、放大、整形和电平转换等处理后输入 PLC 内部。对开关量输入模块，主要是选择点数和输入电压形式，输入电压一般有 24V 的直流和 110V 或 220V 的交流。

选择输入模块注意事项：

• 输入模块的工作电压应尽量与现场输入设备（有源的）的一致，可以省掉转换环节。

• 高密度的输入模块，如 32 点或 64 点，因受工作电压、工作电流和环境温度的限制，一般可同时接通的点数不得超过该模块输入点数的 60%。

b. 开关量输出模块的选择　PLC 的输出模块是将其内部的低电平控制信号经隔离后转换成外部所需电平的输出信号，以驱动外部负载。对开关量输出模块，主要是选择其点数和输出方式。输出方式有晶体管、晶闸管和继电器三种。选择输出模块应考虑以下几点：

• 输出方式　继电器输出可任意使用交流或直流工作电源，价格相对便宜，输出电压适应范围广，导通压降小，承受瞬时过电压和过电流的能力强，具有隔离作用。但继电器触点的响应速度慢，工作寿命较短，适用于动作不频繁的交直流负载。在驱动感性负载时，最高通断频率一般不超过1Hz。晶体管（使用直流工作电源）和晶闸管输出（使用交流工作电源）都为无触点开关输出，适用于驱动动作频繁的负载。

• 输出电压（电流） 输出模块的输出电压（电流）必须大于负载电压（电流）的额定值，并留有足够的余量。

• 允许同时接通的输出点数 在选用输出模块时，不但要看一个输出点的驱动能力，还要保证不超过公共端（COM端）所允许的电流值。

④ 选择模拟量输入/输出模块

a. 模拟量输入模块的选择 对于输入连续变化的电压、压力、流量等物理量，需采用相应的传感器或变送器转变为一定范围内的电压或电流信号，然后使用模拟量模块输入到PLC中。模拟量输入模块按通道分为2、4、8通道等规格，按电路结构分为普通型和隔离型，按输入信号形式和范围有-10～10V、0～5V、1～5V、0～20mA、4～20mA等。有的模块可设定电流还是电压，甚至可设定范围，选择输入模块应考虑以下几点：

• 输入方式及范围 根据输入设备来选择电压型或电流型输入方式的模块，电流型的抗干扰能力高于电压型。模块的输入有效范围越大，其适应性较强，但绝对误差偏大。

• 转换分辨率 分辨率与系统的控制精度有关。一般的模块有12位以上的分辨率，可以满足一般的要求。如输入信号范围可变，可分辨的最小的信号单位也随之变化。

• 转换速度 转换速度与控制系统的实时性有关。模块的转换速度有快有慢，考虑到滤波效果，模拟量输入模块大多采用积分式A/D转换，转换速度一般为毫秒级。通常各通道的转换以串行方式进行，如因转换速度而影响控制性能时，可选用专用的高速模块。

b. 模拟量输出模块的选择 模拟量输出模块能输出被控设备所需的规定信号范围的电压或电流，如0～5V、-10～10V或4～20mA等。模拟量输出模块的选择考虑与模拟量输入模块相同。为了满足特殊的需求，可选用相应的专用智能模块。

此外还要考虑与PLC的I/O口相连的输入/输出设备的选型，包括输入设备（如按钮、行程开关、传感器、变送器等）和输出设备（继电器、接触器、调节阀、信号指示灯等）的选型，以及由输出设备驱动的各种控制对象（如电动机、电磁阀等）的选型，选择此类设备要考虑备件的通用性。

以上简要地介绍了PLC选型的一般依据和通常需考虑的几个因素，设计者应根据实际的需要综合考虑，选择性能价格比合适的产品，完全满足被控对象的控制要求，充分发挥PLC的功能，并兼顾到系统的扩充性。

（3）系统设计 PLC应用系统的设计一般包括硬件设计和软件设计两部分：硬件设计相对简单，通常在输入/输出选型后将外部设备连接到PLC即可；软件设计的核心任务是画梯形图，因梯形图将控制要求描述出来而实现相应控制功能。

PLC控制系统的一般设计方法及步骤如下。

① 分析控制系统的控制要求 熟悉被控对象的工艺要求，确定必须完成的动作及动作完成的顺序，归纳出顺序功能图。

② 选择适当类型的PLC 根据生产工艺要求，确定I/O点数和I/O点的类型（数字量、模拟量等），并列出I/O点清单。进行内存容量的估计，适当留有余量。根据经验，对于一般开关量控制系统，用户程序所需存储器的容量等于I/O总数乘以8；对于只有模拟量输入的控制系统，每路模拟量需要100个存储器字；对于既有模拟量输入又有模拟量输出的控制系统，每路模拟量需要200个存储器字。确定机型时，还要结合市场情况，考察PLC生产厂家的产品及其售后服务、技术支持、网络通信等综合情况，选定性能价格比好一些的PLC机型。

③ 硬件设计 根据所选用的PLC产品，了解其使用的性能。按随机提供的资料结合实际需求，同时考虑软件编程的情况进行外电路的设计，绘制电气控制系统原理接线图。

④ 软件设计

a. 软件设计的主要任务是根据控制系统要求将顺序功能图转换为梯形图，在程序设计的时候最好将使用的软元件（如内部继电器、定时器、计数器等）列表，标明用途，以便于程序设计、调试和系统运行维护、检修时查阅。

b. 模拟调试。将设计好的程序写入PLC主机，由外接信号源加入测试信号，可用按钮或小开关模拟输入信号，用指示灯模拟负载，通过各种指示灯的亮暗情况了解程序运行情况，观察输入/输出之间的变化关系及逻辑状态是否符合设计要求，并及时修改和调整程序，直到满足设计要求为止。

⑤ 现场调试 在模拟调试合格的前提下，将PLC与现场设备连接。现场调试前要全面检查整个PLC控制系统，包括电源、接地线、设备连接线、I/O连线等。在保证整个硬件连接正确无误的情况下送电，并将PLC的工作方式置为"RUN"。反复调试，消除可能出现的问题。待试运行一定时间且系统运行正常后，可将程序固化在具有长久记忆功能的存储器中，并做好备份。

6.2 PLC应用系统的设计方法

6.2.1 经验设计法

经验设计法是根据被控制对象的具体要求（如生产机械的工艺要求和生产过程），在典型的控制程序的基础上进行适当选择组合，并多次反复调试和修改梯形图，有时需增加一些辅助触点和中间编程环节，才能达到控制要求。

经验设计法是运用自己或别人的经验进行设计，设计所用的时间和设计质量与设计者的经验有很大的关系，所以称为经验设计法。经验设计法一般用于较简单的梯形图设计。

应用经验设计法必须熟记六大典型控制程序，如自锁程序、互锁程序、时间程序、分频程序、振荡程序和时钟程序等。

经验设计法的优点是设计方法简单，无固定的设计程序，容易为初学者所掌握，对于具备一定工作经验的技术人员来说，能较快地完成设计任务，因此在设计中被普遍采用。其缺点是设计出的方案不一定是最佳方案，当经验不足或考虑不周全时会影响控制系统工作的可靠性。故应反复审核系统工作情况，有条件时还应进行模拟试验，发现问题及时修改，直到系统动作准确无误，满足控制要求为止。

6.2.2 转换设计法

转换设计法是将继电器控制系统直接转换成 PLC 系统的一种设计方法。步骤如下。

（1）应用步骤

① 熟悉现有的继电器控制线路。

② 对照 PLC 的 I/O 端子接线图，将继电器电路图上的被控器件（如接触器线圈、指示灯、电磁阀等）换成接线图上对应的输出点的编号，将电路图上的输入装置（如传感器、按钮开关、行程开关等）触点都换成对应的输入点的编号。

③ 将继电器电路图中的中间继电器、时间继电器，用 PLC 的辅助继电器、定时器来代替。

④ 画出全部梯形图，并予以简化和优化。

（2）应用技巧　把继电器控制转化成 PLC 控制时，要注意转化方法，以确保转换后系统的功能不变。

① 遵守梯形图语法规定　由于工作原理不同，梯形图不能照搬继电器电路中的某些处理方法。例如在继电器电路中，触点可以放在线圈的两侧，但是在梯形图中，线圈必须放在电路的最右边。

② 尽量减少 I/O 点数　PLC 的价格与 I/O 点数有关，减少输入/输出点数是降低硬件费用的主要措施。

③ 对继电器控制系统的电气元件的处理

a. 对各种继电器、电磁阀等的处理　在继电器控制的系统中，大量使用各种控制电器，例如交直流接触器、电磁阀、电磁铁、中间继电器等。交直流接触器、电磁阀、电磁铁的线圈是执行元件，要为它们分配相应的 PLC 输出继电器号。中间继电器可以用 PLC 内部的辅助继电器来代替。

b. 对常闭按钮的处理　在继电器控制电路中，一般启动用常开按钮，停车用常闭按钮。用 PLC 控制时，启动和停车一般都用常开按钮。

c. 对热继电器触点的处理　若 PLC 的输入点较富裕，热继电器的常闭触点需要换成常开触点，可占用 PLC 的输入点；若输入点较紧张，热继电器的信号可不输入 PLC，而接在 PLC 外部的控制电路中。

d. 对时间继电器的处理 时间继电器除了有延时动作的触点外，还有在线圈通电瞬间接通的瞬动触点。用 PLC 控制时，时间继电器可以用 PLC 的定时器/计数器来代替。在梯形图中，可以在定时器的线圈两端并联辅助继电器的线圈，它的触点相当于定时器的瞬动触点。

④ 设置中间单元 在梯形图中，若多个线圈都受某一触点串并联电路的控制，为了简化电路，在梯形图中可以设置中间单元，即用该电路来控制某辅助继电器，在各线圈的控制电路中使用其常开触点。这种中间元件类似于继电器电路中的中间继电器。

⑤ 设立外部互锁电路 控制异步电动机正反转的交流接触器如果同时动作，将会造成三相电源短路。为了防止出现这样的事故，应在 PLC 外部设置硬件互锁电路。

⑥ 外部负载额定电压问题 PLC 双向晶闸管输出模块一般只能驱动额定电压 AC 220V 的负载，如果系统原来的交流接触器的线圈电压为 380V，应换成 220V 的线圈，或是设置外部中间继电器。

6.2.3 逻辑设计法

（1）功能 逻辑设计法的理论基础是逻辑（布尔）代数，根据生产过程中各工步之间的各个检测元件（如行程开关、传感器等）状态的变化，列出检测元件的状态表，确定所需的中间记忆元件，再列出各执行元件的工序表，然后写出检测元件、中间记忆元件和执行元件的逻辑表达式，再转换成梯形图。

逻辑设计法分为组合逻辑设计法和时序逻辑设计法两种。这些设计方法既有严密可循的规律性与明确可行的设计步骤，又具有简便、直观、规范的特点。对单一的条件控制系统所编写的程序方便优化，不失为一种实用可靠的程序设计方法。可是对时间有关的控制系统设计就很复杂，难度也较大，并且涉及一些新概念，因此，一般常规设计很少单独采用。

（2）步骤 应用逻辑设计法设计 PLC 控制程序的基本步骤如下。

① 根据控制要求列出逻辑代数表达式。

② 应用逻辑代数化简逻辑代数式。

③ 根据化简后的逻辑代数表达式画梯形图。

逻辑代数的变量只有"0"和"1"两种取值，"0"和"1"分别代表两种对立的、非此即彼的概念，若"1"代表"通"，"0"即为"断"。逻辑代数的三种基本运算"与"、"或"、"非"都有着非常明确的物理意义。逻辑代数表达式的线路结构与 PLC 梯形图相互对应，可以直接转化。逻辑代数与梯形图的对应关系演示如下。

如图 6-2 所示梯形图的相关对应逻辑代数为

$$Y0=(X0+X1) \cdot X2 \cdot X3 \qquad Y1=X0 \cdot X1+X2 \cdot X3$$

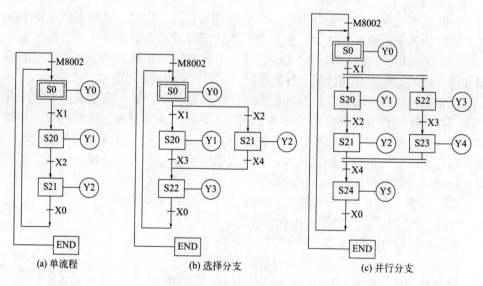

图 6-2 逻辑代数与梯形图的对应关系

6.2.4 SFC 设计法

根据功能流程图（SFC，也称状态转移图）是描述控制系统的控制过程、功能和特性的一种图形，以工步为核心，从起始步开始一步一步地设计下去，直至完成。

SFC 设计法的关键是画出功能流程图。首先将被控制对象的工作过程按输出状态的变化分为若干步，并指出工步之间的转换条件和每个工步的控制对象。它不涉及控制功能的具体技术，是一种通用的技术语言，可供进一步设计和不同专业人员之间进行技术交流。

（1）构成形式 SFC 主要由步、有向连线、转换条件和动作（或命令）组成。SFC 分为单流程、选择分支和并行分支三种结构形式，如图 6-3 所示。任何复杂的 SFC 都由这三种几个形式组合而成。

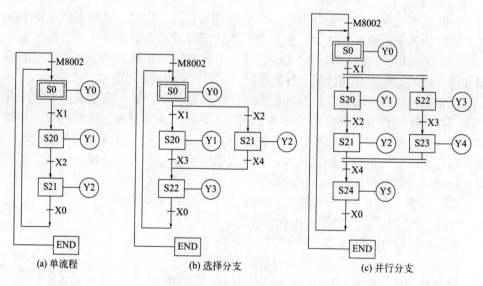

图 6-3 SFC 基本结构

单流程结构形式简单，如图 6-3（a）所示，其特点是：每一工步后面只有一个转换，每个转换后面只有一工步。各个工步按顺序执行，上一工步执行结束，转换条件成立就立即开通下一工步，同时关断上一工步。

如图 6-3（b）所示的选择分支中，开始称为分支，转换条件只能标在分支线之下，分支数与转换条件一一对应。结束称为合并，多个选择分支合并到一个公共步时需要相同数量的转换条件，且条件只能标在合并线之上。

如图 6-3（c）所示的并行分支的特点是当转换的实现导致几个分支同时被激活（分支），激活后每个分支中活动步的进展将是独立的。当并行结束（合并）时，只有当合并前的所有前级步为活动步，且转换条件满足时，才会发生公共步。为了强调转换的同步实现，在功能图中水平连线用双线表示。

（2）转换规则 在 SFC 中，步的活动状态的进展是由转换的实现来完成的。转换的实现必须同时满足两个条件：该转换所有的前级步都是活动步，并且相应的转换条件满足。转换的实现使所有由有向连线与相应转换符号相连的后续步都变为活动步，而使所有前级步都变为不活动步。

6.3 PLC 典型应用系统的编程实例

6.3.1 制药厂除尘室的控制编程

（1）控制要求 设计制药厂除尘室的 PLC 控制程序。

某制药厂除尘室的控制系统的原理示意图如图 6-4 所示。图中第一道门处设有开门传感器和关门传感器各一个；除尘室内有两台风机，用来对人或物除尘；第二道门上装有开门传感器和电磁锁，该锁在系统控制下自动锁上或打开。另外，进入室内时需要除尘，出来时不需除尘。

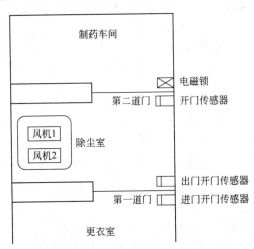

图 6-4 制药厂除尘室控制系统原理示意图

人进入车间时必须先打开第一道门进入除尘室，除尘后方可进入室内。

当第一道门开门传感器动作时，第一道门打开；第一道门关门传感器动作时，第一道门关上；同理，第二道门开门传感器动作时，第二道门打开。

第一道门关上后，风机开始吹风，电磁锁把第二道门锁上并延时 25 s（可设定）后风机自动停止，电磁锁自动打开，此时可打开第二道门进入室内。

人从室内出来时，第二道门的开门传感器先动作，第一道门开门传感器才动作。关门传感器与进入时动作相同，但由于此时不需除尘，故风机、电磁锁均不动作。

（2）程序设计

① I/O 的确定和分配　制药厂除尘室的控制 I/O 分配如表 6-1 所示。

表 6-1　制药厂除尘室的控制 I/O 分配表

输入元件		输出元件	
进去时第一道门开门传感器 B1	X000	风机 1 接触器 KM1	Y000
进去时第二道门开门传感器 B2	X001	风机 2 接触器 KM2	Y001
出来时第二道门开门传感器 B3	X002	第二道门电磁锁	Y002
出来时第一道门开门传感器 B4	X003	第一道门电动机正转（开门）接触器 KM3	Y003
第一道门开门到位传感器 B5	X004	第一道门电动机反转（关门）接触器 KM4	Y004
第一道门关门到位传感器 B6	X005	第二道门电动机正转（开门）接触器 KM5	Y005
第二道门开门到位传感器 B7	X006	第二道门电动机反转（关门）接触器 KM6	Y006
第二道门关门到位传感器 B8	X007		

② PLC 接线图　制药厂除尘室的控制的 PLC 硬件接线如图 6-5 所示。

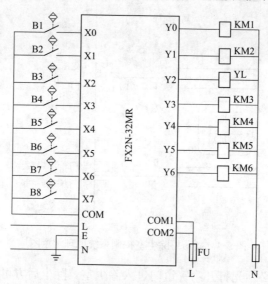

图 6-5　制药厂除尘室的控制 I/O 接线图

③ 程序编写　编写控制程序如图 6-6 所示。

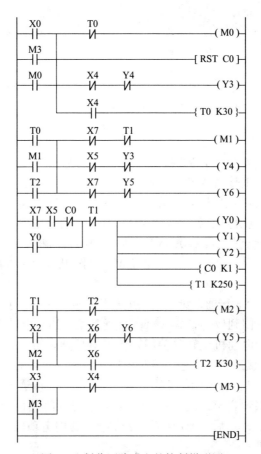

图 6-6　制药厂除尘室的控制梯形图

（3）控制程序诠释

① 语句表

0 LD X0	1 OR M3	2 OR M0
3 MPS	4 ANI T0	5 OUT M0
6 MRD	7 RST C0	9 MRD
10 ANI X4	11 ANI Y4	12 OUT Y3
13 MPP	14 AND X4	15 OUT T0 K30
18 LD T0	19 OR M1	20 OR T2
21 MPS	22 ANI X7	23 ANI T1
24 OUT M1	25 MRD	26 ANI X5
27 ANI Y3	28 OUT Y4	29 MPP
30 ANI X7	31 ANI Y5	32 OUT Y6
33 LD X7	34 AND X5	35 ANI C0
36 OR Y0	37 ANI T1	38 OUT Y0
39 OUT Y1	40 OUT Y2	41 OUT C0 K1

183

44	OUT	T1	K250		47	LD	T1		48	OR	X2
49	OR	M2			50	MPS			51	ANI	T2
52	OUT	M2			53	MRD			54	ANI	X6
55	ANI	Y6			56	OUT	Y5		57	MPP	
58	AND	X6			59	OUT	T2	K30	62	LD	X3
63	OR	M3			64	ANI	X4		65	OUT	M3
66	END										

② 程序解释

a. X0 接通时，C0 复位，Y3 接通。表示进去时当第一道门开门传感器动作时，第一道门电动机正转（开门）接触器接通，第一道门打开。

b. 第一道门开门到位传感器 X4 接通，第一道门电动机停止。3s 后 Y4、Y6 接通，表示第一、第二道门电动机反转（关门）接触器接通，第一、第二道门关闭。

c. 两道门都关闭到位后，Y0、Y1 接通（即两台风机启动吹尘），并且 Y2 接通（即电磁锁锁上）。均定时 25s。计数器 C0 的作用是确保以后能断开风机与电磁锁。

d. 定时 25s 到，Y5 接通，第二道门电动机正转（开门）接触器接通，第二道门打开。第二道门开门到位传感器（X6）接通，第二道门电动机停止。3s 后，Y6 接通，表示第二道门电动机反转（关门）接触器接通，第二道门关闭。第二道门关门到位传感器 X7 接通，第二道门电动机停止。

e. 出来时，第二道门开门传感器（X2）接通，Y5 接通，第二道门电动机正转（开门）接触器接通，第二道门打开。第二道门开门到位传感器（X6）接通，第二道门电动机停止。3s 后，Y6 接通，表示第二道门电动机反转（关门）接触器接通，第二道门关闭。

f. 出来时 X3 接通，Y3 接通。表示进去时当第一道门开门传感器动作时，第一道门电动机正转（开门）接触器接通，第一道门打开。

g. 第一道门开门到位传感器 X4 接通，第一道门电动机停止。3s 后 Y4 接通，表示第一道门电动机反转（关门）接触器接通，第一道门关闭。

③ 指令诠释　基本指令含义见第 2 章相应指令解释。

6.3.2　化工厂液体混合的控制编程

（1）控制要求　设计化工厂液体混合的 PLC 控制程序。化工厂液体混合控制系统的原理示意图如图 6-7 所示。

三种液体甲乙丙按照比例 2：2：1 混合后送至下一个处理工序。其中 YV 为相应液体电磁阀，B 为相应液位传感器，M 为搅拌电动机。控制要求如下。

① 初始状态时，容器放空，各电磁阀关闭。系统接通电源时，YV4 开启 25s，放空容器中残存液体。

② 启动时，YV1、YV2 打开，液体甲乙流入容器，待液面到达中液面 B2 接通，YV1、YV2 关闭，YV3 打开，液体丙流入容器。

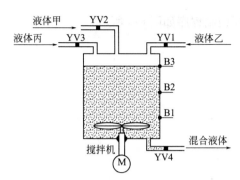

图 6-7　化工厂液体混合控制系统示意图

③ 待液面到达高液面 B3 接通，YV3 关闭，搅拌机启动而搅拌液体。

④ 搅拌好（68s）后，搅拌机关闭，YV4 打开，排放混合液体。

⑤ 待液面到达低液面，B1 接通，延时 22s 后，液体放空，关闭 YV4，完成一个循环，并且自动进入下一个循环。

⑥ 过程中任何时候需要停止工作，要求保证该循环进行到底，并且回到初始状态。

（2）程序设计

① I/O 的确定和分配　化工厂液体混合控制 I/O 分配如表 6-2 所示。

表 6-2　化工厂液体混合控制 I/O 分配表

输入元件		输出元件	
停止按钮	X000	甲、乙电磁阀 YV1、YV2	Y000
启动按钮	X001	丙电磁阀 YV3	Y001
低液面传感器 B1	X002	搅拌电动机控制接触器 KM	Y002
中液面传感器 B2	X003	混合液体电磁阀 YV4	Y003
高液面传感器 B3	X004		

② PLC 接线图　化工厂液体混合控制的 PLC 硬件接线如图 6-8 所示。

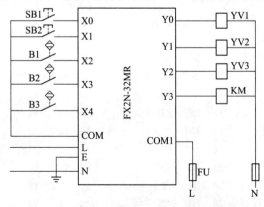

图 6-8　化工厂液体混合的控制 I/O 接线图

③程序编写　编写控制程序如图 6-9 所示。

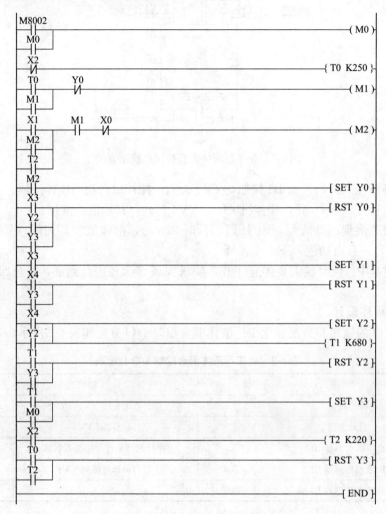

图 6-9　化工厂液体混合的控制梯形图

（3）编程指令诠释

① 语句表

0	LD	M8002	1	OR	M0	2	OUT	M0
3	LDI	X2	4	OUT	T0 K250	7	LD	T0
8	OR	M1	9	ANI	Y0	10	OUT	M1
11	LD	X1	12	OR	M2	13	OR	T2
14	AND	M1	15	ANI	X0	16	OUT	M2
17	LD	M2	18	SET	Y0	19	LD	X3
20	OR	Y2	21	OR	Y3	22	RST	Y1
23	LD	X4	24	OR	Y2	25	SET	Y2
26	OUT	T1 K680	29	LD	T1	30	OR	Y3

31	RST	Y2	32	LD	T1	33	OR	M0
34	SET	Y3	35	LD	X2	36	OUT	T2	K220
39	LD	T0	40	OR	T2	41	RST	Y3
42	END

② 程序解释

a. 开机时，M0 接通并自锁，Y3 置位，YV4 打开；并 T0 定时 25s，这段时间放空容器中残存液体。定时到，Y3 复位，YV4 关闭。

b. 按下启动按钮，X1 接通，Y0 置位，YV1、YV2 打开，液体甲和液体乙流入容器。

c. 待液面到达中液面，因 B2 接通而 X3 接通，Y0 复位，YV1、YV2 关闭。同时 Y1 置位，YV3 打开，液体丙流入容器。

d. 待液面到达高液面，因 B3 接通而 X4 接通，Y2 置位，YV3 关闭。同时搅拌机启动而搅拌液体。

e. T1 定时 68s 到，Y2 复位，搅拌机停止。同时 Y3 置位，YV4 打开，排放混合液体。

f. 待液面到达低液面，B1 接通，X2 接通，T2 延时 22s 后，液体放空，Y3 复位，YV4 关闭，完成一个循环。

g. 同时利用 T0 常开触点的闭合，Y0 再次置位，YV1、YV2 打开，液体甲和液体乙流入容器，从而自动进入下一个循环。

③ 指令诠释 基本指令含义见第 2 章相应指令解释。

6.3.3 工业机械手的模拟控制编程

（1）控制要求 设计工业机械手的 PLC 控制程序。工业机械手是具有垂直运动与水平运动的工件取放机械传动设备，将工件由右工作台搬往左工作台。工业机械手控制过程如图 6-10 所示，工业机械手控制面板如图 6-11 所示。

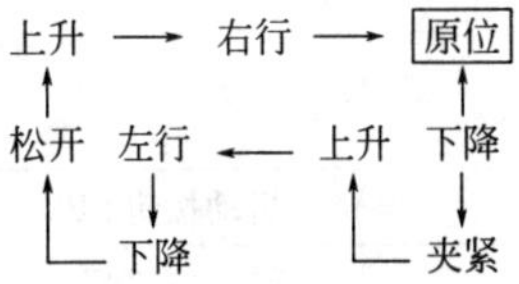

① 手动工作方式：使用各操作按钮（SB5、SB6、SB7、SB8、SB9、SB10、SB11）来点动执行相应动作。

② 单步工作方式：机械手在原位，每按一次启动按钮（SB3），动作向前执行一步。

图 6-10 机械手控制过程示意图

③ 单周期工作方式：机械手在原位，按下启动按钮 SB3，自动执行一个工作周期，最后返回原位。

④ 连续工作方式：机械手在原位，按下启动按钮 SB3，机械手连续重复进行工作。

⑤ 返回原点工作方式：按下回原位按钮 SB11，机械手自动回到原位状态。

（2）控制要求分析

① 机械手升降和左右移动分别由两个具有双线圈的两位电磁阀驱动气缸完成，上升下降对应线圈 YV1、YV2，左行右行对应线圈 YV3、YV4。

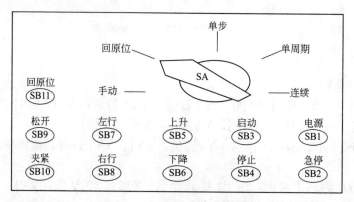

图 6-11 工业机械手控制面板

② 机械手的夹紧与松开由只有一个线圈（YV5）的两位电磁阀驱动气缸完成。

③ 机械手的上下左右分别设置限位开关 SQ1、SQ2、SQ3、SQ4。

④ 夹持装置不带限位开关，通过一定延时完成夹持动作。

⑤ 机械手处于右上位，除线圈 YV5 通电外其他线圈全部断电，该状态为原位。

（3）程序设计

① I/O 的确定和分配 工业机械手的模拟控制 I/O 分配如表 6-3 所示。

表 6-3 工业机械手的模拟控制 I/O 分配表

输入元件			输出元件	
工作方式选择开关 SA	手动方式	X0	上升线圈 YV1	Y0
	回原点方式	X1	下降线圈 YV2	Y1
	单步方式	X2	左行线圈 YV3	Y2
	单周期方式	X3	右行线圈 YV4	Y3
	连续方式	X4	松紧线圈 YV5	Y4
启动按钮 SB3		X5		
停止按钮 SB4		X6		
回原位按钮 SB5		X7		
上限位行程开关 SQ1		X10		
下限位行程开关 SQ2		X11		
左限位行程开关 SQ3		X12		
右限位行程开关 SQ4		X13		
上升控制按钮 SB6		X14		
下降控制按钮 SB7		X15		
左行控制按钮 SB8		X16		
右行控制按钮 SB9		X17		
松开按钮 SB10		X20		
夹紧按钮 SB11		X21		

② PLC 接线图　工业机械手模拟控制的 PLC 硬件接线如图 6-12 所示。

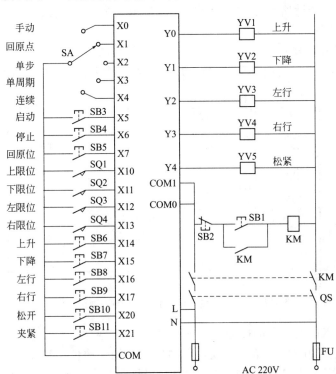

图 6-12　工业机械手控制系统 I/O 接线图

③ 程序编写

a. 程序总体结构　按工作方式和控制功能将系统程序分成公用程序、自动程序、手动程序和回原位程序四块，用工作方式和功能的选择信号作为转换条件。

工业机械手模拟控制系统的总体梯形图如图 6-13 所示。

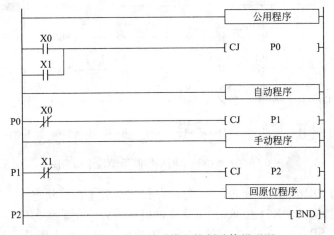

图 6-13　工业机械手模拟控制总体梯形图

189

执行公用程序后，当 X0 接通，跳到 P0 指针所在位置，执行手动程序；当 X1 接通，跳到 P0 指针所在位置，因此时 X0 断开，所以再跳到 P1 指针所在位置，执行回原位程序。

b. 设计局部程序

• 公共程序　公共程序较简单，采用经验设计法设计，如图 6-14 所示。

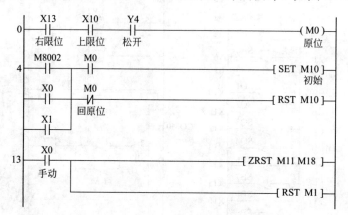

图 6-14　工业机械手模拟控制的公用程序梯形图

当 X13、X10 与 Y4 都接通（即机械手位于右限位、上限位与 Y4 接通继而 YV5 接通处于松开）时，M0 接通，表明机械手处于原位；M10 也置位，表明系统处于初始状态；且 M11～M18 区间复位，M1 也复位。当 X0、X1（手动与回原位）接通时，M10 复位，解除初始状态。

• 手动程序　手动程序与公共程序一样都较简单，采用经验设计法设计，如图 6-15 所示。

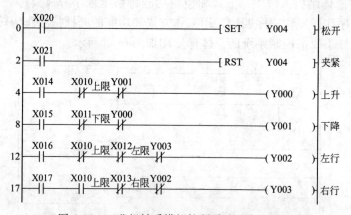

图 6-15　工业机械手模拟控制手动程序梯形图

按下按钮 SB10，X20 接通，Y4 置位，机械手处于松开状态。

按下按钮 SB11，X21 接通，Y4 复位，机械手处于夹紧状态。

按下按钮 SB6，X14 接通，Y0 接通，机械手上升，到上限位（X10 接通）停止上升。

按下按钮 SB7，X15 接通，Y1 接通，机械手下降，到下限位（X11 接通）停止下降。

按下按钮 SB8，X16 接通，Y2 接通，机械手左行，到左限位（X12 接通）停止左行。

按下按钮 SB9，X17 接通，Y3 接通，机械手右行，到右限位（X13 接通）停止右行。

• 回原位程序　如图 6-16 所示。

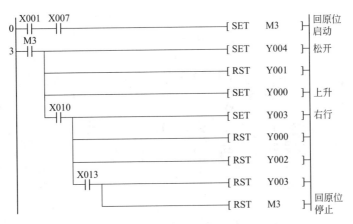

图 6-16　工业机械手模拟控制回原位程序梯形图

X1 接通（选择开关选择回原点）后，按下按钮 X7 接通，M3 置位，回原位启动。

继而发生以下系列动作：Y4 置位，机械手松开；Y1 复位，机械手不能下降；且 Y0 置位，机械手上升；当 X10 接通（到上限位）后，Y3 置位机械手右行，同时 Y0、Y2 都复位，不能上升与左行；当 X13 接通（到右限位），Y3 复位停止右行，同时 M3 复位，表明回原点动作结束。

• 自动程序　自动程序相对较复杂，采用 SFC 设计法。自动程序包括单步、单周期和连续工作。

如图 6-17～图 6-19 所示。

用状态初始化指令 IST 的编程，由于 IST 的源操作数指定了与工作方式有关的元件的首址，从首址开始的连续 8 个元件被指定了特定的意义，因此 PLC 外部接线图中从手动到停止的 8 个输入端口的功能必须如图顺序排列。

如图 6-17 所示 SFC 程序解释如下。

M0 接通（机械手处于原点）且开机（M8002 接通）或 X0 接通（手动）或 X1 接通（回原点），S0（初始状态）步激活。

按下启动按钮 SB3，X5 接通，转移到下一步 S20，Y1 接通，机械手下降。

当 X11 接通（到下限位），转移到下一步 S21，Y4 断开而夹紧。

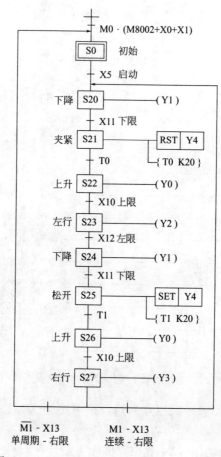

图 6-17 工业机械手模拟控制自动程序 SFC 图

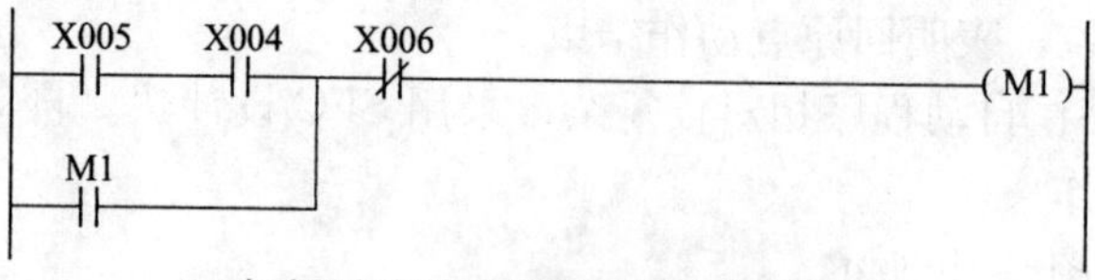

(a) 自动程序中用M1实现连续与单周期的转换

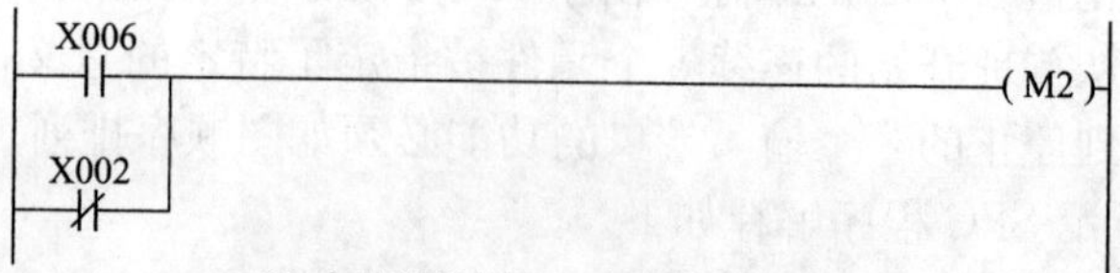

(b) 自动程序中用M2实现单步的控制

图 6-18 工业机械手控制系统的自动程序连续与单周期及单步的转换

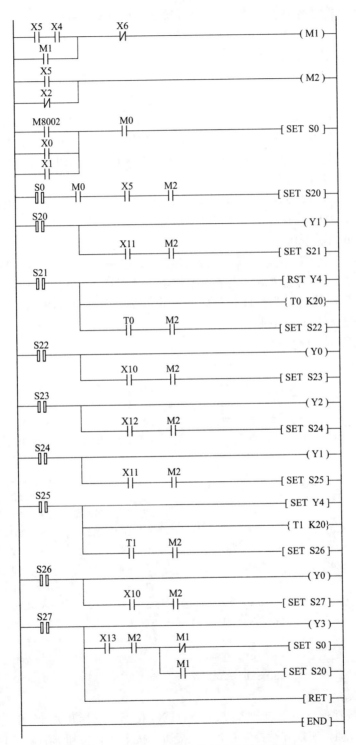

图 6-19　工业机械手模拟控制自动程序梯形图

定时 1s 后，转移到下一步 S22，Y0 接通，机械手上升。

当 X10 接通（到上限位），转移到下一步 S23，Y2 接通，机械手左行。

当 X12 接通（到左限位），转移到下一步 S24，Y1 接通，机械手下降。

当 X11 接通（到下限位），转移到下一步 S25，Y4 置位而松开。

定时 2s 后，转移到下一步 S26，Y0 接通，机械手上升。

当 X10 接通（到上限位），转移到下一步 S27，Y3 接通，机械手右行。

当 X13 接通（到右限位），且 M1 断开（单周期）时，返回初始状态 S0。

当 X13 接通（到右限位），且 M1 接通（连续）时，返回步 S20 循环。

如图 6-18 所示程序的工作原理解释如下。

图 6-18（a）：当 X5 接通（按下启动按钮 SB3）且 X4 接通（选择开关 SA 在连续位）时，M1 接通并自锁，实现连续控制；当 X6 接通（按下停止按钮 SB4），M1 断开（单周期控制）。

图 6-18（b）：X5 接通（按下启动按钮 SB3）或 X2 断开（单步），M2 接通，实现单步控制。采用跳转指令或子程序调用指令保证手动程序、回原位程序和自动程序不会同时执行。为保证紧急切断负载电源，设置由按钮 SB1、SB2 控制接触器 KM 通断电磁阀的电源。

（4）编程指令诠释

① 语句表

0	LD	X5	1	AND	X4	2	OR	M1	3	ANI	X6
4	OUT	M1	5	LD	X5	6	ORI	X2	7	OUT	M2
8	LD	M8002	9	OR	X0	10	OR	X1	11	AND	M0
12	SET	S0	13	STL	S0	14	AND	M0	15	AND	X5
16	AND	M2	17	SET	S20	18	STL	S20	19	OUT	Y1
20	AND	X1	21	AND	M2	22	SET	S21	23	STL	S21
24	RST	Y4	25	OUT	T0 K20				28	AND	T0
29	AND	M2	30	SET	S22	31	STL	S22	32	OUT	Y0
33	AND	X10	34	AND	M2	35	SET	S23	36	STL	S23
37	OUT	Y2	38	AND	X12	39	AND	M2	40	SET	S24
41	STL	S24	42	OUT	Y1	43	AND	X11	44	AND	M2
45	SET	S25	46	STL	S25	47	SET	Y4	48	OUT	T1 K20
51	AND	T1	52	AND	M2	53	SET	S26	54	STL	S26
55	OUT	Y0	56	AND	X10	57	AND	M2	58	SET	S27
59	STL	S26	60	OUT	Y3	61	AND	X13	62	AND	M2
63	MPS		64	ANI	M1	65	SET	S0	66	MPP	
67	AND	M1	68	SET	S20	69	RET		70	END	

② 程序解释

a. 当 X5 接通（按下启动按钮 SB3）且 X4 接通（选择开关 SA 在连续位）时，M1 接通并自锁，实现连续控制；当 X6 接通（按下停止按钮 SB4），M1 断开，实现单周期控制。

b. 当 X5 接通（按下启动按钮 SB3）或 X2 断开（单步），M2 接通，实现单步控制。

c. 当 M0 接通（机械手处于原点）且开机时（M8002 接通）或 X0 接通（手动）或 X1 接通（回原点），S0（初始状态）步激活。

d. 按下启动按钮 SB3，X5 接通，转移到下一步 S20，Y1 接通，机械手下降。到下限位（X11 接通），转移到下一步 S21，Y4 断开而夹紧。

e. 定时 1s 后，转移到下一步 S22，Y0 接通，机械手上升。到上限位（X10 接通），转移到下一步 S23，Y2 接通，机械手左行。

f. 到左限位（X12 接通），转移到下一步 S24，Y1 接通，机械手下降。到下限位（X11 接通），转移到下一步 S25，Y4 置位而松开。

g. 定时 2s 后，转移到下一步 S26，Y0 接通，机械手上升。到上限位（X10 接通），转移到下一步 S27，Y3 接通，机械手右行。

h. 到右限位（X13 接通），且 M1 断开（单周期）时，返回初始状态 S0。而当 X13 接通（到右限位），且 M1 接通（连续）时，返回步 S20 循环。

③ 指令诠释　基本指令含义见第 2 章相应指令解释，步进指令含义见第 3 章相应指令解释。

6.3.4 农村联合水厂水塔水位的控制编程

（1）控制要求　设计农村联合水厂水塔水位的 PLC 控制程序。

农村联合水厂水塔水位控制系统示意图如图 6-20 所示，控制要求如下。

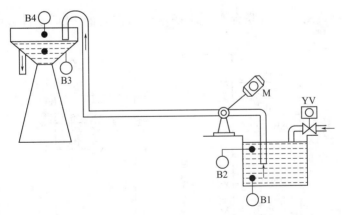

图 6-20　农村联合水厂水塔水位的控制系统示意图

① 当蓄水池水位低于蓄水池低水位，蓄水池低水位传感器 B1 为 ON，电磁阀 YV 打开进水（YV 为 ON）；同时定时器开始定时，若 5s 后 B1 还未为 OFF，则蓄水池水位故障报警指示灯闪烁，表示电磁阀 YV 没有进水，出现故障。

② 蓄水池高水位传感器 B2 为 ON 后，电磁阀 YV 关闭（YV 为 OFF）。

③ 当水位传感器 B1 为 OFF，且水塔水箱水位低于低水位时，水位传感器 B3

为 ON，抽水泵电动机 M 运行抽水。同时定时器开始定时，若 10s 后 B3 还未为 OFF，则水塔水箱水位故障报警指示灯闪烁，表示水泵没有正常抽水，出现故障。

④ 当水塔水箱水位高于水塔水箱高水位（B4 为 ON）时，电动机 M 停止。

⑤ 当水塔水箱水位低于低水位，且蓄水池水位也低于低水位时，水泵不能启动。

⑥ 在相应位置安装自动测水位传感器。利用水的导电性连续地全天候地测量水位的变化，把测量到的水位变化转换成相应的电信号，控制装置对接收到的信号进行数据处理，完成相应的水位显示、故障报警显示，使水位维持适当范围。

（2）程序设计

① I/O 的确定和分配　农村联合水厂水塔水位的控制 I/O 分配如表 6-4 所示。

表 6-4　农村联合水厂水塔水位的控制 I/O 分配表

输入元件		输出元件	
停止按钮 SB1	X000	电磁阀 YV	Y000
启动按钮 SB2	X001	水泵电动机控制接触器 KM	Y001
蓄水池水位故障报警复位按钮 SB3	X002	蓄水池水位故障报警指示灯 HL1	Y002
水塔水箱水位故障报警复位按钮 SB4	X003	水塔水箱水位故障报警指示灯 HL2	Y003
蓄水池低水位传感器 B1	X004		
蓄水池高水位传感器 B2	X005		
水塔水箱低水位传感器 B3	X006		
水塔水箱高水位传感器 B4	X007		

② PLC 接线图　农村联合水厂水塔水位的控制的 PLC 硬件接线如图 6-21 所示。

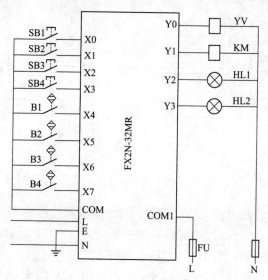

图 6-21　农村联合水厂水塔水位的控制 I/O 接线图

③ 程序编写　编写控制程序如图 6-22 所示。

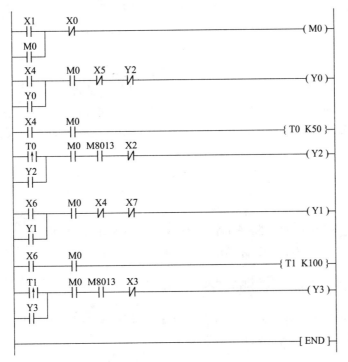

图 6-22　农村联合水厂水塔水位的控制梯形图

（3）编程指令诠释

① 语句表

0	LD	X1		1	OR	M0		2	ANI	X0
3	OUT	M0		4	LD	X4		5	OR	Y0
6	AND	M0		7	ANI	X5		8	ANI	Y2
9	OUT	Y0		10	LD	X4		11	AND	M0
12	OUT	T0 K50		15	LDP	T0		17	OR	Y2
18	AND	M0		19	AND	M8013		20	ANI	X2
21	OUT	Y2		22	LD	X6		23	OR	Y1
24	AND	M0		25	ANI	X4		26	ANI	X7
27	OUT	Y1		28	LD	X6		29	AND	M0
30	OUT	T1 K100		33	LDP	T1		35	OR	Y3
36	AND	M0		37	AND	M8013		38	ANI	X3
39	OUT	Y3		40	END					

② 程序解释

a. 当 X4 接通（蓄水池低水位传感器 B1 接通），Y0 接通（电磁阀 YV 打开进水）。

b. 同时定时器 T0 开始定时，若 5s 后 X4 仍然接通（B1 还未断开），则 Y2 每秒接通一次（蓄水池水位故障报警指示灯 HL1 闪烁，表示电磁阀 YV 没有进水，出现故障）。

c. 正常工作时，当 X5 接通（蓄水池高水位传感器 B2 为 ON）后，Y0 断开（电磁阀 YV 关闭）。

d. 当 X6 接通（水塔水箱低水位传感器 B3 接通）且 X4 断开（蓄水池低水位传感器 B1 断开）时，Y1 接通（抽水泵电动机 M 运行抽水）。

e. 同时定时器 T1 开始定时，若 10s 后 X6 仍然接通（B3 还未断开），则 Y1 每秒接通一次（水塔水箱水位故障报警指示灯 HL2 闪烁，表示水泵没有正常抽水，出现故障）。

f. 正常工作时，当 X7 接通（水塔水箱水位高于水塔水箱高水位，B4 为 ON）时，Y1 断开（电动机 M 停止）。

g. 当 X6 接通（水塔水箱水位低于低水位），且 X4 接通（蓄水池水位也低于低水位）时，X4 常闭触点断开，Y1 不能接通（水泵不能启动）。

③ 指令诠释　基本指令含义见第 2 章相应指令解释。

6.3.5　蔬菜大棚温度检测与控制的编程

（1）控制要求　用 PLC 实现蔬菜大棚温度检测与控制，蔬菜大棚温度检测与控制系统示意图如图 6-23 所示。控制要求为：

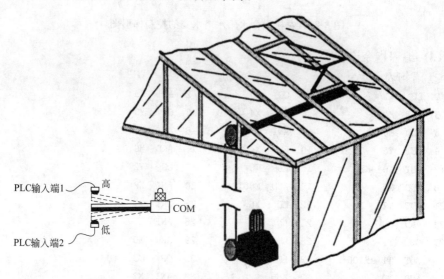

图 6-23　蔬菜大棚温度检测与控制系统示意图

① 应用双金属条的热胀冷缩原理感测蔬菜大棚内温度的变化。温度过高，则相应金属条受热膨胀，接通相应输入继电器（高温侧）；温度过低，则相应金属条收缩，接通相应输入继电器（低温侧）。

② 利用相应输入继电器控制蔬菜大棚窗户的打开与关闭。当相应高温侧输入

继电器接通时，控制相应电动机打开相应的控制窗户；当相应低温侧输入继电器接通时，控制相应电动机关闭相应的控制窗户。

③ 蔬菜大棚东西南北四个方向分别设置一个窗户，每个窗户使用一台电动机控制窗户的开启与关闭。

（2）程序设计

① I/O的确定和分配　蔬菜大棚温度检测与控制I/O分配如表6-5所示。

表6-5　蔬菜大棚温度检测与控制I/O分配表

输入元件		输出元件	
控制1～4号窗户的双金属条开窗传感器	X000～X003	驱动输出脉冲信号	Y000
控制1～4号窗户的双金属条关窗传感器	X010～X013	控制电动机开窗信号	Y004～Y007
检测1～4号窗户全开传感器	X004～X007	控制电动机关窗信号	Y010～Y013
检测1～4号窗户全关传感器	X014～X017		
停止按钮 SB1	X020		
启动按钮 SB2	X021		

② PLC接线图　蔬菜大棚温度检测与控制的PLC硬件接线如图6-24所示。

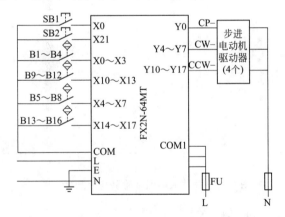

图6-24　蔬菜大棚温度检测与控制I/O接线图

③ 程序编写　编写控制程序如图6-25所示。

（3）编程指令诠释

① 语句表

0	LD	X21	1	ANI	X20	2	OUT	M0
3	LD	M0	4	AND	X0	5	ANI	X4
6	OUT	Y4	7	LD	M0	8	AND	X10
9	ANI	X14	10	OUT	Y10	11	LD	M0
12	AND	X1	13	ANI	X5	14	OUT	Y5

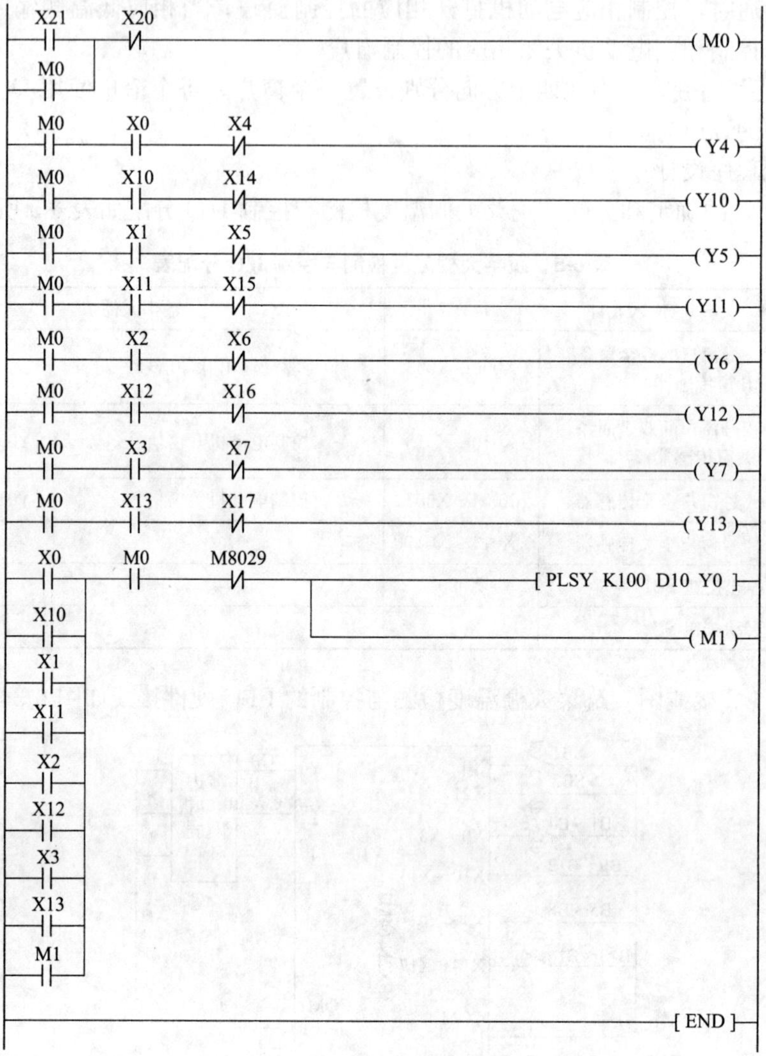

图 6-25　蔬菜大棚温度检测与控制梯形图

15	LD	M0	16	AND	X11	17	ANI	X15
18	OUT	Y11	19	LD	M0	20	AND	X2
21	ANI	X6	22	OUT	Y6	23	LD	M0
24	AND	X2	25	ANI	X6	26	OUT	Y6
27	LD	M0	28	AND	X12	29	ANI	X16
30	OUT	Y12	31	LD	M0	32	AND	X3
33	ANI	X7	34	OUT	Y7	35	LD	M0
36	AND	X13	37	ANI	X17	38	OUT	Y13
39	LD	X0	40	OR	X10	41	OR	X1
42	OR	X11	43	OR	X2	44	OR	X12

45	OR	X3	46	OR	X13	47	OR	M1
48	AND	M0	49	ANI	M8029	50	PLSY	K100 D10 Y0
57	OUT	M1	58	END				

② 程序解释

a. X0（控制1号窗户的双金属条开窗传感器）接通，Y4（控制电动机开1号窗）接通；X4（检测1号窗户全开传感器）接通，Y4断开。

b. X10（控制1号窗户的双金属条关窗传感器）接通，Y10（控制电动机关1号窗）接通；X14（检测1号窗户全关传感器）接通，Y10断开。

c. X1（控制2号窗户的双金属条开窗传感器）接通，Y5（控制电动机开2号窗）接通；X5（检测2号窗户全开传感器）接通，Y5断开。

d. X11（控制2号窗户的双金属条关窗传感器）接通，Y11（控制电动机关1号窗）接通；X15（检测2号窗户全关传感器）接通，Y11断开。

e. X2（控制3号窗户的双金属条开窗传感器）接通，Y6（控制电动机开3号窗）接通；X6（检测3号窗户全开传感器）接通，Y6断开。

f. X12（控制3号窗户的双金属条关窗传感器）接通，Y12（控制电动机关3号窗）接通；X16（检测3号窗户全关传感器）接通，Y12断开。

g. X3（控制4号窗户的双金属条开窗传感器）接通，Y7（控制电动机开4号窗）接通；X7（检测4号窗户全开传感器）接通，Y7断开。

h. X13（控制4号窗户的双金属条关窗传感器）接通，Y13（控制电动机关4号窗）接通；X17（检测4号窗户全关传感器）接通，Y13断开。

i. 当所有开关信号接通时，执行指令PLSY K100 D10 Y0，表明以指定的脉冲频率K100从Y0输出D10指定的脉冲数。其中D10的值根据大棚温室情况决定。

j. 脉冲输出指令结束，M8029动作而断开PLSY指令执行，确保PLSY指令只执行一次。

③ 指令诠释

a. PLSY：16位连续执行型脉冲输出指令，占7程序步；DPLSY：32位连续执行型脉冲输出指令，占13程序步。

FXPLC的PLSY指令的编程格式：PLSY K100 D10 Y0

b. K100：指定的输出脉冲频率，可以是T、C、D、数值或是位元件组合如K4X0。

c. D10：指定的输出脉冲数，可以是T、C、D、数值或是位元件组合如K4X0，当该值为0时，输出脉冲数不受限制。

d. Y0：指定的脉冲输出端子，FX2N系列只能是Y0或Y1，FX3U系列可以是Y0、Y1和Y2。

小例：LD M0　　　　　　　　PLSY D0 D10 Y1

当M0闭合时，以D0指定的脉冲频率从Y1输出D10指定的脉冲数。

在输出过程中M0断开，立即停止脉冲输出，当M0再次闭合后，从初始状态开始重新输出 D10 指定的脉冲数。

PLSY 指令没有加减速控制，当 M0 闭合后立即以 D0 指定的脉冲频率输出脉冲（所以该指令高速输出脉冲控制步进或是伺服并不理想）。

在输出过程中改变 D0 的值，其输出脉冲频率立刻改变（调速很方便）；

在输出过程中改变输出脉冲数 D10 的值，其输出脉冲数并不改变，只要驱动断开再一次闭合后才按新的脉冲数输出。

相关标志位与寄存器如下：

M8029：脉冲发完后，M8029 闭合。当 M0 断开后，M8029 自动断开。

M8147：Y0 输出脉冲时闭合，发完后脉冲自动断开。

M8148：Y1 输出脉冲时闭合，发完后脉冲自动断开。

D8140：记录 Y0 输出的脉冲总数，32 位寄存器。

D8142：记录 Y1 输出的脉冲总数，32 位寄存器。

D8136：记录 Y0 和 Y1 输出的脉冲总数，32 位寄存器。

注意： PLSY 指令断开，再次驱动 PLSY 指令时，必须在 M8147 或 M8148 断开一个扫描周期以上，否则发生运算错误！

6.3.6 水电站大坝砂石料传送带的控制编程

（1）控制要求 用 PLC 实现水电站大坝砂石料传送带的控制，其控制系统示意图如图 6-26 所示。

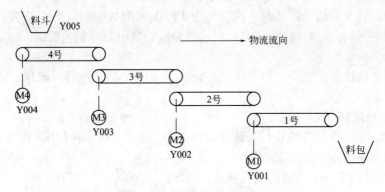

图 6-26 砂石料传送带的控制系统示意图

水电站大坝砂石料传送带的控制系统由电动料斗和 M1～M4 四台电动机驱动的四条传送带运输机组成。控制要求为：

① 逆物流方向启动：按下启动按钮 SB2，振铃 20s，启动 1 号传送带；延时 2s，启动 2 号传送带；再延时 3s，启动 3 号传送带；再延时 4s，启动 4 号传送带并同时开启料斗，启动完毕。

② 顺物流方向顺序停车：按下停止按钮 SB1，关闭料斗，延时 10s，停止 4 号传送带；再延时 4s，停止 3 号传送带；再延时 3s，停止 2 号传送带；再延时

2s，停止 1 号传送带，停车完毕。

（2）程序设计

① I/O 的确定和分配　砂石料传送带的控制 I/O 分配如表 6-6 所示。

表 6-6　砂石料传送带的控制 I/O 分配表

输入元件		输出元件	
停止按钮 SB1	X000	电铃 HA1	Y000
启动按钮 SB2	X001	电动机 M1 控制接触器 KM1	Y001
		电动机 M2 控制接触器 KM2	Y002
		电动机 M3 控制接触器 KM3	Y003
		电动机 M4 控制接触器 KM4	Y004
		料斗控制电磁阀 HA2	Y005

② PLC 接线图　砂石料传送带的控制的 PLC 硬件接线如图 6-27 所示。

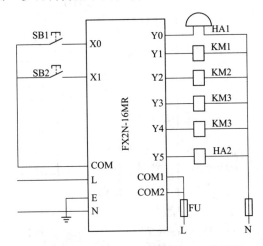

图 6-27　砂石料传送带的控制 I/O 接线图

③ 程序编写　编写控制程序如图 6-28 所示。

（3）编程指令诠释

① 语句表

0	LD	M8002	1	SET	S0	3	STL	S0
4	AND	X1	5	SET	S20	7	STL	S20
8	OUT	Y0	9	OUT	T0 K300	12	AND	T0
13	SET	S21	15	STL	S21	16	AND	M8000
17	SET	Y1	19	OUT	T1 K20	22	MPS	
23	AND	T1	24	ANI	X0	25	SET	S22
27	MPP		28	AND	X0	29	OUT	S29
31	STL	S22	32	AND	M8000	33	SET	Y2

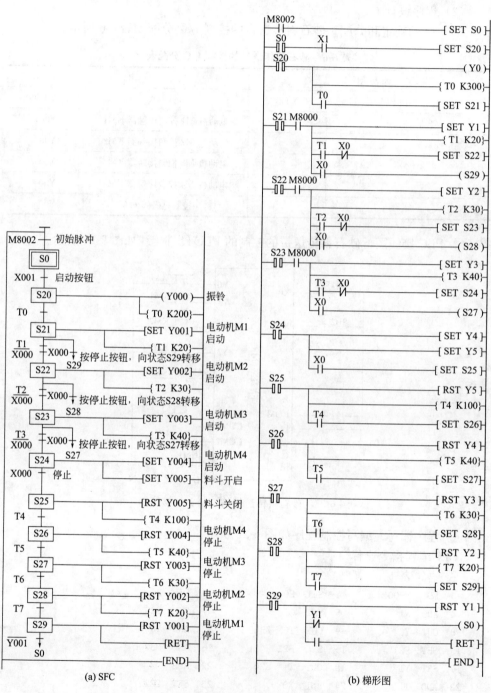

图 6-28　砂石料传送带的控制程序

35	OUT	T2	K30	38	MPS		39	AND	T2
40	ANI	X0		41	SET	S23	43	MPP	
44	AND	X0		45	OUT	S28	47	STL	S23
48	AND	M8000		49	SET	Y3	51	OUT	T3 K40
54	MPS			55	AND	T3	56	ANI	X0
57	SET	S24		59	MPP		60	AND	X0
61	OUT	S27		63	STL	S24	64	SET	Y4
66	SET	Y5		68	AND	X0	69	SET	S25
71	STL	S25		72	RST	Y5	73	OUT	T4 K100
76	AND	T4		77	SET	S26	79	STL	S26
80	RST	Y4		81	OUT	T5 K40	84	AND	T5
85	SET	S27		87	STL	S27	88	RST	Y3
89	OUT	T6	K30	92	AND	T6	93	SET	S28
95	STL	S28		96	RST	Y2	97	OUT	T7 K20
100	AND	T7		101	SET	S29	103	STL	S29
104	RST	Y1		105	ANI	Y1	106	OUT	S0
107	RET			108	END				

② 程序解释

a. PLC一旦运行，程序进入初始状态 S0 步。启动信号 X2 接通，转移到 S20 步。S20 的步进接点接通，Y0 接通，T0 定时 20s 后，则转移到 S21 步。

b. S21 的步进接点接通，Y1 置位。T1 接通定时 2s 后转移到 S22 步；或者停止信号 X0 接通，分离到步 S29。

c. S22 的步进接点接通，Y2 置位，T2 接通定时 3s 后转移到 S23 步；或者停止信号 X0 接通，分离到步 S28。

d. S23 的步进接点接通，Y3 置位，T3 接通定时 4s 后转移到 S24 步；或者停止信号 X0 接通，分离到步 S27。

e. S24 的步进接点接通，Y4 与 Y5 置位。当停止信号 X0 接通，转移到步 S25。

f. S25 的步进接点接通，Y5 复位，T4 接通定时 10s 后转移到步 S26。

g. S26 的步进接点接通，Y4 复位，T5 接通定时 4s 后转移到步 S27。

h. S27 的步进接点接通，Y3 复位，T6 接通定时 3s 后转移到步 S28。

i. S28 的步进接点接通，Y2 复位，T7 接通定时 2s 后转移到步 S29。

j. S29 的步进接点接通，Y1 复位。当 Y1 复位后，分离到步 S0。

③ 指令诠释　步进指令的含义见第 3 章相应指令解释。

6.3.7　自动开关门的控制编程

（1）控制要求　娄底职业技术学院的大门采用自动门，用 PLC 实现自动开关门的控制，其控制要求为：

① 值班门卫在值班室通过控制开门按钮、关门按钮和停止按钮控制大门的

开关。

② 经当按下开门按钮时，报警灯以 0.4s 的周期闪烁，5s 后大门自动开始打开，直到大门完全打开（碰上开门限位开关），同时报警灯也停止闪烁。

③ 当按下关门按钮时，报警灯也以 0.4s 的周期闪烁，5s 后大门自动开始关闭，直到大门完全关闭（碰上关门限位开关），同时报警灯也停止闪烁。

④ 关门过程中，若大门夹住物品或人，安全装置使大门立即停止运行，以免发生伤害事故。

⑤ 大门在运行过程中，任何时候只要门卫按下停止按钮，大门即刻停止在当前位置，同时报警灯停止闪烁。

⑥ 若同时按下开门与关门按钮，大门不运行，并且发出错误提示音。

（2）程序设计

① I/O 的确定和分配　自动开关门的控制 I/O 分配如表 6-7 所示。

表 6-7　自动开关门的控制 I/O 分配表

输入元件		输出元件	
开门按钮 SB1	X000	电动机开门控制接触器 KM1	Y000
关门按钮 SB2	X001	电动机关门控制接触器 KM2	Y001
停止按钮 SB3	X002	报警灯 HL	Y002
开门限位行程开关 SQ1	X003	错误提示装置 BY	Y003
关门限位行程开关 SQ2	X004		
安全开关 ST	X005		

② PLC 接线图　自动开关门的控制 PLC 硬件接线如图 6-29 所示。

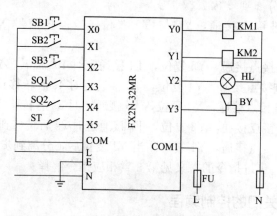

图 6-29　自动开关门的控制 I/O 接线图

③ 程序编写　编写控制程序如图 6-30 所示。

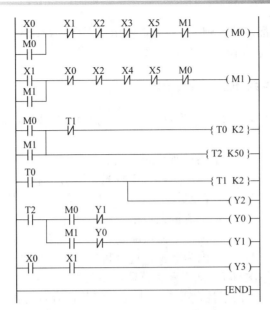

图 6-30 自动开关门的控制梯形图

（3）编程指令诠释

① 语句表

0	LD	X0	1	OR	M0	2	ANI	X1
3	ANI	X2	4	ANI	X3	5	ANI	X5
6	ANI	M2	7	OUT	M0	8	LD	X1
9	OR	M1	10	ANI	X0	11	ANI	X2
12	ANI	X4	13	ANI	X5	14	ANI	M0
15	OUT	M1	16	LD	M0	17	OR	M1
18	ANI	T1	19	OUT	T0 K2	22	OUT	T2 K50
25	LD	T0	26	OUT	T1 K2	29	OUT	Y2
30	LD	T2	31	MPS		32	AND	M0
33	ANI	Y1	34	OUT	Y0	35	MPP	
36	AND	M1	37	ANI	Y0	38	OUT	Y1
39	LD	X0	40	AND	X1	41	OUT	Y3
42	END							

② 程序解释

a. 当 X0 接通，M0 接通自锁。若大门碰到开门限位行程开关 SQ1，X3 接通；或安全开关 SL 动作，X5 接通，则都会导致 M0 断开。

b. 当 X1 接通，M1 接通自锁。若大门碰到关门限位行程开关 SQ2，X4 接通；或安全开关 SL 动作，X5 接通，则都会导致 M1 断开。M0 与 M1 需要互锁。

c. 当 M0 或 M1 接通，T0、T2 接通。T0 定时 0.2s 后，T1 接通，且 Y2 接通；T1 定时 0.2s 后，T0 断开，Y2 断开。由 T0、T1 构成振荡电路，使 Y2 接通 0.2s 后断开 0.2s，即以 0.4s 周期振荡（即报警灯 HL 以 0.4s 周期闪烁）。

d. T2 定时 5s 后，Y0 或 Y1 接通。Y0 与 Y1 需要互锁。

e. 若 X0、X1 都接通，则 Y3 接通，发出错误提示音。

③ 指令诠释 基本指令的含义见第 2 章相应指令解释。

6.3.8 商场照明系统的控制编程

（1）控制要求 某大型商场照明系统所用总功率 200kW，拟采用 PLC 自动控制，控制要求为：

① 早上 7:30—8:00，采用过渡暗光，照明功率 40kW。

② 上午 7:30—9:30，因为客少，采用减光，照明功率 120kW。

③ 白天 9:30—16:00，客流量较大，采用稍微减光，照明功率 160kW。

④ 傍晚 16:00—20:30，客流量大，采用照明全部开启，照明功率 200kW。

⑤ 晚上 20:30—21:00，因为客流量减少，采用减光，照明功率 120kW。

⑥ 晚上 21:00—21:30，因为客少，过渡暗光，照明功率 40kW。

⑦ 夜晚 21:00～次日 7:30，停止营业，照明系统关闭。

（2）程序设计 为便于控制及节约电能，将负荷合理分配，拟将照明负荷分为 5 组，每组 40kW。并且设置早上 7:30 为控制系统初始状态，此时按下启动按钮 SB2，照明系统开始一天的工作。

① I/O 的确定和分配 商场照明系统的控制 I/O 分配如表 6-8 所示。

表 6-8 商场照明系统的控制 I/O 分配表

输入元件		输出元件	
停止按钮 SB1	X000	第 1 组控制接触器 KM1	Y000
启动按钮 SB2	X001	第 2 组控制接触器 KM2	Y001
		第 3 组控制接触器 KM3	Y002
		第 4 组控制接触器 KM4	Y003
		第 5 组控制接触器 KM5	Y004

② PLC 接线图 商场照明系统的控制 PLC 硬件接线如图 6-31 所示。

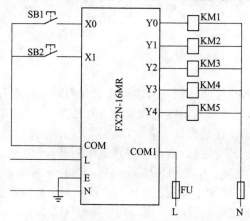

图 6-31 商场照明系统的控制 I/O 接线图

③ 程序编写　编写控制程序如图 6-32 所示。

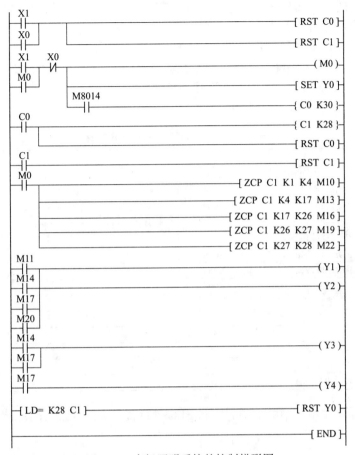

图 6-32　商场照明系统的控制梯形图

6.3.9　中央空调的控制编程

（1）控制要求　中央空调系统的启动/停止均设有自动、手动两种方式。自动方式用于联锁集中控制，手动用于调试或检修。各台设备按工艺要求有一定的启停顺序，满足"顺启逆停"规律。

启动顺序：冷却塔→冷却水泵→冷冻水泵→制冷压缩机。采用每台设备启动后经 15s 延时再启动下一台设备。

停止顺序：制冷压缩机→冷冻水泵→冷却水泵→冷却塔。

设置必要的电气保护，采取必要的联锁措施。

中央空调系统设有压力保护和水流保护装置。中央空调机组运行过程中，当压缩机吸气压力过低或压缩机排气压力过高时，压力保护继电器动作，并停止中央空调机组运行；当冷却水或冷冻水不流动时，相应的水流保护继电器动作，压缩机不能启动。

（2）程序设计

① I/O 的确定和分配　考虑中央空调 PLC 控制系统手动操作方式有输入信号 12 个、输出信号为 4 个，均为开关量；自动操作方式有输入信号 6 个，输出信号为 4 个，也均为开关量。且考虑到维护、改造和经济等诸多因素，选用 FX2N-32MR 主机，继电器型输出口，可用于交流及直流两种电源，共有 24 个开关量输入点和 24 个开关量输出点，完全能满足控制要求。

中央空调的控制 I/O 分配如表 6-9 所示。

表 6-9　中央空调的控制 I/O 分配表

输入元件		输出元件	
冷却塔手动启动按钮 SB1	X000	冷却塔风机接触器 KM1	Y000
冷却水泵手动启动按钮 SB2	X001	冷却水泵电动机接触器 KM2	Y001
冷冻水泵手动启动按钮 SB3	X002	冷冻水泵电动机接触器 KM3	Y002
压缩机手动启动按钮 SB4	X003	压缩机电动机接触器 KM4	Y003
冷却塔手动停机按钮 SB5	X004		
冷却水泵手动停机按钮 SB6	X005		
冷冻水泵手动停机按钮 SB7	X006		
压缩机手动停机按钮 SB8	X007		
自动启动按钮 SB9	X010		
自动停机按钮 SB10	X011		
冷却水流保护继电器 KA1	X012		
冷冻水流保护继电器 KA2	X013		
低压保护继电器 KA3	X014		
高压保护继电器 KA4	X015		

② PLC 接线图　中央空调的控制 PLC 硬件接线如图 6-33 所示。

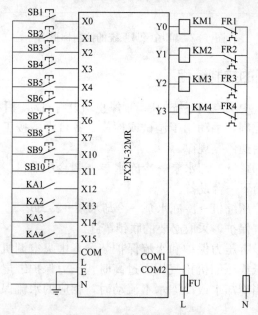

图 6-33　中央空调的控制 I/O 接线图

③ 程序编写

a. 手动启动/停机程序：编写控制程序如图 6-34 所示。

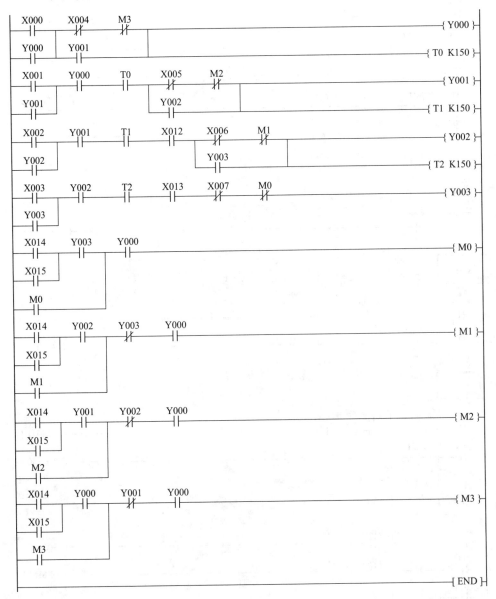

图 6-34　中央空调手动控制梯形图

b. 自动启动/停机程序：编写控制程序如图 6-35 所示。

（3）编程指令诠释

① 语句表

a. 手动程序。

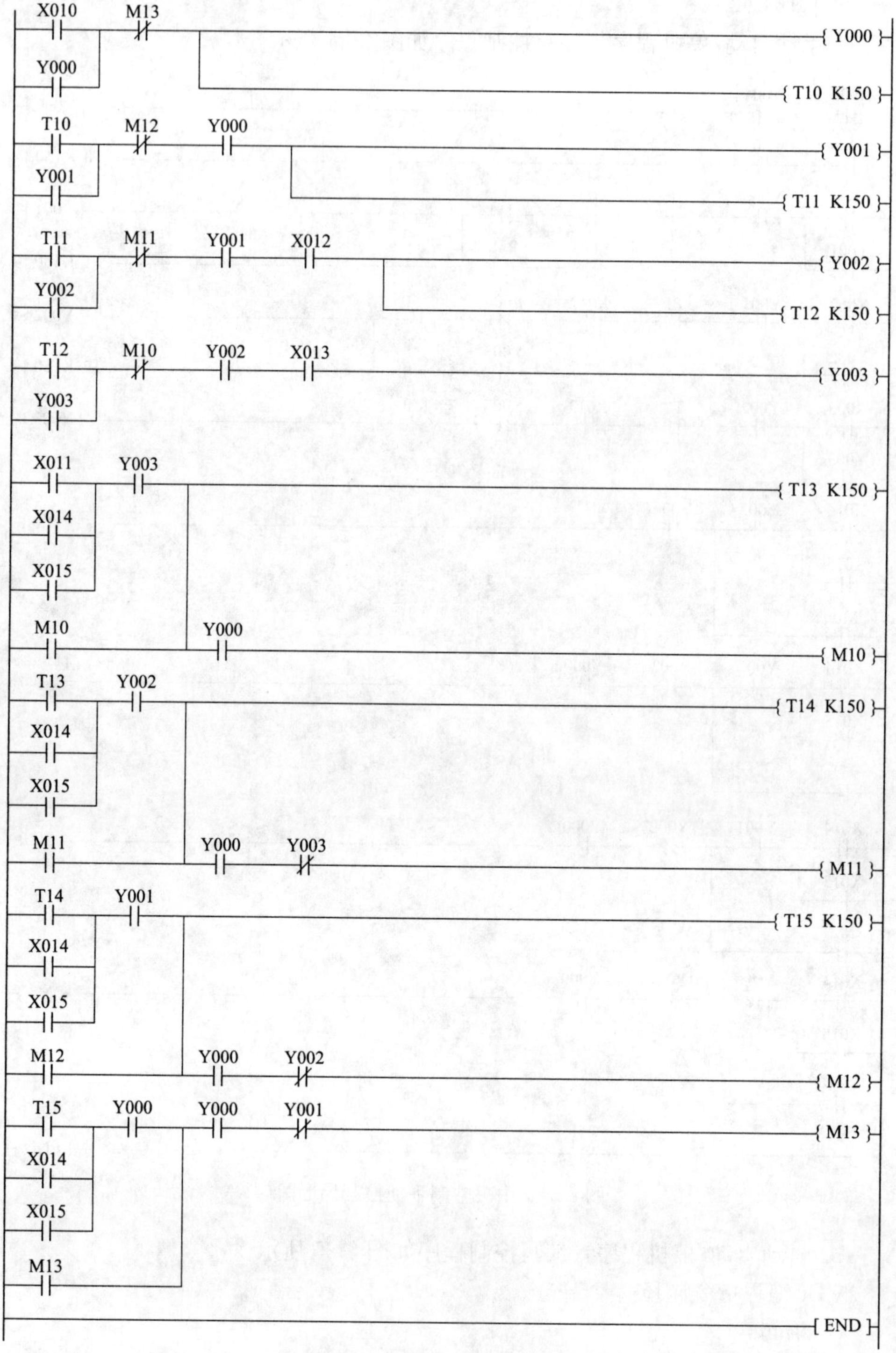

```
 X010    M13                                                    { Y000 }
 ├─┤┤──┤/├──┬─────────────────────────────────────────────────
 Y000       │                                                   { T10  K150 }
 ├─┤┤──────┘

 T10     M12    Y000                                            { Y001 }
 ├─┤┤──┤/├──┤┤──┬──────────────────────────────────────────────
 Y001            │                                              { T11  K150 }
 ├─┤┤───────────┘

 T11     M11    Y001   X012                                     { Y002 }
 ├─┤┤──┤/├──┤┤──┤┤──┬───────────────────────────────────────────
 Y002                 │                                         { T12  K150 }
 ├─┤┤─────────────────┘

 T12     M10    Y002   X013                                     { Y003 }
 ├─┤┤──┤/├──┤┤──┤┤───────────────────────────────────────────────
 Y003
 ├─┤┤─┘

 X011    Y003                                                  { T13  K150 }
 ├─┤┤──┤┤───────────────────────────────────────────────────────
 X014
 ├─┤┤─┤
 X015
 ├─┤┤─┘

 M10            Y000                                            { M10 }
 ├─┤┤──────────┤┤───────────────────────────────────────────────

 T13     Y002                                                  { T14  K150 }
 ├─┤┤──┤┤────────────────────────────────────────────────────────
 X014
 ├─┤┤─┤
 X015
 ├─┤┤─┘

 M11            Y000   Y003                                     { M11 }
 ├─┤┤──────────┤┤──┤/├──────────────────────────────────────────

 T14     Y001                                                  { T15  K150 }
 ├─┤┤──┤┤────────────────────────────────────────────────────────
 X014
 ├─┤┤─┤
 X015
 ├─┤┤─┘

 M12            Y000   Y002                                     { M12 }
 ├─┤┤──────────┤┤──┤/├──────────────────────────────────────────

 T15     Y000   Y000   Y001                                     { M13 }
 ├─┤┤──┤┤──────┤┤──┤/├───────────────────────────────────────────
 X014
 ├─┤┤─┤
 X015
 ├─┤┤─┤
 M13
 ├─┤┤─┘

                                                               { END }
```

图 6-35　中央空调自动控制梯形图

0	LD	X0	1	OR	Y0	2	LDI	X4
3	ANI	M3	4	OR	Y1	5	ANB	
6	OUT	Y0	7	OUT	T0 K150	10	LD	X1
11	OR	Y1	12	AND	Y0	13	AND	T0
14	LDI	X5	15	ANI	M2	16	OR	Y2
17	ANB		18	OUT	Y1	19	OUT	T1 K150
20	LD	X2	21	OR	Y2	22	AND	Y1
23	AND	T1	24	AND	X12	25	LDI	X6
26	ANI	M1	27	OR	Y3	28	ANB	
29	OUT	Y2	30	OUT	T2 K150	33	LD	X3
34	OR	Y3	35	AND	Y2	36	AND	T2
37	AND	X13	38	ANI	X7	39	ANI	M0
40	OUT	Y3	41	LD	X14	42	OR	X15
43	AND	Y3	44	OR	M0	45	AND	Y0
46	OUT	M0	47	LD	X14	48	OR	X15
49	AND	Y2	50	OR	M1	51	AND	Y0
52	ANI	Y3	53	OUT	M1	54	LD	X14
55	OR	X15	56	AND	Y1	57	OR	M2
58	AND	Y0	59	ANI	Y2	60	OUT	M2
61	LD	X14	62	OR	X15	63	AND	Y0
64	OR	M3	65	AND	Y0	66	ANI	Y1
67	OUT	M3	68	END				

b. 自动程序。

0	LD	X10	1	OR	Y0	2	ANI	M13
3	OUT	Y0	4	OUT	T10 K150	7	LD	T10
8	OR	Y1	9	ANI	M12	10	AND	Y0
11	OUT	Y1	12	OUT	T11 K150	15	LD	T11
16	OR	Y2	17	ANI	M11	18	AND	Y1
19	AND	X12	20	OUT	Y2	21	OUT	T12 K150
24	LD	T12	25	OR	Y3	26	ANI	M10
27	AND	Y2	28	AND	X13	29	OUT	Y3
30	LD	X11	31	OR	X14	32	OR	X15
33	AND	Y3	34	OR	M10	35	OUT	T13 K150
38	AND	Y0	39	OUT	M10	40	LD	T13
41	OR	X14	42	OR	X15	43	AND	Y2
44	OR	M11	45	OUT	T14 K150	48	AND	Y0
49	ANI	Y3	50	OUT	M11	51	LD	T14
52	OR	X14	53	OR	X15	54	AND	Y1
55	OR	M12	56	OUT	T15 K150	59	AND	Y0
60	ANI	Y2	61	OUT	M12	62	LD	T15
63	OR	X14	64	OR	X15	65	AND	Y0
66	OR	M13	67	AND	Y0	68	ANI	Y1
69	OUT	M13	70	END				

213

② 程序解释

a. 手动启动/停机程序解释。

手动启动过程：

• 按下启动按钮 SB1，输入继电器 X0 线圈接通，X0 常开触点闭合，输出继电器 Y0 线圈接通，Y0 常开触点闭合并自锁，冷却塔启动；同时定时器 T0 线圈接通，开始计时。

• 按下启动按钮 SB2，输入继电器 X1 线圈接通，X1 常开触点闭合，此时 Y0 常开触点闭合，T0 延时时间到，T0 常开触点闭合，输出继电器 Y1 线圈接通，Y1 常开触点闭合并自锁，冷却水泵启动；同时定时器 T1 线圈接通，开始计时。

• 按下启动按钮 SB3，输入继电器 X2 线圈接通，X2 常开触点闭合，此时 Y1 常开触点闭合，T1 延时时间到，T1 常开触点闭合，且水流开关 KA1 打开（即 X12 常开触点闭合），输出继电器 Y2 线圈接通，Y2 常开触点闭合并自锁，冷冻水泵启动；同时定时器 T2 线圈接通，开始计时。

• 按下启动按钮 SB4，输入继电器 X3 线圈接通，X3 常开触点闭合，此时 Y2 常开触点闭合，T2 延时时间到，T2 常开触点闭合，且水流开关 KA2 打开（即 X13 常开触点闭合），输出继电器 Y3 线圈接通，Y3 常开触点闭合并自锁，压缩机启动。至此，启动过程结束。

手动停机过程：

• 按下停机按钮 SB8，输入继电器 X7 线圈接通，X7 常闭触点断开，输出继电器 Y3 线圈断电，压缩机停机。

• 按下停机按钮 SB7，输入继电器 X6 线圈接通，X6 常闭触点断开，此时 Y3 常开触点处于断开状态，输出继电器 Y2 线圈断电，冷冻水泵停机。

• 按下停机按钮 SB6，输入继电器 X5 线圈接通，X5 常闭触点断开，此时 Y2 常开触点处于断开状态，输出继电器 Y1 线圈断电，冷却水泵停机。

• 按下停机按钮 SB5，输入继电器 X4 线圈接通，X4 常闭触点断开，此时 Y1 常开触点处于断开状态，输出继电器 Y0 线圈断电，冷却塔停机。停机过程结束。

异常停机过程（四种情况）：

• 当压缩机出现吸气压力过低或排气压力过高时，压力保护继电器 KA3 或 KA4 动作，即输入继电器线圈 X14 或 X15 常开触点闭合，若此时全部设备均已启动，则 Y0、Y3 常开触点闭合，辅助继电器 M0 线圈接通，M0 常开触点闭合并自锁，M0 常闭触点断开，Y3 线圈断电，压缩机停机。

M0、Y0 常开触点闭合，则 T3 线圈接通，当 T3 延时时间到，T3 常开触点闭合，Y0 常开触点保持闭合状态，辅助继电器 M1 线圈接通，M1 常开触点闭合并自锁，M1 常闭触点断开，Y2 线圈断电，冷冻水泵停机；同时，T4 线圈接通。

当 T4 延时时间到，T4 常开触点闭合，Y0 常开触点保持闭合状态，辅助继电器 M12 线圈接通，M2 常开触点闭合并自锁，M2 常闭触点断开，Y1 线圈断电，冷却水泵停机；同时，T5 线圈接通。

当 T5 延时时间到，T5 常开触点闭合，Y0 常开触点保持闭合状态，辅助继电器 M3 线圈接通，M3 常开触点闭合并自锁，M3 常闭触点断开，Y0 线圈断电，冷却塔停机。

• 当压缩机出现吸气压力过低或排气压力过高时，压力保护继电器 KA3 或 KA4 动作，即输入继电器线圈 X14 或 X15 常开触点闭合，若此时只有压缩机未启动，其他设备均已启动，则 Y0、Y2 常开触点闭合，辅助继电器 M1 线圈接通，M1 常开触点闭合并自锁，M1 常闭触点断开，Y2 线圈断电，冷冻水泵停机。

M1、Y0 常开触点闭合，则 T4 线圈接通，当 T4 延时时间到，T4 常开触点闭合，Y0 常开触点保持闭合状态，辅助继电器 M2 线圈接通，M2 常开触点闭合并自锁，M2 常闭触点断开，Y1 线圈断电，冷却水泵停机；同时，T5 线圈接通。

当 T5 延时时间到，T5 常开触点闭合，Y0 常开触点保持闭合状态，辅助继电器 M3 线圈接通，M3 常开触点闭合并自锁，M3 常闭触点断开，Y0 线圈断电，冷却塔停机。

• 当压缩机出现吸气压力过低或排气压力过高时，压力保护继电器 KA3 或 KA4 动作，即输入继电器线圈 X14 或 X15 常开触点闭合，若此时只有冷冻水泵、压缩机未启动，其他设备均已启动，则 Y0、Y1 常开触点闭合，辅助继电器 M2 线圈接通，M2 常开触点闭合并自锁，M2 常闭触点断开，Y1 线圈断电，冷却水泵停机。

M2、Y0 常开触点闭合，则 T5 线圈接通，当 T5 延时时间到，T5 常开触点闭合，Y0 常开触点保持闭合状态，辅助继电器 M3 线圈接通，M3 常开触点闭合并自锁，M3 常闭触点断开，Y0 线圈断电，冷却塔停机。

• 当压缩机出现吸气压力过低或排气压力过高时，压力保护继电器 KA3 或 KA4 动作，即输入继电器线圈 X14 或 X15 常开触点闭合，若此时只有冷却塔启动，其他设备均未启动，则 Y0 常开触点闭合，辅助继电器 M3 线圈接通，M3 常开触点闭合并自锁，M3 常闭触点断开，Y0 线圈断电，冷却塔停机。

b. 自动启动/停机程序解释。

自动启动过程：

• 按下自动启动按钮 SB9，输入继电器 X10 线圈接通，X10 常开触点闭合，输出继电器 Y0 线圈接通，Y0 常开触点闭合并自锁，冷却塔启动；同时定时器 T10 线圈接通，开始计时。

• 当 T10 延时时间到，T10 常开触点闭合，此时 Y0 常开触点闭合，输出继电器 Y1 线圈接通，Y1 常开触点闭合并自锁，冷却水泵启动；同时定时器 T11 线圈接通，开始计时。

• 当 T11 延时时间到，T11 常开触点闭合，此时 Y1 常开触点闭合，且水流开关 KA1 打开（即 X12 常开触点闭合），输出继电器 Y2 线圈接通，Y2 常开触点闭合并自锁，冷冻水泵启动；同时定时器 T12 线圈接通，开始计时。

• 当 T12 延时时间到，T12 常开触点闭合，此时 Y2 常开触点闭合，且水流开关 KA2 打开（即 X13 常开触点闭合），输出继电器 Y3 线圈接通，Y3 常开触点闭合并自锁，压缩机启动。启动过程即结束。

自动停机过程（四种情况）：

• 按下自动停机按钮 SB10，输入继电器 X11 线圈接通，X11 常开触点闭合，若此时全部设备均已启动，则 Y0、Y3 常开触点闭合，辅助继电器 M10 线圈接通，M10 常开触点闭合并自锁，M10 常闭触点断开，Y3 线圈断电，压缩机停机。

M10、Y0 常开触点闭合，则 T13 线圈接通，当 T3 延时时间到，T13 常开触点闭合，Y0 常开触点保持闭合状态，辅助继电器 M11 线圈接通，M11 常开触点闭合并自锁，M11 常闭触点断开，Y2 线圈断电，冷冻水泵停机；同时，T14 线圈接通。

当 T4 延时时间到，T14 常开触点闭合，Y0 常开触点保持闭合状态，辅助继电器 M12 线圈接通，M12 常开触点闭合并自锁，M12 常闭触点断开，Y1 线圈断电，冷却水泵停机；同时，T15 线圈接通。

当 T15 延时时间到，T15 常开触点闭合，Y0 常开触点保持闭合状态，辅助继电器 M13 线圈接通，M13 常开触点闭合并自锁，M13 常闭触点断开，Y0 线圈断电，冷却塔停机。

• 按下自动停机按钮 SB10，输入继电器 X11 线圈接通，X11 常开触点闭合，若此时只有压缩机未启动，其他设备均已启动，则 Y0、Y2 常开触点闭合，辅助继电器 M11 线圈接通，M11 常开触点闭合并自锁，M11 常闭触点断开，Y2 线圈断电，冷冻水泵停机。

M11、Y0 常开触点闭合，则 T14 线圈接通，当 T14 延时时间到，T14 常开触点闭合，Y0 常开触点保持闭合状态，辅助继电器 M12 线圈接通，M12 常开触点闭合并自锁，M12 常闭触点断开，Y1 线圈断电，冷却水泵停机；同时，T15 线圈接通。

当 T15 延时时间到，T15 常开触点闭合，Y0 常开触点保持闭合状态，辅助继电器 M13 线圈接通，M13 常开触点闭合并自锁，M13 常闭触点断开，Y0 线圈断电，冷却塔停机。

• 按下自动停机按钮 SB10，输入继电器 X11 线圈接通，X11 常开触点闭合，若此时只有冷冻水泵、压缩机未启动，其他设备均已启动，则 Y0、Y1 常开触点闭合，辅助继电器 M12 线圈接通，M12 常开触点闭合并自锁，M12 常闭触点断开，Y1 线圈断电，冷却水泵停机；

M12、Y0 常开触点闭合，则 T15 线圈接通，当 T15 延时时间到，T15 常开触点闭合，Y0 常开触点保持闭合状态，辅助继电器 M13 线圈接通，M13 常开触点闭合并自锁，M13 常闭触点断开，Y0 线圈断电，冷却塔停机。

• 按下自动停机按钮 SB10，输入继电器 X11 线圈接通，X11 常开触点闭合，若此时只有冷却塔启动，其他设备均未启动，则 Y0 常开触点闭合，辅助继电器 M13 线圈接通，M13 常开触点闭合并自锁，M13 常闭触点断开，Y0 线圈断电，冷却塔停机。

异常停机过程（四种情况）：

• 当压缩机出现吸气压力过低或排气压力过高时，压力保护继电器 KA3 或 KA4 动作，即输入继电器线圈 X14 或 X15 常开触点闭合，若此时全部设备均已启动，则 Y0、Y3 常开触点闭合，辅助继电器 M10 线圈接通，M10 常开触点闭合并自锁，M10 常闭触点断开，Y3 线圈断电，压缩机停机。

M10、Y0 常开触点闭合，则 T13 线圈接通，当 T3 延时时间到，T13 常开触点闭合，Y0 常开触点保持闭合状态，辅助继电器 M11 线圈接通，M11 常开触点闭合并自锁，M11 常闭触点断开，Y2 线圈断电，冷冻水泵停机；同时，T14 线圈接通。

当 T4 延时时间到，T14 常开触点闭合，Y0 常开触点保持闭合状态，辅助继电器 M12 线圈接通，M12 常开触点闭合并自锁，M12 常闭触点断开，Y1 线圈断电，冷却水泵停机；同时，T15 线圈接通。

当 T15 延时时间到，T15 常开触点闭合，Y0 常开触点保持闭合状态，辅助继电器 M13 线圈接通，M13 常开触点闭合并自锁，M13 常闭触点断开，Y0 线圈断电，冷却塔停机。

• 当压缩机出现吸气压力过低或排气压力过高时，压力保护继电器 KA3 或 KA4 动作，即输入继电器线圈 X14 或 X15 常开触点闭合，若此时只有压缩机未启动，其他设备均已启动，则 Y0、Y2 常开触点闭合，辅助继电器 M11 线圈接通，M11 常开触点闭合并自锁，M11 常闭触点断开，Y2 线圈断电，冷冻水泵停机。

M11、Y0 常开触点闭合，则 T14 线圈接通，当 T14 延时时间到，T14 常开触点闭合，Y0 常开触点保持闭合状态，辅助继电器 M12 线圈接通，M12 常开触点闭合并自锁，M12 常闭触点断开，Y1 线圈断电，冷却水泵停机；同时，T15 线圈接通；

当 T15 延时时间到，T15 常开触点闭合，Y0 常开触点保持闭合状态，辅助继电器 M13 线圈接通，M13 常开触点闭合并自锁，M13 常闭触点断开，Y0 线圈断电，冷却塔停机。

• 当压缩机出现吸气压力过低或排气压力过高时，压力保护继电器 KA3 或 KA4 动作，即输入继电器线圈 X14 或 X15 常开触点闭合，若此时只有冷冻水泵、压缩机未启动，其他设备均已启动，则 Y0、Y1 常开触点闭合，辅助继电器 M12 线圈接通，M12 常开触点闭合并自锁，M12 常闭触点断开，Y1 线圈断电，冷却水泵停机；

M12、Y0 常开触点闭合，则 T15 线圈接通，当 T15 延时时间到，T15 常开触点闭合，Y0 常开触点保持闭合状态，辅助继电器 M13 线圈接通，M13 常开触点闭合并自锁，M13 常闭触点断开，Y0 线圈断电，冷却塔停机。

• 当压缩机出现吸气压力过低或排气压力过高时，压力保护继电器 KA3 或 KA4 动作，即输入继电器线圈 X14 或 X15 常开触点闭合，若此时只有冷却塔启动，其他设备均未启动，则 Y0 常开触点闭合，辅助继电器 M13 线圈接通，M13 常开触点闭合并自锁，M13 常闭触点断开，Y0 线圈断电，冷却塔停机。

③ 指令诠释　基本指令的含义与应用见第 2 章相应指令解释。

6.3.10 全自动洗衣机的控制编程

（1）控制要求 设计全自动工业洗衣机的 PLC 控制系统，控制要求为：接通电源后，控制系统进入初始状态。按下启动按钮，进水电磁阀打开开始进水。当洗衣桶里水位达到高水位时，进水电磁阀关闭停止进水，并开始洗涤。洗涤采用正转 5s 后停止 2s，再反转 5s 后停止 2s，这样循环 10 次。接着排水电磁阀打开排水，待水位下降到零水位时脱水电磁阀打开脱水，并且继续排水 20s。此即为一个大循环，然后又进水开始下一个循环。6 个大循环后，过程完成并报警。报警 10s 后自动停机。

洗衣机洗涤过程中任何时候，可以按下停止按钮终止洗涤。

（2）程序设计

① I/O 的确定和分配 全自动洗衣机的控制 I/O 分配如表 6-10 所示。

表 6-10 全自动洗衣机的控制 I/O 分配表

输入元件		输出元件	
停止按钮 SB1	X000	进水电磁阀 YA1	Y000
启动按钮 SB2	X001	排水电磁阀 YA2	Y001
高水位传感器 B1	X002	脱水电磁阀 YA3	Y002
零水位传感器 B2	X003	正转控制接触器 KM1	Y003
		反转控制接触器 KM2	Y004
		洗涤结束报警装置 BY	Y005

② PLC 接线图 全自动洗衣机的控制 PLC 硬件接线如图 6-36 所示。

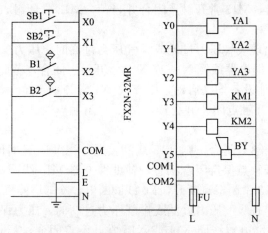

图 6-36 全自动洗衣机的控制 I/O 接线图

③ 程序编写 编写控制程序如图 6-37 所示。

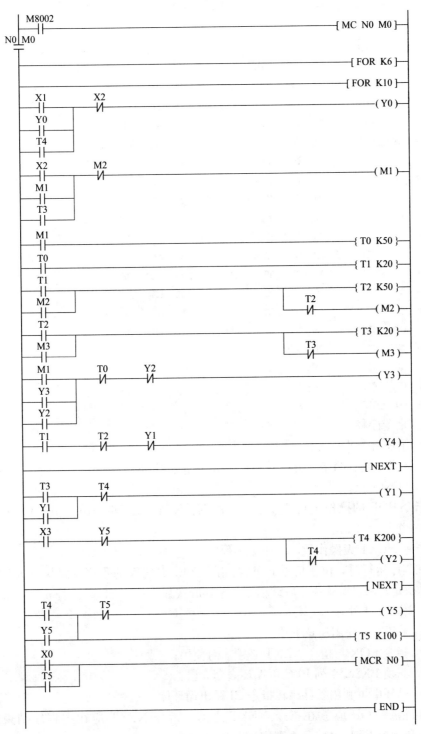

图 6-37 全自动洗衣机的控制梯形图

（3）编程指令诠释

① 语句表

0	LD	X10	1	OR	Y0	2	ANI	M13
3	OUT	Y0	4	OUT	T10	K150	7	LD	T10
8	OR	Y1	9	ANI	M12	10	AND	Y0
11	OUT	Y1	12	OUT	T11	K150	15	LD	T11
16	OR	Y2	17	ANI	M11	18	AND	Y1
19	AND	X12	20	OUT	Y2	21	OUT	T12	K150
24	LD	T12	25	OR	Y3	26	ANI	M10
27	AND	Y2	28	AND	X13	29	OUT	Y3
30	LD	X11	31	OR	X14	32	OR	X15
33	AND	Y3	34	OR	M10	35	OUT	T13	K150
38	AND	Y0	39	OUT	M10	40	LD	T13
41	OR	X14	42	OR	X15	43	AND	Y2
44	OR	M11	45	OUT	T14	K150	48	AND	Y0
49	ANI	Y3	50	OUT	M11	51	LD	T14
52	OR	X14	53	OR	X15	54	AND	Y1
55	OR	M12	56	OUT	T15	K150	59	AND	Y0
60	ANI	Y2	61	OUT	M12	62	LD	T15
63	OR	X14	64	OR	X15	65	AND	Y0
66	OR	M13	67	AND	Y0	68	ANI	Y1
69	OUT	M13	70	END				

② 指令诠释

a. 循环指令的含义。

循环指令共有两条，分别是循环区起点指令 FOR（FNC08）和循环结束指令 NEXT（FNC09）。

指令 FOR 的操作数可为 K、H、KnX、KnY、KnM、KnS、T、C、D、V、Z，占 3 个程序步。

指令 NEXT 无操作数，占用 1 个程序步。

在程序运行时，位于指令 FOR 与指令 NEXT 之间的程序反复执行 n 次（由操作数决定）后再继续执行后续程序。循环的次数 $n=1\sim32767$。若 $n=-32767\sim0$，则当作 $n=1$ 处理。

b. 循环指令使用注意事项。

• 指令 FOR 与指令 NEXT 必须成对使用；

• 三菱 FX2N 系列 PLC 可循环嵌套 5 层；

• 循环中可利用条件跳转指令 CJ 跳出循环体；

• 指令 FOR 应放在指令 NEXT 之前，指令 NEXT 应在主程序结束指令 FEND 和指令 END 之前，否则均会出错。

6.3.11　电梯的控制编程

（1）控制要求　用 PLC 实现四层电梯的升降控制，控制要求为：

① 电梯上升途中，任何反方向的下降按钮呼叫均无效。

② 电梯下降途中，任何反方向的上升按钮呼叫均无效。

③ 当电梯停于某层时，如果高层呼叫，则电梯上升到呼叫层。

④ 当电梯停于某层，若高层有多个呼叫，则电梯上升到最低呼叫层，由行程开关控制停 3s，继续上升到较高的呼叫层。

⑤ 当电梯停于某层时，如果低层呼叫，则电梯下降到呼叫层。

⑥ 当电梯停于某层时，若低层有多个呼叫，则电梯下降到最高呼叫层，由行程开关控制停 3s，继续下降到较低的呼叫层。

⑦ 用数码管显示电梯所在楼层。

⑧ 用数码管显示楼层呼叫指示。

（2）程序设计

① I/O 的确定和分配　电梯的控制 I/O 分配如表 6-11 所示。

表 6-11　电梯的控制 I/O 分配表

输入元件		输出元件	
一层到位行程开关 SQ1	X000	电梯上升控制接触器 KM1	Y000
二层到位行程开关 SQ2	X001	电梯下降控制接触器 KM2	Y001
三层到位行程开关 SQ3	X002	一层上呼指示 HL1	Y002
四层到位行程开关 SQ4	X003	二层上呼指示 HL2	Y003
一层上呼按钮 SB1	X004	三层上呼指示 HL3	Y004
二层上呼按钮 SB2	X005	四层下呼指示 HL4	Y005
三层上呼按钮 SB3	X006	三层下呼指示 HL5	Y006
四层下呼按钮 SB4	X007	二层下呼指示 HL6	Y007
三层下呼按钮 SB5	X010	数码管 A 段显示	Y010
二层下呼按钮 SB6	X011	数码管 B 段显示	Y011
		数码管 C 段显示	Y012
		数码管 D 段显示	Y013
		数码管 E 段显示	Y014
		数码管 F 段显示	Y015
		数码管 G 段显示	Y016

② PLC 接线图　电梯的控制 PLC 硬件接线如图 6-38 所示。

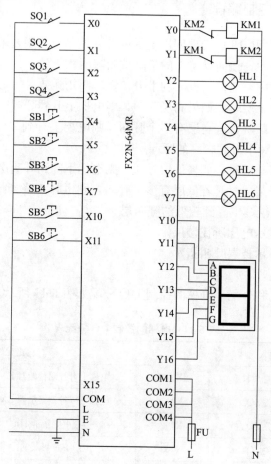

图 6-38　电梯的控制 I/O 接线图

③ 程序编写　编写控制程序如图 6-39 所示。

(3) 编程指令诠释

① 语句表

0	LD	X4	1	ANI	X0	2	ANI	M30
3	SET	M1	4	LD	X5	5	OR	X11
6	SET	M2	7	LD	X6	8	OR	X10
9	SET	M3	10	LD	X7	11	ANI	X3
12	ANI	M31	13	SET	M4	14	LD	X0
15	SET	M11	16	RST	M12	17	RST	M13
18	RST	M14	19	LD	M30	20	ANI	X0
21	OR	T0	22	AND	M11	23	RST	M1
24	LD	X1	25	SET	M12	26	RST	M11
27	RST	M13	28	RST	M14	29	LD	M12

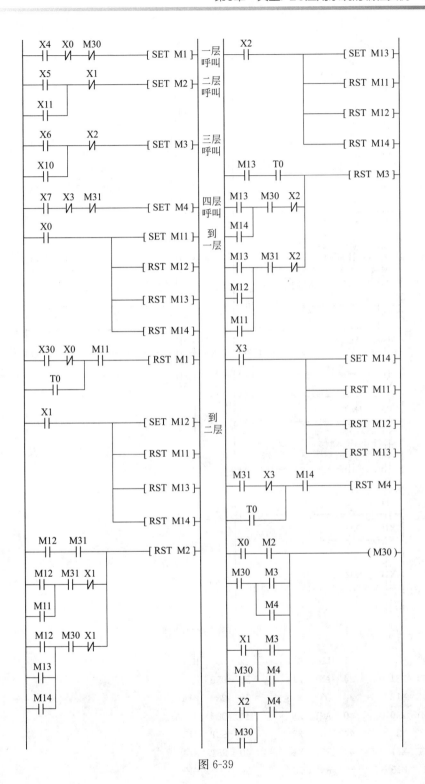

图 6-39

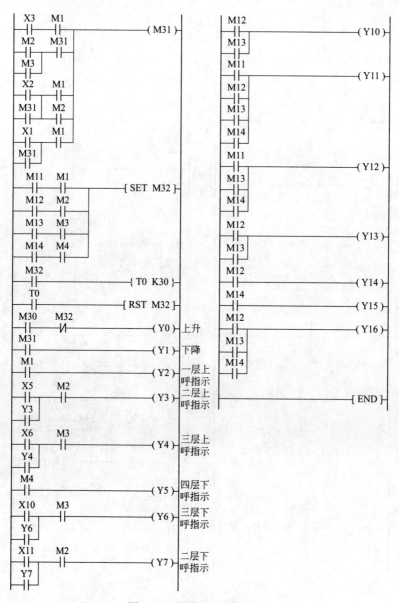

图 6-39　电梯的控制梯形图

30	AND	M31	31	LD	M12	32	OR	M11
33	AND	M31	34	ANI	X1	35	ORB	
36	LD	M12	37	OR	M13	38	OR	M14
39	AND	M30	40	ANI	X1	41	ORB	
42	RST	M2	44	LD	X2	45	SET	M13
46	RST	M11	47	RST	M12	48	RST	M14
49	LD	M13	50	AND	T0	51	LD	M13

52	OR	M14	53	AND	M30	54	ANI	X2
55	ORB		56	LD	M13	57	OR	M12
58	OR	M11	59	AND	M31	60	ANI	X2
61	ORB		62	RST	M3	63	LD	X3
64	SET	M14	65	RST	M11	66	RST	M12
67	RST	M13	68	LD	M31	69	ANI	X3
70	OR	T0	71	AND	M14	72	RST	M4
73	LD	X0	74	OR	M30	75	LD	M2
76	OR	M3	77	OR	M4	78	ANB	
79	LD	X1	80	OR	M30	81	LD	M3
82	OR	M4	83	ANB		84	ORB	
85	LD	X2	86	OR	M30	87	AND	M4
88	ORB		89	OUT	M30	90	LD	X3
92	OR	M31	93	LD	M1	94	OR	M2
95	OR	M3	96	ANB		97	LD	X2
98	OR	M31	99	LD	M1	100	OR	M2
101	ANB		102	ORB		103	LD	X1
104	OR	M31	105	AND	M1	106	ORB	
107	OUT	M31	108	LD	M11	109	AND	M1
110	LD	M12	111	AND	M2	112	ORB	
113	LD	M13	114	AND	M3	115	ORB	
116	LD	M14	117	AND	M4	118	ORB	
119	SET	M32	120	LD	M32	121	OUT	T0 K30
122	LD	T0	123	RST	M32	124	LD	M30
125	ANI	M32	126	OUT	Y0	127	LD	M31
128	OUT	Y1	129	LD	M1	130	OUT	Y2
131	LD	X5	132	OR	Y3	133	AND	M2
134	OUT	Y3	135	LD	X6	136	OR	Y4
137	AND	M3	138	OUT	Y4	139	LD	M4
140	OUT	Y5	141	LD	X10	142	OR	Y6
143	AND	M3	144	OUT	Y6	145	LD	X11
146	OR	Y7	147	AND	M2	148	OUT	Y7
149	LD	M12	150	OR	M13	151	OUT	Y10
152	LD	M11	153	OR	M12	154	OR	M13
155	OR	M14	156	OUT	Y11	156	LD	M11
157	OR	M13	158	OR	M14	159	OUT	Y12
160	LD	M12	161	OR	M13	162	OUT	Y13
163	LD	M12	164	OUT	Y14	165	LD	M14
166	OUT	Y15	167	LD	M12	168	OR	M13
169	OR	M14	170	OUT	Y16	171	END	

② 程序解释

a. 当 X004 接通（一层上呼），M1 置位，Y2 接通（一层上呼指示灯亮）。

当 X005 接通（二层上呼）或 X11 接通（二层下呼）M2 置位，且 X5 接通时，Y3 接通（二层上呼指示亮）。

当 X006 接通（三层上呼）或 X10 接通（三层下呼）M3 置位，且 X6 接通时，Y4 接通（三层上呼指示亮）。

当 X007 接通（四层下呼），M4 置位，Y5 接通（四层下呼指示亮）。

b. 当 X0 接通（一层到位），M11 置位，且 M12、M13、M14 复位。M11 接通后，在 M30 或 T0 接通时，M1 即复位。

c. 当 X1 接通（二层到位），M12 置位，且 M11、M13、M14 复位。M12 接通后，在 M31 接通时，M2 即复位。

d. 当 X2 接通（三层到位），M13 置位，且 M11、M12、M14 复位。M13 接通后，达到 T0 定时或在 M30 接通时，M3 即复位。

e. 当 X3 接通（四层到位），M14 置位，且 M11、M12、M13 复位。M14 接通后，在 M31 接通达到 T0 定时时，M4 即复位。

f. 当 X0 接通（一层到位）且 M2 或 M3 或 M4 接通（二层或三层或四层呼叫），或者 X1 接通（二层到位）且 M3 或 M4 接通（三层或四层呼叫），或者 X2 接通（三层到位）且 M4 接通（四层呼叫）时，M30 接通，从而 Y0 接通，电梯上升。

g. 当 X3 接通（四层到位）且 M1 或 M2 或 M3 接通（一层或二层或三层呼叫），或者 X2 接通（三层到位）且 M1 或 M2 接通（一层或二层呼叫），或者当 X1 接通（二层到位）且 M1 接通（一层上呼）时，M31 接通，从而 Y1 接通，电梯下降。

h. 当 M11 接通且 M1 接通，或者 M12 接通且 M2 接通，或者 M13 接通且 M3 接通，或者 M14 接通且 M4 接通，M32 置位。M32 接通后，T0 接通开始定时；T0 定时到，M32 复位。

i. 当 X10 接通（三层下呼），且 M3 接通（三层呼叫），Y6 接通（三层下呼指示灯亮）。

当 X11 接通（二层下呼），且 M2 接通（二层呼叫），Y7 接通（二层下呼指示灯亮）。

j. 当 M12 或 M13 接通（二层或三层到位），Y10 接通（数码管 A 段显示）；

当 M11 或 M12 或 M13 或 M14 接通（一层或二层或三层或到位），Y11 接通（数码管 B 段显示）；

当 M11 或 M13 或 M14 接通（一层或三层或四层到位），Y12 接通（数码管 C 段显示）；

当 M12 或 M13 接通（二层或三层到位），Y13 接通（数码管 D 段显示）；

当 M12 接通（二层到位），Y14 接通（数码管 E 段显示）；

当 M14 接通（四层到位），Y15 接通（数码管 F 段显示）；

当 M12 或 M13 或 M14 接通（二层或三层或四层到位），Y16 接通（数码管 G 段显示）。

可见，能够在电梯到位后显示相应层数。

③ 指令诠释　基本指令的含义见第 2 章相应指令诠释。

6.3.12　交通指示灯有全部控制的编程

（1）控制要求　应用 PLC 实现十字路口交通灯，其控制要求如下。

① 东西主干道：直行绿灯亮 25s→直行绿灯闪烁 3s→直行黄灯亮 2s→左转弯绿灯亮 10s（直行红灯亮 45s）→左转弯绿灯闪烁 3s→左转弯黄灯亮 2s→左转弯红灯亮 45s。

② 东西人行道：绿灯亮 25s→绿灯闪烁 3s→黄灯亮 2s→红灯亮 60s。

③ 南北主干道：直行红灯亮 45s→直行绿灯亮 25s→直行绿灯闪烁 3s→直行黄灯亮 2s→左转弯绿灯亮 10s（直行红灯亮 45s）→左转弯绿灯闪烁 3s→左转弯黄灯亮 2s→左转弯红灯亮 45s。

④ 南北人行道：红灯亮 45s→绿灯亮 25s→绿灯闪烁 3s→黄灯亮 2s→红灯亮 60s。

⑤ 采用自动循环控制方式，交通灯单循环周期为 90s。

⑥ 人行道灯光控制。

东西向人行道和南北向人行道均设有通行绿灯和禁行红灯。东西向人行道通行绿灯与东西向主干道直行绿灯同时点亮，当东西向主干道直行绿灯闪烁时东西向人行道绿灯也对应闪亮，然后黄灯亮 2s，其他时间红灯亮。南北向人行道与东西向人行道灯光的规律相同。

（2）程序设计

① I/O 的确定和分配　十字路口交通灯的控制 I/O 分配如表 6-12 所示。

表 6-12　十字路口交通灯控制 I/O 分配表

输入元件		输出元件	
停止按钮 SB1	X000	东西向主干道直通绿灯 HL1	Y000
启动按钮 SB2	X001	东西向主干道直通黄灯 HL2	Y001
		东西向主干道直通红灯 HL3	Y002
		东西向主干道左转弯绿灯 HL4	Y003
		东西向主干道左转弯黄灯 HL5	Y004
		东西向主干道左转弯红灯 HL6	Y005
		南北向主干道直通绿灯 HL7	Y006
		南北向主干道直通黄灯 HL8	Y007

续表

输入元件		输出元件	
		南北向主干道直通红灯 HL9	Y010
		南北向主干道左转弯绿灯 HL10	Y011
		南北向主干道左转弯黄灯 HL11	Y012
		南北向主干道左转弯红灯 HL12	Y013
		东西向行人道绿灯 HL13	Y014
		东西向行人道黄灯 HL14	Y015
		东西向行人道红灯 HL15	Y016
		南北向行人道绿灯 HL16	Y017
		南北向行人道黄灯 HL17	Y020
		南北向行人道红灯 HL18	Y021

② PLC 接线图　十字路口交通灯控制 PLC 硬件接线如图 6-40 所示。

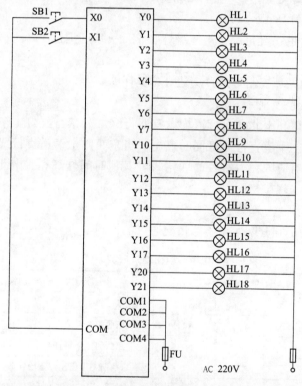

图 6-40　十字路口交通灯控制 I/O 接线图

③ 程序编写　编写控制流程图如图 6-41 所示。编写控制 SFC 如图 6-42 所示。程序梯形图请读者自己画出，并且写出程序语句表。

228

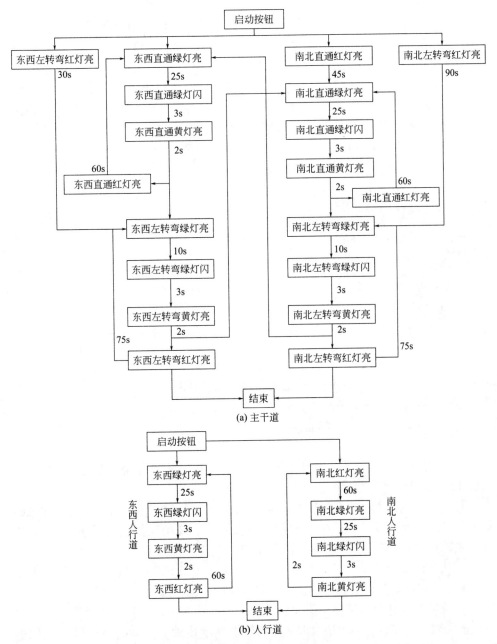

图 6-41 十字路口交通灯控制流程图

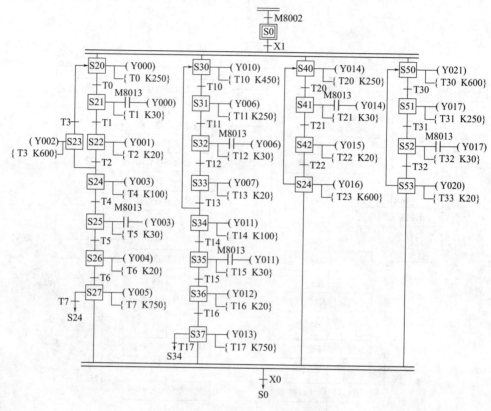

图 6-42　十字路口交通灯控制 SFC

6.3.13　智力抢答器的控制编程

（1）控制要求　用 PLC 实现供 4 名选手（或代表队）参加抢答的带触摸屏智力抢答器的控制系统。

① 主持人的控制（"开始"和"复位"控制）、抢答指示和得分统计牌在触摸屏（GOT）画面上设置。而抢答器的抢答按钮、"开始"指示灯、违例报警器、LED 数码管则属于 PLC 的 I/O（输入/输出）设备。

② 比赛的 4 个选手（或代表队）分别用 4 个按钮 SB1～SB4 表示。每桌上设有一个抢答按钮，按钮的编号与选手的编号对应，也分别为 SB1～SB4。

③ 抢答器具有数据锁存功能和显示功能。抢答开始后，若有选手按下抢答按钮，选手编号立即锁存，并在 LED 数码管上显示该编号，同时封锁输入编码电路，禁止其他选手抢答。优先抢答选手的编号一直保持到主持人将系统复位为止。

④ 抢答器具有定时抢答的功能。在主持人按下"开始"按钮后，电源指示灯亮，定时器开始计时，参赛选手在设定时间（10s）内抢答，则抢答有效，编号显示器将显示选手的编号，并保持到主持人将系统复位为止。

⑤ 抢答器具有禁止抢答的功能。若定时抢答时间过去还没有选手抢答时，本次抢答无效。此时封锁输入信号，禁止选手超时后抢答。

⑥ 抢答器具有警示功能。若主持人未按下"开始"抢答按钮，有人抢答，则算作违例，此时显示其组号，并使扬声器发出报警声响提示。

⑦ 抢答器具有得分累计的功能。在主持人按下加分键后，则正确的答题选手被加 10 分，错误的答题选手则不得分。

（2）程序设计

① I/O 的确定和分配　智力抢答器的控制 I/O 分配如表 6-13 所示。

表 6-13　智力抢答器的控制 I/O 分配表

输入元件		输出元件	
1 组抢答按钮 SB1	X1	数码管 a 段	Y0
2 组抢答按钮 SB2	X2	数码管 b 段	Y1
3 组抢答按钮 SB3	X3	数码管 c 段	Y2
4 组抢答按钮 SB4	X4	数码管 d 段	Y3
输出元件		数码管 e 段	Y4
电源指示灯	Y10	数码管 f 段	Y5
报警蜂鸣器	Y11	数码管 g 段	Y6
触摸屏元件			
开始抢答触摸键	M10	清零触摸彩键	M13
重新抢答触摸键	M11	得分累计寄存器	D11～D14
主持人加分触摸键	M12	触摸屏字串指示	M1～M4

② 抢答器的译码显示　抢答器显示电路的作用是发出抢答位置信号，显示抢答人（或队）的编号。译码显示就是以各抢答位置信号为输入信号，按表 6-14 所示的七段码显示译码表的译码输出，驱动七段数码管指示抢答者的编号。

表 6-14　七段码译码表

输入	Y7	Y6	Y5	Y4	Y3	Y2	Y1	Y0	数码显示
X1	0	0	0	0	0	1	1	0	1
X2	0	1	0	1	1	0	1	1	2
X3	0	1	0	0	1	1	1	1	3
X4	0	1	1	0	0	1	1	0	4

从表 6-14 可以看出：要使数码管显示 1，必须使 Y1、Y2 有输出信号，只要使 K2Y0 字元件中 Y1、Y2 两位为 1，而其他六位为 0 即可。十进制数 K6 化为二

进制数是 $1 \times 2^1 + 1 \times 2^2$，即 K6 的 BIN 码正好满足要求。数码管显示 2、3、4 原理与此相同。

③ PLC 接线图　智力抢答器的控制 PLC 硬件接线如图 6-43 所示。

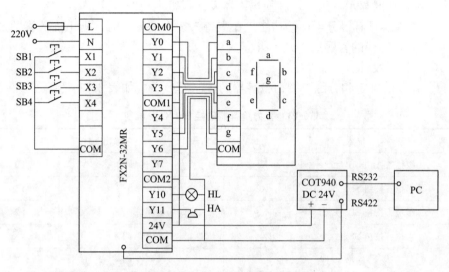

图 6-43　智力抢答器的控制 I/O 接线图

④ 程序编写

a. 触摸屏画面设置　触摸屏画面如图 6-44 所示。

A画面		B画面				C画面				
欢迎使用		抢答指示				场上得分				
智力竞赛抢答器		1组	2组	3组	4组	1组	2组	3组	4组	
		M1	M2	M3	M4					
	进入	上页	开始	复位	下页	加分	清零		退出	

图 6-44　智力抢答器的触摸屏画面

触摸"进入"键，切至 B 画面；触摸"退出"键，切至 A 画面。

A 画面为上电时即进入的画面，按 A 画面右下角的"进入"键进入 B 画面。

B 画面是抢答工作的主画面，主持人按下开始键后开始这轮抢答，有人在 15s 内抢得时，显示其红底组号，直到答题完毕主持人按下复位按钮键，组号为黄底方可重新抢答。10s 内无人抢答，抢答无效。

C 画面是得分统计牌，当主持人按下"下页"键，进入 C 画面，主持人按下加分键，给正确的答题选手加 10 分。

b. 梯形图　编写控制梯形图如图 6-45 所示。

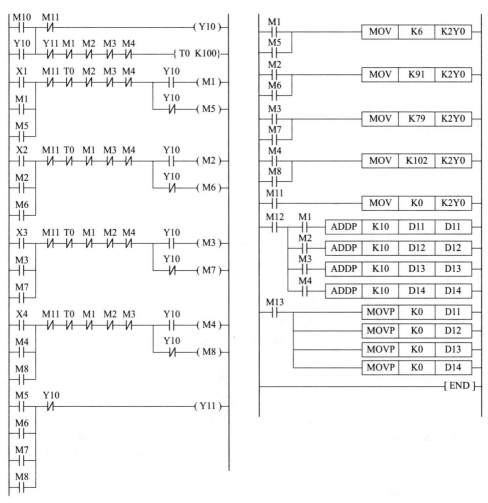

图 6-45　智力抢答器的控制梯形图

（3）编程指令诠释

① 语句表

0	LD	M10	1	OR	Y10	2	MPS	
3	ANI	M11	4	OUT	Y10	5	MPP	
6	ANI	Y11	7	ANI	M1	8	ANI	M2
9	ANI	M3	10	ANI	M4	11	OUT	T0 K100
14	LD	X1	15	OR	M1	16	OR	M5
17	ANI	M11	18	ANI	T0	19	ANI	M2
20	ANI	M3	21	ANI	M4	22	MPS	
23	AND	Y10	24	OUT	M1	25	MPP	
26	ANI	Y10	27	OUT	M5	28	LD	X2
29	OR	M2	30	OR	M6	31	ANI	M11
32	ANI	T0	33	ANI	M1	34	ANI	M3

35	ANI	M4	36	MPS		37	AND	Y10
38	OUT	M2	39	MPP		40	ANI	Y10
41	OUT	M6	42	LD	X3	43	OR	M3
44	OR	M7	45	ANI	M11	46	ANI	T0
47	ANI	M1	48	ANI	M2	49	ANI	M4
50	MPS		51	AND	Y10	52	OUT	M3
53	MPP		54	ANI	Y10	55	OUT	M7
56	LD	X4	57	OR	M4	58	OR	M8
59	ANI	M11	60	ANI	T0	61	ANI	M1
62	ANI	M2	63	ANI	M3	64	MPS	
65	AND	Y10	66	OUT	M4	67	MPP	
68	ANI	Y10	69	OUT	M8	70	LD	M5
71	OR	M6	72	OR	M7	73	OR	M8
74	ANI	Y10	75	OUT	Y11	76	LD	M1
77	OR	M5	78	MOV	K6 K2Y0	83	LD	M2
84	OR	M6	85	MOV	K91 K2Y0	90	LD	M3
91	OR	M7	92	MOV	K79 K2Y0	97	LD	M4
98	OR	M8	99	MOV	K102 K2Y0	104	LD	M11
105	MOV	K0 K2Y0	110	LD	M12	111	MPS	
112	AND	M1	113	ADDP	K10 D11 D11	118	MRD	
119	AND	M2	120	ADDP	K10 D12 D12	125	MRD	
126	AND	M3	127	ADDP	K10 D13 D13	132	MPP	
133	AND	M4	134	ADDP	K10 D14 D14	139	LD	M13
140	MOVP	K0 D11	145	MOVP	K0 D12	150	MOVP	K0 D13
155	MOVP	K0 D14	156	END				

② 程序解释

a. 当主持人按下"开始抢答"触摸键 M10，电源指示灯 Y10 接通自锁，且 T0 接通开始定时。

b. 当第 1 组按下抢答按钮 X1 接通，M1 接通自锁。

当第 2 组按下抢答按钮 X2 接通，M2 接通自锁。

当第 3 组按下抢答按钮 X3 接通，M3 接通自锁。

当第 4 组按下抢答按钮 X4 接通，M4 接通自锁。

若在 T0 定时内没有人抢答，那么过时所有人将不能再抢答。

c. 当主持人没有按下"开始抢答触摸键"M10（即没有宣布抢答开始）的情况下：

若第 1 组按下抢答按钮 X1 接通，M5 接通自锁。

若第 2 组按下抢答按钮 X2 接通，M6 接通自锁。

若第 3 组按下抢答按钮 X3 接通，M7 接通自锁。

若第 4 组按下抢答按钮 X4 接通，M8 接通自锁。

d. 当 M5 或 M6 或 M7 或 M8 接通时，Y11 接通，报警蜂鸣器接通报警。

e. 当 M1 或 M5 接通，执行指令 MOV K6 K2Y0，数码管显示组号 1。

当 M2 或 M6 接通，执行指令 MOV K91 K2Y0，数码管显示组号 2。

当 M3 或 M7 接通，执行指令 MOV K79 K2Y0，数码管显示组号 3。

当 M4 或 M8 接通，执行指令 MOV K102 K2Y0，数码管显示组号 4。

f. 当主持人按下"重新抢答触摸键"M11 时，执行指令 MOV K0 K2Y0，数码管不显示。

g. 当主持人按下"主持人加分触摸键"M12 的情况下：

若 M1 接通，执行指令 ADDP K10 D11 D11，表示给第 1 组加 10 分。

若 M2 接通，执行指令 ADDP K10 D12 D12，表示给第 2 组加 10 分。

若 M3 接通，执行指令 ADDP K10 D13 D13，表示给第 3 组加 10 分。

若 M4 接通，执行指令 ADDP K10 D14 D14，表示给第 4 组加 10 分。

h. 当主持人按下"清零触摸彩键"M13 时，执行指令 MOVP K0 D11，MOVP K0 D12，MOVP K0 D13，MOVP K0 D14，给各组分数清零。

③ 指令诠释　采用传送指令实现抢答控制，应用加法运算指令实现对分数的累计及实现输入开关对输出数码段显示控制。

传送指令与加法运算指令的含义见第 4 章相应指令诠释。

6.3.14　艺术彩灯的控制编程

(1) 控制要求　用 PLC 实现艺术彩灯的控制。艺术彩灯的造型如图 6-46 所示。控制要求为：

① 上方 4 道彩灯呈弧拱形门，下方 3 排彩灯呈阶梯形状。

② 4 道弧拱形门彩灯由内向外每隔 1s 轮流点亮。定时 2s 后，接着由外向内每隔 1s 轮流点亮。以后依此规律循环进行。

③ 下方 3 排阶梯形彩灯由下往上每隔 1s 轮流点亮。以后依此规律循环进行。

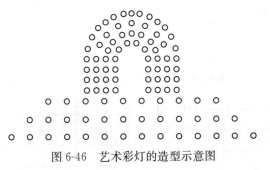

图 6-46　艺术彩灯的造型示意图

(2) 程序设计

① I/O 的确定和分配　艺术彩灯的控制 I/O 分配如表 6-15 所示。

表 6-15 艺术彩灯的控制 I/O 分配表

输入元件		输出元件	
停止按钮 SB1	X0	弧形内层彩灯 EL1	Y0
启动按钮 SB2	X1	弧形中层彩灯 EL2	Y1
		弧形腹层彩灯 EL3	Y2
		弧形外层彩灯 EL4	Y3
		阶梯下层彩灯 EL5	Y4
		阶梯中层彩灯 EL6	Y5
		阶梯上层彩灯 EL7	Y6

② PLC 接线图 艺术彩灯的控制 PLC 硬件接线如图 6-47 所示。

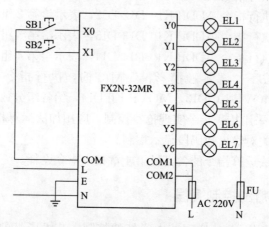

图 6-47 艺术彩灯的控制 I/O 接线图

③ 程序编写 编写控制梯形图如图 6-48 所示。

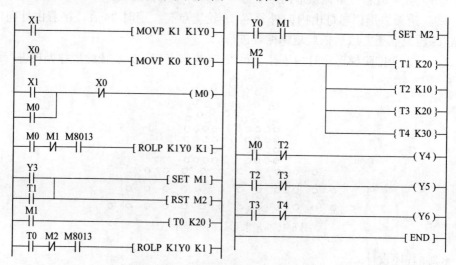

图 6-48 艺术彩灯的控制梯形图

（3）编程指令诠释

① 语句表

0	LD	X1	1	MOVP	K1	K1Y0	6	LD	X0

0 LD   X1　　　1 MOVP K1 K1Y0　　　6 LD   X0

7 MOVP K0 K1Y0　　12 LD   X1　　　13 OR   M0

14 ANI X0　　　15 OUT M0　　　16 LD   M0

17 ANI M1　　　18 AND M8013　　19 ROLP K1Y0 K1

24 LD   M0　　　25 OR   T1　　　26 SET M1

27 RST M2　　　28 LD   M1　　　29 OUT T0 K20

32 LD   T0　　　33 ANI M2　　　34 AND M8013

35 RORP K1Y0 K1　　40 LD   Y0　　　41 AND M1

42 SET M2　　　43 LD   M2　　　44 OUT T1 K20

47 OUT T2 K10　　50 OUT T3 K20　　53 OUT T4 K30

56 LD   M0　　　57 ANI T2　　　58 OUT Y4

59 LD   T2　　　60 ANI T3　　　61 OUT Y5

62 LD   T3　　　63 ANI T4　　　64 OUT Y6

65 END

② 程序解释

a. 当 X1 接通（按下启动按钮），执行指令 MOVP　K1　K1Y0，则 Y0 接通，弧形内层彩灯点亮。

b. 当 X0 接通（按下停止按钮），执行指令 MOVP K0 K1Y0，则所有彩灯熄灭。

c. 当 X1 接通，M0 接通自锁。当 X0 接通，M0 断开。

d. M0 接通后，每隔 1s 执行左循环指令 ROLP　K1Y0　K1，即 Y0、Y1、Y2、Y3 每隔 1s 轮流接通，表示 4 道弧拱形门彩灯由内向外每隔 1s 轮流点亮。

e. 当 Y3 接通后，M1 置位并且延时 2s 后，每隔 1s 执行右循环指令 RORP K1Y0　K1，即 Y3、Y2、Y1、Y0 每隔 1s 轮流接通，表示 4 道弧拱形门彩灯由外向内每隔 1s 轮流点亮。

f. 当 Y3 接通后，M2 置位。1s 后 Y4 接通，又 1s 后 Y5 接通，再过 1s 后 Y6 接通。表示下方 3 排阶梯形彩灯由下往上每隔 1s 轮流点亮。

③ 指令诠释　采用传送指令赋予初值及停止彩灯工作，使用循环指令控制彩灯轮流点亮。传送指令与加法运算指令的含义见第 4 章相应指令诠释。

6.3.15　普通车床的控制编程

（1）控制要求　用 PLC 实现普通车床的控制。CA6140 型普通车床的控制线路如图 6-49 所示。

其控制要求为：

① 普通车床的拖动电动机三台，分别是主轴电动机 M1、冷却泵电动机 M2

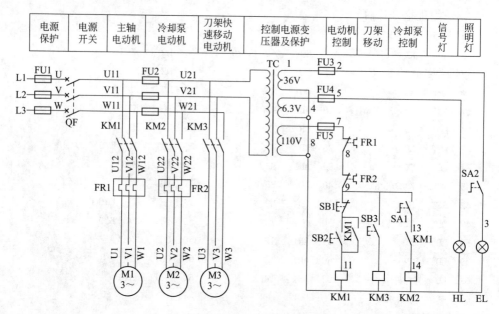

图 6-49 普通车床的控制线路图

和快速移动电动机 M3。

② 电动机 M1 由启动按钮 SB2 和停止按钮 SB1 控制启停。

③ 电动机 M2 由转换开关 SA1 手动控制启停。

③ 电动机 M3 由启动按钮 SB3 点动控制启停。

④ 照明灯 EL 由转换开关 SA2 手动控制启停。

（2）程序设计

① I/O 的确定和分配　如表 6-16 所示。

表 6-16　普通车床的控制 I/O 分配表

输入元件		输出元件	
热继电器 FR1、FR2	X0	电源指示灯 HL	Y0
主轴电动机停止按钮 SB1	X1	主轴电动机控制接触器 KM1	Y1
主轴电动机启动按钮 SB2	X2	冷却泵电动机控制接触器 KM2	Y2
快速移动电动机的控制按钮 SB3	X3	快速移动电动机的控制接触器 KM3	Y3
冷却泵电动机控制开关 SA1	X4	照明灯 EL	Y4
照明灯的控制开关 SA2	X5		

② PLC 接线图　普通车床的控制 PLC 硬件接线如图 6-50 所示。

③ 程序编写　编写控制梯形图如图 6-51 所示。

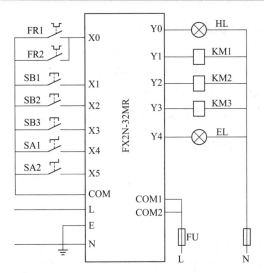

图 6-50　普通车床的控制 I/O 接线图

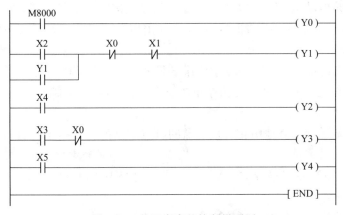

图 6-51　普通车床的控制梯形图

（3）编程指令诠释

① 语句表

0	LD	M8000	1	OUT	Y0	2	LD	X2
3	OR	Y1	4	ANI	X0	5	ANI	X1
6	OUT	Y1	7	LD	X4	8	OUT	Y2
9	LD	X3	10	ANI	X0	11	OUT	Y3
12	LD	X5	13	OUT	Y4	14	END	

② 程序解释

a. 当 PLC 运行时，Y0 接通，电源指示灯 HL 亮。

b. 当 X2 接通（按下主轴电动机启动按钮 SB2），Y1 接通自锁，主轴电动机 M1 启动。

c. 合上控制开关 SA1，X4 接通，Y2 接通，冷却泵电动机启动；断开控制开关 SA1，X4 断开后，Y2 断开，冷却泵电动机停止。

d. 当按下快速移动电动机的控制按钮 SB3，X3 接通，Y3 接通。当松开 SB3，X3 断开，Y3 断开。表明快速移动电动机 M3 为点动控制。

e. 若需加大局部照明，合上控制开关 SA2，X5 接通，Y4 接通，照明灯 EL 点亮。

③ 指令诠释　基本指令的含义见第 2 章相应指令诠释。

6.3.16　平面磨床的控制编程

（1）控制要求　用 PLC 实现平面磨床的控制。M7120 型平面磨床的控制线路如图 6-52 所示。

其控制要求为：

① 平面磨床的拖动电动机四台，分别是液压泵电动机 M1、砂轮电动机 M2、冷却泵电动机 M3 和砂轮升降电动机 M4。

② 用电压继电器 KV 实现失磁保护。设紧急停机按钮（也作为总停止按钮）SB1。

③ 液压泵电动机 M1 由启动按钮 SB3 和停止按钮 SB2 控制正常启停。

④ 砂轮电动机 M2 和冷却泵电动机 M3 由启动按钮 SB5 和停止按钮 SB4 控制正常启停。

⑤ 砂轮升降电动机 M4 由点动按钮 SB6 和点动按钮 SB7 控制升降。

⑥ 电磁吸盘的充磁由启动和停止按钮 SB8、SB9 控制通断，去磁由点动按钮 SB10 控制。

⑦ 电源指示灯、其他由相应接触器的触点控制的工作指示灯直接在外部硬件电路控制。

⑧ 照明灯 EL 由转换开关 SA 在外部硬件电路手动控制启停。

（2）程序设计

① I/O 的确定和分配　M7120 平面磨床的控制 I/O 分配如表 6-17 所示。

表 6-17　M7120 平面磨床的控制 I/O 分配表

输入元件		输出元件	
电压继电器 KV	X0	M1 电动机控制接触器 KM1	Y0
紧急停机按钮 SB1	X1	M2 电动机控制接触器 KM2	Y1
液压泵电动机 M1 停止按钮 SB2	X2	M4 电动机控制上升接触器 KM3	Y2
液压泵电动机 M1 启动按钮 SB3	X3	M4 电动机控制下降接触器 KM4	Y3
砂轮电动机停止按钮 SB4	X4	电磁吸盘充磁控制接触器 KM5	Y4
砂轮电动机启动按钮 SB5	X5	电磁吸盘去磁控制接触器 KM6	Y5
砂轮升降电动机上升控制按钮 SB6	X6	输入元件	
砂轮升降电动机下降控制按钮 SB7	X7		
电磁吸盘充磁按钮 SB8	X10	M1 过载保护热继电器 FR1	X13
电磁吸盘充磁停止按钮 SB9	X11	M2 过载保护热继电器 FR2	X14
电磁吸盘去磁按钮 SB10	X12	M3 过载保护热继电器 FR3	X15

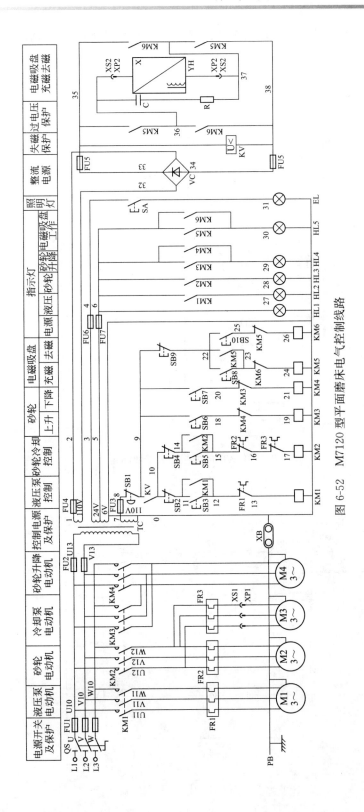

图 6-52 M7120 型平面磨床电气控制线路

② PLC 接线图　M7120 平面磨床的控制 PLC 硬件接线如图 6-53 所示。

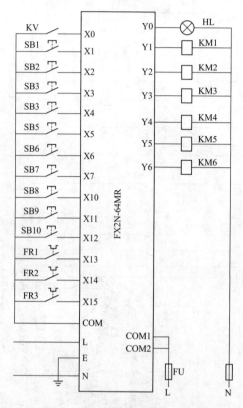

图 6-53　平面磨床的控制 I/O 接线图

③ 程序编写　编写控制梯形图如图 6-54 所示。

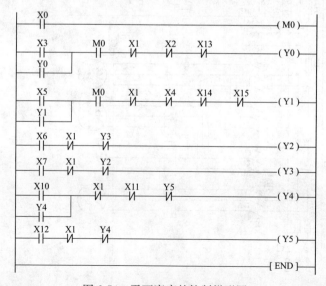

图 6-54　平面磨床的控制梯形图

（3）编程指令诠释

① 语句表

0	LD	X0	1	OUT	M0	2	LD	X3

0   LD   X0   1   OUT   M0   2   LD   X3

3   OR   Y0   4   AND   M0   5   ANI   X1

6   ANI   X2   7   ANI   X13   8   OUT   Y1

9   LD   X5   10   OR   Y1   11   AND   M0

12   ANI   X1   13   ANI   X4   14   ANI   X14

15   ANI   X15   16   OUT   Y1   17   LD   X6

18   ANI   X1   19   ANI   Y3   20   OUT   Y2

21   LD   X7   22   ANI   X1   23   ANI   Y2

24   OUT   Y3   25   LD   X10   26   OR   Y4

27   ANI   X1   28   ANI   X11   29   ANI   Y5

30   OUT   Y4   31   LD   X12   32   ANI   X1

33   ANI   Y4   34   OUT   Y5   35   END

② 程序解释

a. 当X0接通（电压继电器KV正常通电）时，M0接通，Y0、Y1才能接通，即电动机M1、M2和M3才能启动。

b. 当X3接通（按下液压泵电动机M1启动按钮SB3），Y0接通自锁，液压泵电动机M1启动。当X2接通（按下液压泵电动机M1停止按钮SB2），Y0断开，液压泵电动机M1停止。过载时，X13断开，Y0断开，液压泵电动机M1停止。需要紧急停机时，X1断开，Y0断开，M1停止。

c. 当X5接通（按下砂轮电动机M2启动按钮SB5），Y1接通自锁，砂轮电动机M2和冷却泵电动机M3启动。当X4接通（按下砂轮电动机M2停止按钮SB4），Y1断开，砂轮电动机M2和冷却泵电动机M3都停止。过载时，X14或X15断开，Y1断开，砂轮电动机M2和冷却泵电动机M3都停止。需要紧急停机时，X1断开，Y1断开，M2和M3都停止。

d. 当X6接通（按下砂轮升降电动机上升控制按钮SB6）时，Y2接通，砂轮上升。当松开SB6，X6断开，Y2断开，砂轮停止上升。表明砂轮上升为点动控制。需要紧急停机时，X1断开，Y2断开，砂轮停止上升。

e. 当X7接通（按下砂轮升降电动机下降控制按钮SB7）时，Y3接通。当松开SB7，X7断开，Y3断开。表明砂轮下降为点动控制。需要紧急停机时，X1断开，Y3断开，砂轮停止下降。

f. 当X10接通（按下电磁吸盘充磁按钮SB8），Y4接通，电磁吸盘充磁。当X11接通（按下电磁吸盘充磁停止按钮SB9），Y4断开，电磁吸盘退磁。需要紧急停机时，X1断开，Y4断开，电磁吸盘充磁停止。

g. 当X12接通（按下电磁吸盘去磁按钮SB10），Y5接通，电磁吸盘去磁。当X12断开（松开电磁吸盘去磁SB10），Y5断开，电磁吸盘去磁停止。需要紧急停机时，X1断开，Y5断开，电磁吸盘去磁停止。

③ 指令诠释　基本指令的含义见第 2 章相应指令诠释。

6.3.17　万能铣床的控制编程

（1）控制要求　用 PLC 实现万能铣床的控制。X62 型万能铣床的控制线路如图 6-55 所示。

其控制要求为：

① 万能铣床的拖动电动机三台，分别是主轴电动机 M1、进给电动机 M2 和冷却泵电动机 M3。其中进给电动机 M2 可正反转。

主轴电动机 M1 拖动主轴带动铣刀进行铣削加工，通过选择开关来实现正反转。用热继电器 FR1 作过载保护。

进给电动机 M2 通过操纵手柄和机械离合器的配合，拖动工作台前后、左右、上下 6 个方向的进给运动和快速移动，接触器 KM3、KM4 实现正反转。用热继电器 FR2 作过载保护。

冷却泵电动机 M3 供应切削液，且当 M1 启动后，用手动开关 SA3 控制接触器 KM6 来控制启动与停止。用热继电器 FR3 作过载保护。

② 启动前，扳动主轴电动机 M1 的正反转转换开关 SA4 控制主电动机 M1 的正反转。

主轴电动机 M1 的启动按钮 SB3 或 SB4 通过接触器 KM1 控制 M1 启动运转。

停止按钮 SB1 或 SB2 通过接触器 KM2 控制反接制动，使主轴迅速停转。

主轴电动机 M1 采用两地控制，便于操作。

③ 行程开关 SQ1 或 SQ2 通过接触器 KM4 或 KM3 控制进给电动机 M2 正转或反转，工作台向右或向左运动（因为 SQ1 或 SQ2 被压合时，已通过机械机构将电动机 M2 的传动链与工作台下面的左右进给丝杠搭合好）。

④ 行程开关 SQ3 通过接触器 KM4 控制电动机 M2 正转，带动着工作台向上或向后运动。

行程开关 SQ4 通过接触器 KM3 控制电动机 M2 反转，带动着工作台向下或向前运动。

⑤ 行程开关 SQ5 控制纵向自动循环控制。星形轮每转动一齿则 SQ5 轮流压动和复位一次。

⑥ 进给变速冲动行程开关 SQ6 使电动机 M2 产生瞬时点动，齿轮系统顺利啮合。

此时，四个行程开关 SQ1、SQ2、SQ3、SQ4 均未压下，操作手柄处于中间位置。

SQ7 是主轴变速点动控制行程开关。

⑦ 按钮 SB5 或 SB6 通过接触器 KM5 控制牵引电磁铁 YA 使进给电动机 M2 与进给丝杠直接搭合而带动工作台沿选定的方向快速移动。

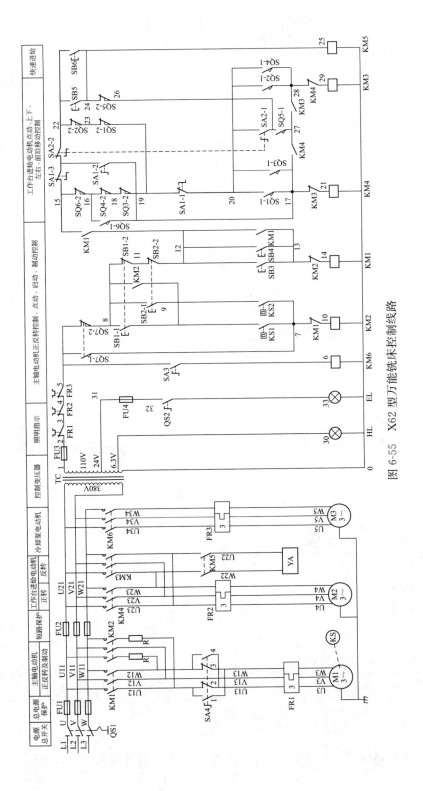

图6-55 X62型万能铣床控制线路

松开 SB5 或 SB6，快速移动停止。工作台的快速移动采用点动控制。

⑧ 进给联锁。两个操作手柄（一个左右进给手柄与一个上下前后进给手柄）被置定于某一个进给方向后，只能压下四个位置开关 SQ1、SQ2、SQ3、SQ4 中的一个开关，接通电动机 M2 正转或反转电路，同时通过机械机构将电动机的传动链与三根丝杠（左右丝杠、上下丝杠和前后丝杠）中的一根（只能是一根）丝杠搭合，拖动工作台沿选定的进给方向运动，锁住其他方向运动。

左右进给手柄与上下前后进给手柄实行了联锁控制，如当把左右进给手柄扳向左时，若又将另一个进给手柄扳到向下进给方向，则位置开关 SQ2 和 SQ4 均被压下，触头 SQ2-2 和 SQ4-2 均分断，断开了接触器 KM3 和 KM4 的通路，电动机 M2 只能停转，保证了操作安全。

⑨ 转换开关 SA 通过接触器 KM6 控制冷却泵电动机 M3 启停。

⑩ 转换开关 QS2 控制照明灯启停，放在硬件电路。

（2）程序设计

① I/O 的确定和分配　X62 型万能铣床的控制 I/O 分配如表 6-18 所示。

表 6-18　X62 型万能铣床的控制 I/O 分配表

输入元件		输出元件	
主轴电动机 M1 停止按钮 SB1、SB2	X0	M1 电动机控制接触器 KM1	Y0
主轴电动机 M1 启动按钮 SB3、SB4	X1	反接制动控制接触器 KM2	Y1
快速进给按钮 SB5、SB6	X2	向左、前、下接触器 KM3	Y2
向右进给控制行程开关 SQ1	X3	向右、后、上接触器 KM4	Y3
向左进给控制行程开关 SQ2	X4	快速进给控制接触器 KM5	Y4
向上、向后控制行程开关 SQ3	X5	冷却泵电动机控制接触器 KM6	Y5
向下、向前控制行程开关 SQ4	X6		
圆工作台快速进给控制行程开关 SQ5	X7		
进给变速冲动行程开关 SQ6	X10		
主轴变速冲动行程开关 SQ7	X11		
圆工作台选择开关 SA1	X12		
工作台自动快进给开关 SA2	X13		
冷却泵电动机 M3 控制开关 SA3	X14		
主轴电动机 M1 速度继电器 KS1、KS2	X15		
M1、M2、M3 过载保护 热继电器 FR1、FR2、FR3	X16		

② PLC 接线图　X62 型万能铣床的控制 PLC 硬件接线如图 6-56 所示。

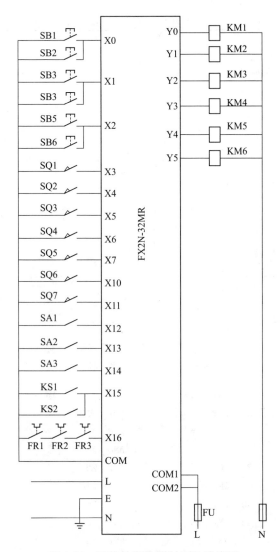

图 6-56　万能铣床的控制 I/O 接线图

③ 程序编写　编写控制梯形图如图 6-57 所示。

（3）编程指令诠释

① 语句表

0	LD	X1	1	OR	Y0	2	ANI	X0
3	ANI	X11	4	ANI	X16	5	ANI	Y1
6	OUT	Y0	7	LD	X0	8	OR	Y1
9	AND	X15	10	ANI	X11	11	OR	X11
12	ANI	X16	13	ANI	Y0	14	OUT	Y1
15	LD	Y0	16	AND	X10	17	LD	Y0
18	ANI	X10	19	ANI	X5	20	ANI	X6

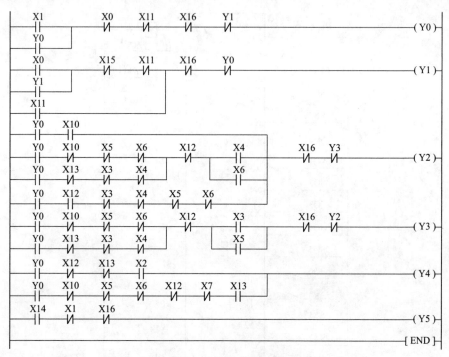

图 6-57　万能铣床的控制梯形图

21 LD Y0	22 ANI X13	23 ANI X3
24 ANI X4	25 ORB	26 ANI X12
27 LD X4	28 OR X6	29 ANB
30 ORB	31 LD Y0	32 AND X12
33 ANI X3	34 ANI X4	35 ANI X5
36 ANI X6	37 ORB	38 ANI X16
39 ANI Y3	40 OUT Y2	41 LD Y0
42 ANI X10	43 ANI X5	44 ANI X6
45 LD Y0	46 ANI X13	47 ANI X3
48 ANI X4	49 ORB	50 ANI X12
51 LD X3	52 OR X5	53 ANB
54 ANI X16	55 ANI Y2	56 OUT Y3
57 LD Y0	58 ANI X12	59 ANI X13
60 AND X2	61 LD Y0	62 ANI X10
63 ANI X5	64 ANI X6	65 ANI X12
66 ANI X7	67 AND X13	68 ORB
69 OUT Y4	70 LD X14	71 ANI X1
72 ANI X16	73 OUT Y5	74 END

② 程序解释

a. 启动前，扳动主轴电动机 M1 的正反转转换开关 SA4 控制主电动机 M1 的正反转。

b. 当 X1 接通（按下启动按钮 SB3 或 SB4），Y0 接通，接触器 KM1 接通，主轴电动机 M1 启动。

当 X0 接通（按下停止按钮 SB1 或 SB2），Y0 断开，接触器 KM1 断开；同时，由于速度继电器常开触点 KS1 或 KS2 已经闭合，故 Y1 接通，接触器 KM2 接通，主轴电动机串电阻反接制动而迅速停车，并且速度继电器常开触点断开，切断 KM2 的制动电源。

c. 当 X11 接通（变速冲动行程开关 SQ7 压合，点动），首先断开 X11 常闭触点，Y0 断开，然后在 X11 常开触点闭合瞬间，Y0 瞬间接通，主轴电动机 M1 瞬间点动，使齿轮系统产生一次抖动，以便于齿轮顺利啮合。

d. 当 X10 接通（压合行程开关 SQ6），首先断开 X10 常闭触点，Y1 断开，然后在 X10 常开触点闭合瞬间，Y1 瞬间接通，进给电动机 M2 瞬间点动，使齿轮系统产生一次抖动，以便于齿轮顺利啮合。

e. 当 X4 接通（压合行程开关 SQ2），Y2 接通，KM3 接通，进给电动机 M2 反转，拖动工作台向右移动。

当 X6 接通（压合行程开关 SQ4），Y2 接通，KM3 接通，进给电动机 M2 反转，拖动工作台向下（或向前）移动。

f. 当 X12 接通（压合圆工作台开关 SA1），KM3 接通，进给电动机 M2 反转 Y3 接通，KM4 接通，进给电动机 M2 正转，拖动圆工作台工作；同时当 X6 断开（行程开关 SQ4 松开），Y2 不能接通，所以圆工作台只能单向工作。

g. 当 X3 接通（压合行程开关 SQ1），Y3 接通，KM4 接通，进给电动机 M2 正转，拖动工作台向左移动。

当 X5 接通（压合行程开关 SQ3），Y3 接通，KM4 接通，进给电动机 M2 正转，拖动工作台向上（或向后）移动。

h. 当 X2 接通（按下按钮 SB5 或 SB6），Y4 接通，KM5 接通，牵引电磁铁 YA 通电，将电动机 M2 与进给丝杠直接搭合，带动工作台沿选定的方向快速移动。X2 断开（松开按钮 SB5 或 SB6），Y4 断开，KM5 断电，YA 断电，快速进给运动停止，工作台仍按原常速进给时的速度继续运动。

i. 当 X13 接通（SA2 接通），Y4 接通，KM5 接通，牵引电磁铁 YA 通电，工作台自动快速进给，至压合行程开关 SQ5，Y4 断开，KM5 断电，电磁铁 YA 断电释放。

j. 当 X14 接通（SA3 接通），Y5 接通，KM6 接通，冷却泵电动机启动工作。X14 断开（SA3 断开），Y5 断开，KM6 断电，冷却泵电动机停止。

③ 指令诠释　基本指令的含义见第 2 章相应指令诠释。

6.3.18　摇臂钻床的控制编程

（1）控制要求　用 PLC 实现摇臂钻床的控制。Z3050 型摇臂钻床电气控制线路如图 6-58 所示。

249

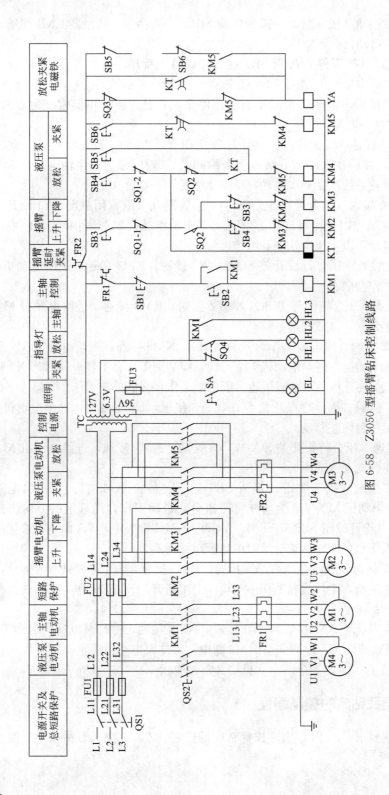

图 6-58 Z3050 型摇臂钻床控制线路

控制要求为：

① Z3050 型摇臂钻床由 4 台电动机拖动，分别是主轴电动机 M1、摇臂升降电动机 M2、液压泵电动机 M3、冷却泵电动机 M4。其中摇臂升降电动机 M2 和液压泵电动机 M3 可正反转。

② 主轴电动机 M1 由启动按钮 SB2 通过接触器 KM1 控制启动。

③ 按下按钮 SB3，液压泵电动机 M3 首先正转，放松摇臂，继而摇臂升降电动机 M2 正转，带动摇臂上升。当上升至要求高度时，松开 SB3，摇臂升降电动机 M2 停转，同时液压泵电动机 M3 反转，夹紧摇臂，完成摇臂上升控制过程。

④ 按下按钮 SB4，液压泵电动机 M3 首先正转，放松摇臂，继而摇臂升降电动机 M2 反转，带动摇臂下降。当下降至要求高度时，松开 SB4，摇臂升降电动机 M2 停转，同时液压泵电动机 M3 反转，夹紧摇臂，完成摇臂下降控制过程。

⑤ 按下按钮 SB5 时，接触器 KM5 通电闭合，液压泵电动机 M3 启动正向运转，立柱、主轴箱放松；按下按钮 SB6，接触器 KM5 通电闭合，液压泵电动机 M3 启动反向运转，立柱、主轴箱夹紧。

⑥ 冷却泵电动机由转换开关直接手动控制。

（2）程序设计

① I/O 的确定和分配　Z3050 型摇臂钻床的控制 I/O 分配如表 6-19 所示。

表 6-19　Z3050 型摇臂钻床的控制 I/O 分配表

输入元件		输出元件	
主轴电动机 M1 过载保护热继电器 FR1	X0	主轴电动机 M1 控制接触器 KM1	Y0
主轴电动机 M1 停止按钮 SB1	X1	摇臂升降电动机 M2 上升控制接触器 KM2	Y1
主轴电动机 M1 启动按钮 SB2	X2	摇臂升降电动机 M2 下降控制接触器 KM3	Y2
液压泵电动机热继电器 FR2	X3	液压泵电动机 M3 正转控制接触器 KM4	Y3
摇臂上升控制按钮 SB3	X4	液压泵电动机 M3 反转控制接触器 KM5	Y4
摇臂下降控制按钮 SB4	X5	放松夹紧电磁铁 YA	Y5
摇臂上升上限位行程开关 SQ1-1	X6		
摇臂下降下限位行程开关 SQ1-2	X7		
摇臂松开控制行程开关 SQ2	X10		
摇臂夹紧控制行程开关 SQ3	X11		
主轴箱、立柱放松控制按钮 SB5	X12		
主轴箱、立柱夹紧控制按钮 SB6	X13		

② PLC 接线图　Z3050 型摇臂钻床的控制 PLC 硬件接线如图 6-59 所示。

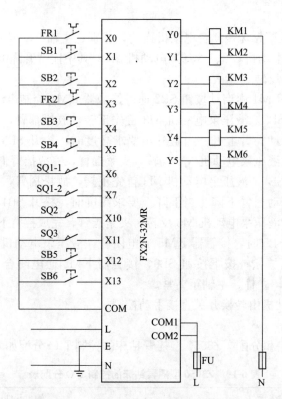

图 6-59   摇臂钻床的控制 I/O 接线图

③ 程序编写   编写控制梯形图如图 6-60 所示。

（3）编程指令诠释

① 语句表

0	LD	X2	1	OR	Y0	2	ANI	X0
3	ANI	X1	4	OUT	Y0	5	LD	X4
6	ANI	X6	7	LD	X5	8	ANI	X7
9	ORB		10	ANI	X3	11	OUT	M0
12	LD	M0	13	ANI	X10	14	OR	X12
15	ANI	X3	16	ANI	Y4	17	OUT	Y3
18	LD	X10	13	ANI	X5	14	AND	X4
21	AND	X3	16	ANI	Y2	17	OUT	Y1
24	LD	X10	25	ANI	X4	26	AND	X5
27	ANI	X3	28	ANI	Y1	29	OUT	Y2
30	LD	M3	31	OR	Y4	32	AND	X11
33	OR	X13	34	ANI	X3	35	ANI	Y3
36	OUT	Y4	37	LD	M0	38	ANI	X3
39	PLS	M1	40	LD	M1	41	OR	M2
42	ANI	T0	43	ANI	X3	44	OUT	M2

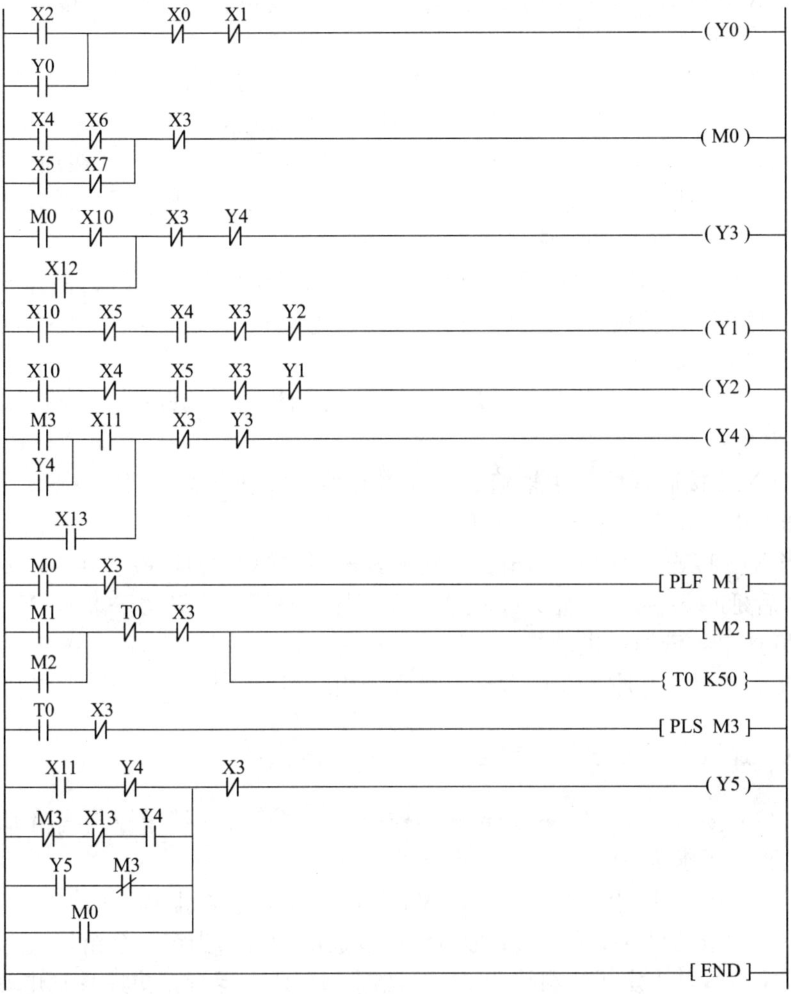

图 6-60　摇臂钻床的控制梯形图

45	OUT	T0	K50	48	LD	T0	49	ANI	X3
50	PLS	M3		51	LD	X11	52	ANI	Y4
53	LDI	M3		53	ANI	X13	54	AND	Y4
55	ORB			56	LD	Y5	57	ANI	M3
58	ORB			59	OR	M0	60	ANI	X3
61	OUT	Y5		62	END				

② 程序解释

a. 当 X2 接通（按下启动按钮 SB2），Y0 接通自锁，接触器 KM1 接通，主轴电动机 M1 启动。

b. 当 X1 接通（按下停止按钮 SB1），或者 X0 接通（主轴电动机过载）时，Y0 断开，接触器 KM1 断电，主轴电动机 M1 停止。

c. 在 X10 接通（压合摇臂松开行程开关 SQ2）的情况下，X4 接通（按下摇臂上升控制按钮 SB3），则 Y1 接通，接触器 KM2 通电，摇臂上升。

d. 在 X10 接通（压合摇臂松开行程开关 SQ2）的情况下，X5 接通（按下摇臂下降控制按钮 SB4），则 Y2 接通，接触器 KM3 通电，摇臂下降。

e. 当 X4 或 X5 接通（按下按钮 SB3 或 SB4），M0 接通，Y3 接通，KM4 通电，液压泵电动机 M3 正转，放松摇臂；同时，Y1（或 Y2）接通，摇臂升降电动机 M2 正转（或反转），带动摇臂上升（或下降）。

f. 当摇臂上升到压合行程开关 SQ1-1（或下降到压合 SQ1-2），松开 SB3（或 SB4），摇臂升降电动机 M2 停转；同时液压泵电动机 M3 反转，夹紧摇臂，完成摇臂上升（或下降）控制。

g. 当 X3 断开（M3 过载保护热继电器 FR2 动作），Y3 断开，接触器 KM4 断电，M3 停止。

h. 当 X12 接通（按下主轴箱、立柱夹紧控制按钮 SB5），Y4 接通，KM5 通电，液压泵电动机 M3 正转，夹紧松开。

i. 当 X13 接通（按下主轴箱、立柱夹紧控制按钮 SB6），或者在 X4 接通（按下 SB3）后延时 5s 后，并且 X11 接通（压下摇臂夹紧行程开关 SQ3），Y4 都会接通，KM5 通电，液压泵电动机 M3 反转，夹紧摇臂。

③ 指令诠释 基本指令的含义见第 2 章相应指令诠释。

6.3.19 卧式镗床的控制编程

（1）控制要求 用 PLC 实现镗床的控制。T68 型卧式镗床控制线路如图 6-61 所示，其控制要求为：

① T68 型卧式镗床由主轴电动机 M1 和快速移动电动机 M2 拖动。

其中主轴电动机 M1 为△-2Y 形接法的双速电动机，当定子绕组接成△形接法时 M1 低速运行，当定子绕组接成 2Y 接法时 M1 高速运行。快速移动电动机 M2 能正反转。

② 行程开关 SQ1 和 SQ2 为联锁保护行程开关，可防止在工作台或主轴箱自动快速进给时又将主轴箱或工作台进给手柄扳到自动快速进给的误操作。

③ 主轴电动机 M1 低速正转控制：将高、低速变速手柄扳到"低"速挡，行程开关 SQ9 断开，此时行程开关 SQ3、SQ4 被压合。当按下主轴电动机 M1 正转启动按钮 SB2，中间继电器 KA1 通电自锁，接触器 KM3 通电，接触器 KM1、KM4 通电，主轴电动机 M1 接成△形连接低速正转启动运行。当按下停止按钮 SB1，主轴电动机 M1 制动停止。

④ 主轴电动机 M1 低速反转控制：当按下反转启动按钮 SB3，中间继电器 KA2 通电自锁，接触器 KM3、KM2、KM4 通电，短接制动电阻 R，主轴电动机 M1 作△形连接而低速反转启动运行。按下停止按钮 SB1，主轴电动机 M1 制动停止。

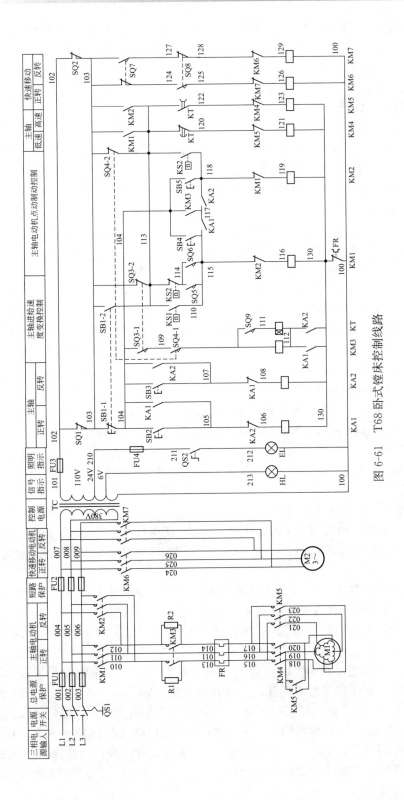

图 6-61 T68 卧式镗床控制线路

⑤ 主轴电动机 M1 高速正转控制：将高、低速变速手柄扳到"高速"挡位置，行程开关 SQ9 被压合。按下启动按钮 SB2，中间继电器 KA1 通电，接触器 KM3、时间继电器 KT 及接触器 KM4 通电，主轴电动机 M1 接成△形连接低速正转启动。时间继电器 KT 延时常闭触点断开，常开触点闭合，接触器 KM4 断电释放。同时接触器 KM5 接通，主轴电动机 M1 接成 2Y 形连接高速运转。按下停止按钮 SB1，主轴电动机 M1 制动停止。

⑥ 主轴电动机 M1 高速反转控制：将高、低速变速手柄扳到"高速"挡位置，行程开关 SQ9 被压合。当按下反转启动按钮 SB3，中间继电器 KA2 通电，接触器 KM2、时间继电器 KT 及接触器 KM4 通电，主轴电动机 M1 接成△形连接低速反转启动。时间继电器 KT 经延时常闭触点断开且常开触点闭合，接触器 KM4 断电释放。同时接触器 KM5 接通，主轴电动机 M1 接成 2Y 形连接高速运转。按下停止按钮 SB1，主轴电动机 M1 制动停止。

⑦ 主轴电动机 M1 正转制动控制：按下主轴电动机 M1 停止按钮 SB1，接触器 KM1 断电，接触器 KM2、KM4 通电，主轴电动机 M1 串电阻 R 反接制动。当转速下降至 100r/min 时，速度继电器正转常开触点 KS2 断开，切断接触器 KM2 反接制动电源，接触器 KM2、KM4 断电释放，主轴电动机 M1 正转反接制动结束。

⑧ 主轴电动机 M1 反转制动控制：按下主轴电动机 M1 停止按钮 SB1，接触器 KM2 断电，接触器 KM1、KM4 通电，主轴电动机 M1 串电阻 R 反接制动。当转速下降至 100r/min 时，速度继电器反转常开触点 KS1 断开，切断接触器 KM1 反接制动电源，接触器 KM1、KM4 断电释放，主轴电动机 M1 反转反接制动结束。

⑨ 主轴电动机 M1 点动控制：按下主轴电动机 M1 正转点动按钮 SB4，接触器 KM1 及 KM4 通电，电动机 M1 串电阻低速正转。松开 SB4，KM1 和 KM4 断电，M1 停止。故为点动控制。

当按下主轴电动机 M1 反转点动按钮 SB5，接触器 KM2、KM4 通电，主轴电动机 M1 串电阻 R 反转点动。松开 SB5，KM2 和 KM4 断电，M1 停止。故为点动控制。

⑩ 主轴变速控制：主轴变速时可直接拉出主轴变速操作盘的操作手柄进行，无需按下主轴电动机停止按钮。在主轴电动机 M1 运行过程中需要变速时（假如电动机 M1 反转，速度继电器 KS1 常开触点闭合），拉出主轴变速操作盘的操作手柄，SQ3 复位，接触器 KM3 断电，导致 KM2、KM5 断电，继而接触器 KM1、KM4 通电，主轴电动机 M1 串电阻 R 反转反接制动。在主轴电动机速度下降至 100r/min 时，KS1 常开触点断开，主轴电动机 M1 停转。

待转动变速操作盘选择新的转速后将操作手柄压回原位。若压回原位的过程中齿轮不能啮合，卡住手柄不能压下去时主轴变速冲动开关 SQ5 被压合，接触器 KM1 通电，导致 KM4 通电，主轴电动机 M1 低速正转。待转速达到 120r/min 时速度继电器 KS2 常闭触点断开，主轴电动机 M1 又停转。当转速减至 100r/min

时，速度继电器 KS2 常闭触点又复位闭合，主轴电动机 M1 又正转启动。如此反复直到新的变速齿轮啮合好，主轴变速手柄压回原位。此时行程开关 SQ5 松开，SQ3 被重新压下，接触器 KM3、KM2 和 KM5 通电，主轴电动机 M1 在新的转速下反转启动运行。

⑪ 进给电动机 M2 的控制：机床工作台的纵向和横向进给、主轴的轴向进给、主轴箱的垂直进给等快速移动都由电动机 M2 通过机械齿轮的啮合来实现。将快速手柄扳至快速正向移动位置，行程开关 SQ8 被压合，接触器 KM6 通电，进给电动机 M2 正转启动，带动各种进给正向快速移动。将快速手柄扳至反向位置时压下行程开关 SQ7，接触器 KM7 通电，进给电动机 M2 反向启动运转，带动各种进给反向快速移动。

⑫ 进给变速控制：进给变速控制与主轴变速控制基本相同，只不过拉压的手柄是进给变速操作手柄，将主轴变速控制中的行程开关 SQ3 换成 SQ4，而进给变速冲动的行程开关为 SQ6。

(2) 程序设计

① I/O 的确定和分配 T68 型卧式镗床的控制 I/O 分配如表 6-20 所示。

表 6-20 T68 型卧式镗床的控制 I/O 分配表

输入元件		输出元件	
主轴电动机 M1 过载保护热继电器 FR	X0	主轴电动机 M1 正转控制接触器 KM1	Y0
主轴电动机 M1 停止按钮 SB1	X1	主轴电动机 M1 反转控制接触器 KM2	Y1
主轴电动机 M1 正转启动按钮 SB2	X2	制动电阻 R 短接控制接触器 KM3	Y2
主轴电动机 M1 反转启动按钮 SB3	X3	主轴电动机 M1 低速控制接触器 KM4	Y3
主轴电动机 M1 正转点动按钮 SB4	X4	主轴电动机 M1 高速控制接触器 KM5	Y4
主轴电动机 M1 反转点动按钮 SB5	X5	快速移动电动机正转接触器 KM6	Y5
工作台、主轴箱进给操纵手柄联动行程开关 SQ1	X6	快速移动电动机反转接触器 KM7	Y6
主轴进给手柄、平旋盘刀具溜板进给操纵手柄联动行程开关 SQ2	X7		
主轴变速制动停止行程开关 SQ3	X10		
进给变速制动停止行程开关 SQ4	X11		
主轴变速冲动行程开关 SQ5	X12		
进给变速冲动行程开关 SQ6	X13		
快速移动反转行程开关 SQ7	X14		
快速移动正转行程开关 SQ8	X15		
主轴电动机高、低速转换行程开关 SQ9	X16		
主轴电动机反转控制速度继电器 KS1	X20		
主轴电动机正转控制速度继电器 KS2	X21		

② PLC 接线图　T68 型卧式镗床的控制 PLC 硬件接线如图 6-62 所示。

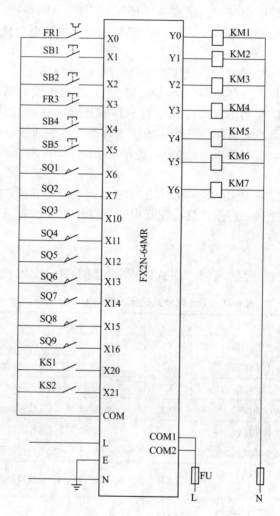

图 6-62　卧式镗床的控制接线图

③ 程序编写　编写控制梯形图如图 6-63 所示。

（3）编程指令诠释

① 语句表

0	LD	X2	1	OR	M1	2	LDI	X6
3	ORI	X7	4	ANB		5	ANI	X0
6	ANI	X1	7	ANI	M2	8	OUT	M1
9	LD	X3	10	OR	M2	11	LDI	X6
12	ORI	X7	13	ANB		14	ANI	X0
15	ANI	X1	16	ANI	M1	17	OUT	M2

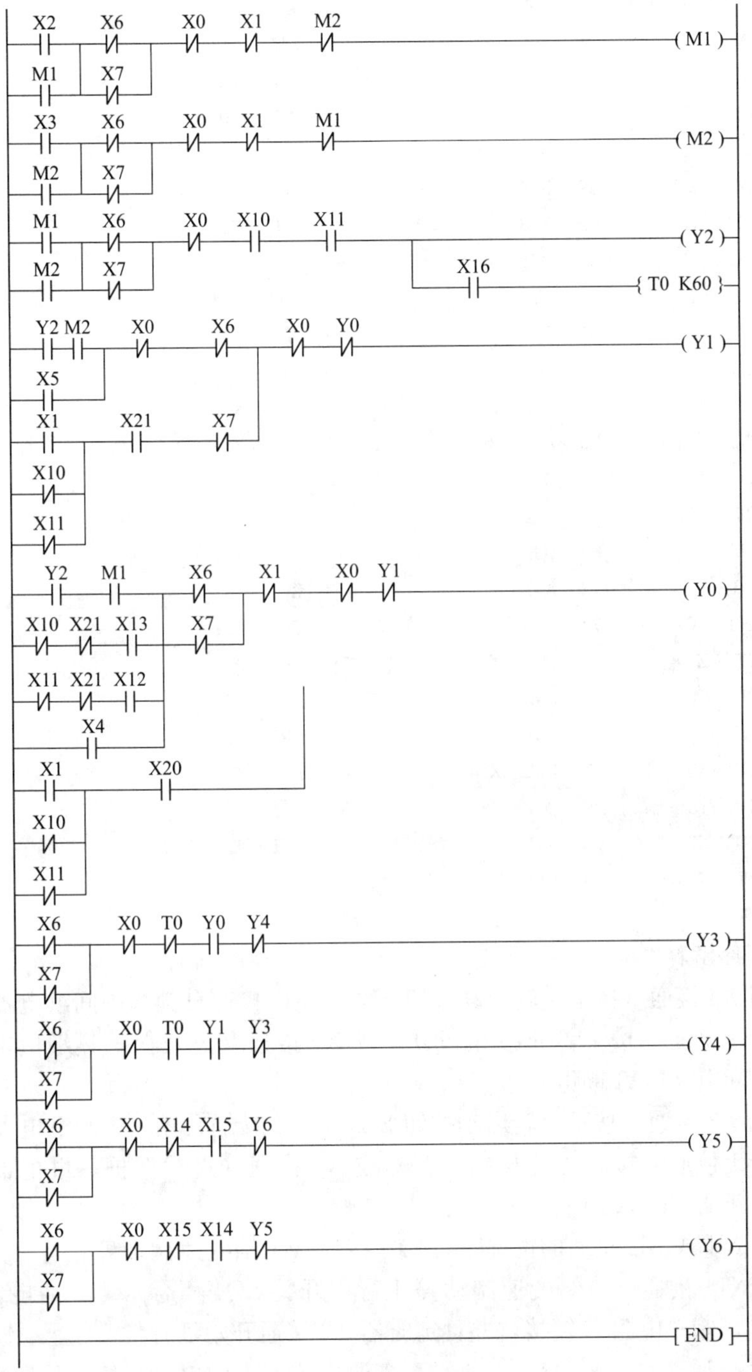

图 6-63 卧式镗床控制梯形图

18	LD	M1	19	OR	M2	20	LDI	X6
21	ORI	X7	22	ANB		23	ANI	X0
24	AND	X10	25	AND	X11	26	OUT	Y2
27	AND	X16	28	OUT	T0 K60	31	LD	Y2
32	AND	M2	33	OR	X5	34	ANI	X0
35	LD	X1	36	ORI	X10	37	ORI	X11
38	AND	X21	39	ORB		40	LDI	X6
41	ORI	X7	42	ANB		43	ANI	X0
44	ANI	Y0	45	OUT	Y1	46	LD	Y2
47	AND	M1	48	LDI	X10	49	ANI	X21
50	AND	X13	51	ORB		52	LDI	X10
53	ANI	X21	54	AND	X12	55	ORB	
56	OR	X4	57	LDI	X6	58	ORI	X7
59	ANB		60	ANI	X0	61	ANI	X1
62	LD	X1	63	ORI	X10	64	ORI	X11
65	AND	X20	66	ORB		67	ANI	X0
68	ANI	Y1	69	OUT	Y0	70	LDI	X6
71	ORI	X7	72	ANI	X0	73	ANI	T0
74	AND	Y0	75	ANI	Y4	76	OUT	Y3
77	LDI	X6	78	ORI	X7	79	ANI	X0
80	AND	T0	81	AND	Y1	82	ANI	Y3
83	OUT	Y4	84	LDI	X6	85	ORI	X7
86	ANI	X0	87	ANI	X14	88	AND	X15
89	ANI	Y6	90	OUT	Y5	91	LDI	X6
92	ORI	X7	93	ANI	X0	94	ANI	X15
95	AND	X14	96	ANI	Y5	97	OUT	Y6
98	END							

② 程序解释

a. 当 X2 接通（按下正转启动按钮 SB2），M1 接通自锁（中间继电器 KA1 接通）。当 X1 接通（按下停止按钮 SB1）或 X0 接通（过载保护热继电器 FR1 动作），M1 断电（KA1 断电）。

b. 当 X3 接通（按下反转启动按钮 SB3），M2 接通自锁（中间继电器 KA2 接通）。当 X1 接通（按下停止按钮 SB1）或 X0 接通（过载保护热继电器 FR1 动作），M2 断电（KA2 断电）。

c. 在 M1 或 M2 接通的情况下，X10 接通（主轴变速制动停止行程开关 SQ3 压合）且 X11 接通（进给变速制动停止行程开关 SQ4 压合），Y2 通电，接触器 KM3 通电，制动电阻 R 短接，并且定时器 T0 接通开始延时。

d. Y2 接通（M2 已经接通）或 X5 接通（按下主轴电动机 M1 反转点动按钮 SB5），或者 X1 接通（按下按钮 SB1）且 X21 已经接通（主轴电动机正转控制速度继电器 KS2 闭合），则 Y1 接通，接触器 KM2 通电，主轴电动机 M1 低速反转启动运行。

e. Y2 接通（M2 已经接通），或者 X12 接通（主轴变速冲动行程开关 SQ5 压合），或者 X13 接通（进给变速冲动行程开关 SQ6 压合），或者 X4 接通（按下主轴电动机 M1 正转点动按钮 SB4），则 Y0 接通，接触器 KM1 通电，主轴电动机 M1 低速正转启动运行。

f. 当 Y0 接通，且延时 6s 未到，则 Y3 接通，KM4 接通，主轴电动机 M1 低速启动。

g. 当 Y1 接通，且延时 6s 到达，则 Y4 接通，KM5 接通，主轴电动机 M1 高速运行。

h. 当 X15 接通（行程开关 SQ8 压合），Y5 接通，KM6 通电，快速移动电动机 M2 正转。

i. 当 X14 接通（行程开关 SQ7 压合），Y6 接通，KM7 通电，快速移动电动机 M2 反转。

③ 指令诠释　基本指令的含义见第 2 章相应指令诠释。

6.3.20　组合机床的控制编程

（1）控制要求　用 PLC 实现双面钻孔组合机床的控制。双面钻孔组合机床控制主电路如图 6-64 所示。

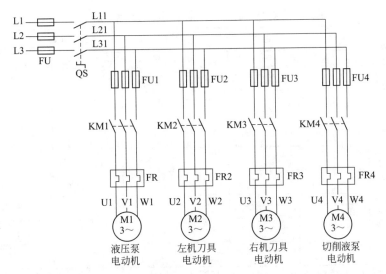

图 6-64　双面钻孔组合机床控制主电路

其控制要求为：

① 双面钻孔组合机床由液压泵电动机 M1、左机刀具电动机 M2、右机刀具电动机 M3 和切削液泵电动机 M4 拖动。

② 只有液压泵电动机启动运行，机床供油系统正常供油后，其他电动机才能

启动。

③ 双面钻孔组合机床的工作流程如图 6-65 所示。工作流程分为工件定位、工件夹紧、左右滑台快进、左右滑台工进、左右滑台快退、工件松开、拔定位销。

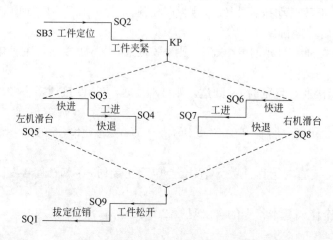

图 6-65 双面钻孔组合机床工作流程图

各工作流程由各电磁阀控制液压系统完成，各电磁阀的动作状态如表 6-21 所示。

表 6-21 组合机床电磁阀的动作状态表

加工流程	定位		夹紧		左机滑台			右机滑台			转换信号
	YV1	YV2	YV3	YV4	YV5	YV6	YV7	YV8	YV9	YV10	
工件定位	×										SB4
工件夹紧			×								SQ2
滑台快进			×		×		×	×		×	KP
滑台工进			×		×			×			SQ3、SQ6
滑台快退			×			×			×		SQ4、SQ7
工件松开				×							SQ5、SQ8
拔定位销		×									SQ9
停止											SQ1

注：×表示电磁阀线圈通电。

（2）程序设计

① I/O 的确定和分配 组合机床的控制 I/O 分配如表 6-22 所示。

② PLC 接线图 组合机床的控制 PLC 硬件接线如图 6-66 所示。

③ 程序编写 编写控制梯形图如图 6-67 所示。

表 6-22 组合机床的控制 I/O 分配表

输入元件		输出元件	
工件手动夹紧按钮 SB0	X0	工件夹紧指示灯	Y0
总停止按钮 SB1	X1	电磁阀 YV1	Y1
液压泵电动机 M1 启动按钮 SB2	X2	电磁阀 YV2	Y2
液压系统停止按钮 SB3	X3	电磁阀 YV3	Y3
液压系统启动按钮 SB4	X4	电磁阀 YV4	Y4
左刀具电动机点动按钮 SB5	X5	电磁阀 YV5	Y5
右刀具电动机点动按钮 SB6	X6	电磁阀 YV6	Y6
夹紧松开手动按钮 SB7	X7	电磁阀 YV7	Y7
左机快进点动按钮 SB8	X10	电磁阀 YV8	Y10
左机快退点动按钮 SB9	X11	电磁阀 YV9	Y11
右机快进点动按钮 SB10	X12	电磁阀 YV10	Y12
右机快退点动按钮 SB11	X13	液压泵电动机 M1 控制接触器 KM1	Y13
松开工件定位行程开关 SQ1	X14	左机刀具电动机 M2 控制接触器 KM2	Y14
工件定位行程开关 SQ2	X15	右机刀具电动机 M3 控制接触器 KM3	Y15
左机滑台快进结束行程开关 SQ3	X16	切削液泵电动机 M4 控制接触器 KM4	Y16
左机滑台工进结束行程开关 SQ4	X17		
左机滑台快退结束行程开关 SQ5	X20		
右机滑台快进结束行程开关 SQ6	X21		
右机滑台工进结束行程开关 SQ7	X22		
右机滑台快退结束行程开关 SQ8	X23		
工件夹紧原位行程开关 SQ9	X24		
工件夹紧压力继电器 KP	X25		
手动/自动选择开关 SA	X26		

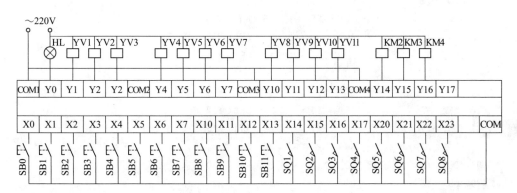

图 6-66 组合机床的控制接线图

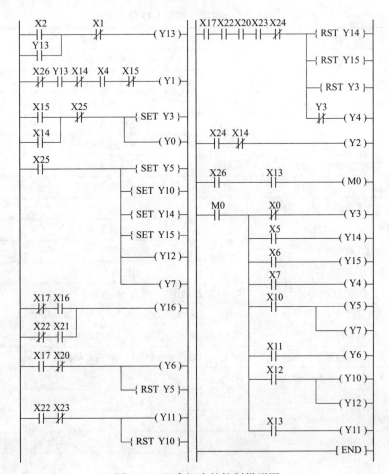

图 6-67　组合机床的控制梯形图

（3）编程指令诠释

① 语句表

0	LD	X2	1	OR	Y13	2	ANI	X1
3	OUT	Y13	4	LDI	X26	5	AND	Y13
6	ANI	X14	7	AND	X4	8	ANI	X15
9	OUT	Y1	10	LD	X15	11	OR	X14
12	ANI	X25	13	SET	Y3	14	OUT	Y0
15	LD	X25	16	SET	Y5	17	SET	Y10
18	SET	Y14	19	SET	Y15	20	SET	Y12
21	SET	Y7	22	LDI	X17	23	AND	X16
24	LDI	X22	25	AND	X21	26	ORB	
27	OUT	Y16	28	LDI	X17	29	ANI	X20
30	OUT	Y6	31	RST	Y5	32	LD	X22
33	ANI	X23	34	OUT	Y11	35	RST	Y10

36	LD	X17	37	AND	X22	38	AND	X20
39	AND	X23	40	ANI	X24	41	RST	Y14
42	RST	Y15	43	RST	Y3	44	ANI	Y3
45	OUT	Y4	46	LD	X24	47	ANI	X14
48	OUT	Y2	49	LD	X26	50	AND	X13
51	OUT	M0	52	LD	M0	53	MPS	
54	ANI	X0	55	OUT	Y3	56	MRD	
57	AND	X5	58	OUT	Y14	59	MRD	
60	AND	X6	61	OUT	Y15	62	MRD	
63	AND	X7	64	OUT	Y4	65	MRD	
66	AND	X10	67	OUT	Y5	68	OUT	Y7
69	MRD		70	AND	X11	71	OUT	Y6
72	MRD		73	AND	X12	74	OUT	Y10
75	OUT	Y12	76	MPP		77	AND	X13
78	OUT	Y11	79	END				

② 程序解释

a. 当 X2 接通（按下液压泵电动机 M1 启动按钮 SB2），Y13 接通自锁（接触器 KM1 通电），液压泵电动机 M1 启动运行。当 X1 接通（按下停止按钮 SB1），Y13 断电，M1 停止。

b. 在 Y13 接通 M1 启动的前提下，当 X4 接通（按下液压系统启动按钮 SB4），Y1 接通，电磁阀 YV1 通电，工件定位。当压合松开工件定位行程开关 SQ1（X14 接通）或者压合工件定位行程开关 SQ2（X15 接通），或者选择手动运行方式（手动/自动选择开关 SA 选择手动，X26 接通），Y1 断电。

c. 当 X14 接通（压合松开工件定位行程开关 SQ1）或 X15 接通（压合工件定位行程开关 SQ2），Y3 置位（电磁阀 YV3 通电），控制工件夹紧、滑台快进、滑台工进、滑台快退；并且 Y0 接通，工件夹紧指示灯亮。当工件夹紧压力继电器 KP 动作（X25 接通），Y0 断开。

d. X25 接通（工件夹紧压力继电器 KP 动作），Y5 置位，电磁阀 YV5 通电，控制左机滑台快进与滑台工进；且 Y10 置位，电磁阀 YV8 通电，控制右机滑台快进与滑台工进；且 Y14 置位，接触器 KM2 通电，左机刀具电动机 M2 启动运行；且 Y15 置位，接触器 KM3 通电，右机刀具电动机 M3 启动运行；且 Y12 接通，电磁阀 YV10 通电，控制右机滑台快进；且 Y7 接通，电磁阀 YV7 通电，控制左机滑台快进。

e. 当 X16 接通（左机滑台快进结束行程开关 SQ3 压合）或 X21 接通（右机滑台快进结束行程开关 SQ6 压合），Y16 接通，接触器 KM4 通电，切削液泵电动机 M4 启动运行。当左机滑台工进结束行程开关 SQ4 压合，X17 接通；或者右机滑台工进结束行程开关 SQ7 压合，X22 接通，Y16 断开。

f. 当 X17 接通（左机滑台工进结束行程开关 SQ4 压合），Y6 接通，电磁阀 YV6 通电，控制左机滑台快退；且 Y5 复位，电磁阀 YV5 断电，右机滑台快进与滑台工进停止。当右机滑台快退结束行程开关 SQ5 压合时，X20 断开，Y6 断电，电磁阀 YV6 断电，左机滑台快退停止。

g. 当 X22 接通（右机滑台工进结束行程开关 SQ7 压合），Y11 接通，电磁阀 YV9 通电，控制右机滑台快退；且 Y10 复位，电磁阀 YV8 断电，左机滑台快进与滑台工进停止。当左机滑台快退结束行程开关 SQ9 压合时，X23 断开，Y11 断电，电磁阀 YV9 断电，右机滑台快退停止。

h. 当 X17 接通（左机滑台工进结束行程开关 SQ4 压合），且 X22 接通（右机滑台工进结束行程开关 SQ7 压合），且 X20 接通（左机滑台快退结束行程开关 SQ5 压合），且 X23 接通（右机滑台快退结束行程开关 SQ8 压合），Y14、Y15、Y3 均复位，对应左机刀具电动机 M2 的控制接触器 KM2、右机刀具电动机 M3 的控制接触器 KM3、电磁阀 YV3 均断电，从而左机刀具电动机 M2 停止和右机刀具电动机 M3 停止及工件夹紧、滑台快进、滑台工进、滑台快退均停止。

而当 Y3 复位，Y4 接通，电磁阀 YV4 通电，夹紧装置将工件松开。

i. 当 X24 接通（工件夹紧原位行程开关 SQ9 压合），Y2 接通，电磁阀 YV2 通电，拔定位销。当松开工件定位行程开关 SQ1 压合，Y2 断开，电磁阀 YV2 断电，拔定位销停止。

j. 在 X26 接通（开关 SA 选手动）且 X13 接通（按下右机快退点动按钮 SB11）的前提下：

Y3 接通（电磁阀 YV3 通电），控制工件夹紧、滑台快进、滑台工进、滑台快退。

当按下左刀具电动机点动按钮 SB5（X5 接通），Y14 接通，接触器 KM2 通电，左机刀具电动机 M2 启动运行。

当按下右刀具电动机点动按钮 SB6（X6 接通），Y15 接通，接触器 KM3 通电，右机刀具电动机 M3 启动运行。

当按下夹紧松开手动按钮 SB7（X7 接通），Y4 接通，电磁阀 YV4 通电，控制工件松开。

当按下左机快进点动按钮 SB8（X10 接通），Y5 和 Y7 均接通，电磁阀 YV5 和 YV7 均通电，控制左机滑台快进和工进。

当按下左机快退点动按钮 SB9（X11 接通），Y6 接通，电磁阀 YV6 通电，左机滑台快退。

当按下右机快进点动按钮 SB10（X12 接通），Y10、Y12 接通，电磁阀 YV8、YV10 通电，控制右机滑台快进和工进。

当按下右机快退点动按钮 SB11（X13 接通），Y11 接通，YV9 通电，右机滑台快退。

③ 指令诠释　基本指令的含义见第 2 章相应指令诠释。

6.3.21　混凝土搅拌机的控制编程

（1）控制要求　用 PLC 实现混凝土搅拌机的控制。JZ150 型混凝土搅拌机控制线路如图 6-68 所示。

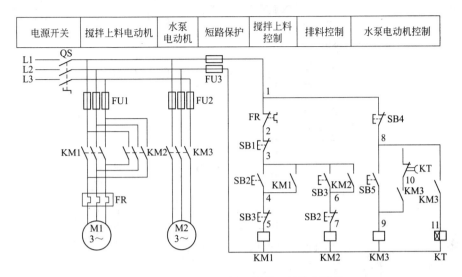

图 6-68　JZ 150 型混凝土搅拌机的控制线路

其控制要求为：

① 搅拌机由两台电动机拖动，分别是搅拌、上料电动机 M1 和水泵电动机 M2，M1 可正反转。

② 启动按钮 SB2 控制搅拌、上料电动机 M1 的正转启动，SB3 控制 M1 的反转启动，SB1 控制 M1 的停止。

③ SB5 控制水泵电动机的启动，SB4 控制 M2 的停止。

（2）程序设计

① I/O 的确定和分配　混凝土搅拌机的控制 I/O 分配如表 6-23 所示。

表 6-23　混凝土搅拌机的控制 I/O 分配表

输入元件		输出元件	
热继电器 FR	X0	搅拌、上料电动机 M1 的正转控制接触器 KM1	Y0
搅拌、上料电动机 M1 的停止按钮 SB1	X1	搅拌、上料电动机的 M1 反转控制接触器 KM2	Y1
搅拌、上料电动机 M1 的正转启动按钮 SB2	X2	水泵电动机 M2 的控制接触器 KM3	Y2
搅拌、上料电动机 M1 的反转启动按钮 SB3	X3		
水泵电动机的停止按钮 SB4	X4		
水泵电动机的启动按钮 SB5	X5		

② PLC 接线图　混凝土搅拌机的控制 PLC 硬件接线如图 6-69 所示。

③ 程序编写　编写控制梯形图如图 6-70 所示。

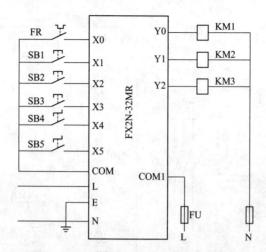

图 6-69　混凝土搅拌机的控制 I/O 接线图

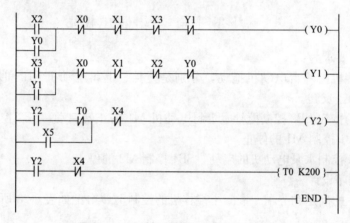

图 6-70　混凝土搅拌机的控制梯形图

（3）编程指令诠释

① 语句表

0	LD	X2	1	OR	Y0	2	ANI	X0
3	ANI	X1	4	ANI	X3	5	ANI	Y1
6	OUT	Y0	7	LD	X3	8	OR	Y1
9	ANI	X0	10	ANI	X1	11	ANI	X12
12	ANI	Y0	13	OUT	Y1	14	LD	Y2
15	ANI	T0	16	OR	X5	17	ANI	X4
18	OUT	Y2	19	LD	Y2	20	ANI	X4
21	OUT	T0	K200	22	END			

② 程序解释

a. 当 X2 接通（按下搅拌、上料电动机 M1 正转启动按钮 SB2），Y0 接通自锁，接触器 KM1 通电，搅拌、上料电动机 M1 正转启动运行。当 X1 接通（按下停止按钮 SB1)，或者 X0 接通（过载保护热继电器动作），Y0 断电，M1 停止。

b. 当 X3 接通（按下搅拌、上料电动机 M1 反转启动按钮 SB3），Y1 接通自锁，接触器 KM2 通电，搅拌、上料电动机 M1 反转启动运行。当 X1 接通（按下停止按钮 SB1)，或者 X0 接通（过载保护热继电器动作），Y1 断电，M1 停止。Y0 与 Y1 之间需要互锁。

c. 当 X5 接通（按下水泵电动机的启动按钮 SB5），Y2 接通自锁，接触器 KM3 通电，水泵电动机 M2 启动。当 X4 接通（按下水泵电动机 M2 的停止按钮 SB4），Y2 断电，M2 停止。

d. 在 Y2 接通时，定时器 T0 开始定时。达到定时设定值 20s 时，Y2 断电，M2 停止。

③ 指令诠释　基本指令的含义见第 2 章相应指令诠释。

6.3.22　龙门刨床的控制编程

(1) 控制要求　用 PLC 实现龙门刨床的控制。B2012A 型龙门刨床电气控制线路如图 6-71 所示。

其控制要求为：

① B2012A 型龙门刨床的拖动电动机有 9 台：直流发电机 G1 和励磁发电机 G2 的拖动电动机 M1、交磁扩大机 K 的拖动电动机 M2、通风机拖动电动机 M3、润滑泵电动机 M4、垂直刀架电动机 M5、右侧刀架电动机 M6、左侧刀架电动机 M7、横梁升降电动机 M8、横梁夹紧电动机 M9。

② 主拖动机电动机 M1 的控制：交流电动机 M1 拖动直流发电机 G1 和励磁发电机 G2 组成主拖动机组。主拖动机组控制电路位处图 6-71 (c) 中 33～39 区。按钮 SB2、SB1 控制交流电动机 M1 的启停。按下启动按钮 SB2，接触器 KM1、时间继电器 KT2、接触器 KMY 通电吸合，主拖动交流电动机 M1 接成 Y 形连接降压启动，直流励磁发电机 G2 利用剩磁开始发电。

交流电动机 M1 转速上升到接近额定转速时，励磁发电机 G2 发出的电压也升高接近至额定值。此时，断电延时时间继电器 KT1 吸合，时间继电器 KT1 常闭触点断开，常开触点闭合，为切断接触器 KMY 电源和接通 KM2 及 KM△的电源作好准备。

同时，通电延时型时间继电器 KT2 通电并经延时后动作，KT2 延时断开常闭触点断开，接触器 KMY 断电释放；KT2 的延时闭合常开触点闭合，接触器 KM2 通电，交流电动机 M2、M3 分别拖动交磁扩大机 K 和通风机工作。同时，接触器 KM△通电闭合，交流电动机 M1 接成△形连接全压运行，M1 拖动直流发电机 G1 和励磁发电机 G2 全速运行，主拖动机组启动结束。

③ 横梁的升降控制：首先松开夹紧在立柱上的横梁，然后使横梁上升或下降，最后加紧。注意横梁下降到所需的位置时需要作一个短暂的回升，以便消除丝杠和螺母间的间隙，保证横梁对工作台的平行度不超过允许误差。

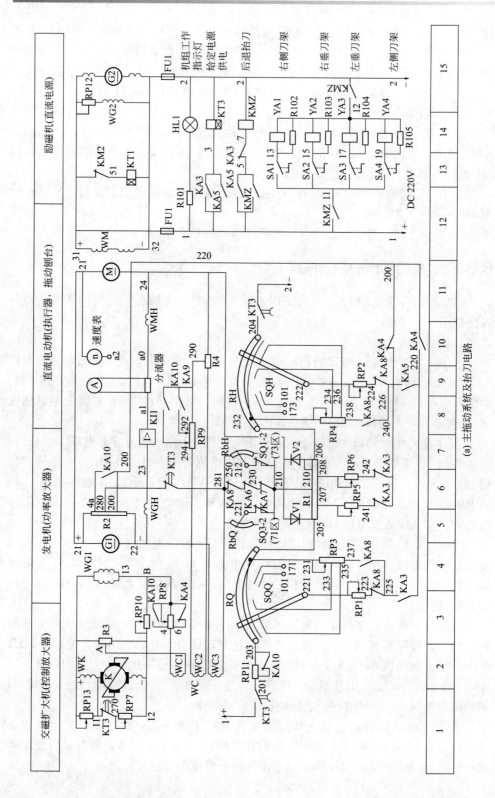

(a) 主拖动系统及抬刀电路

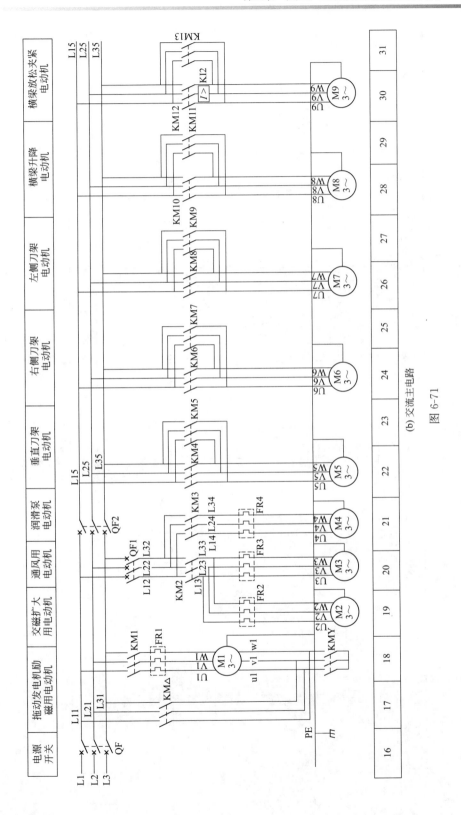

(b) 交流主电路

图 6-71

271

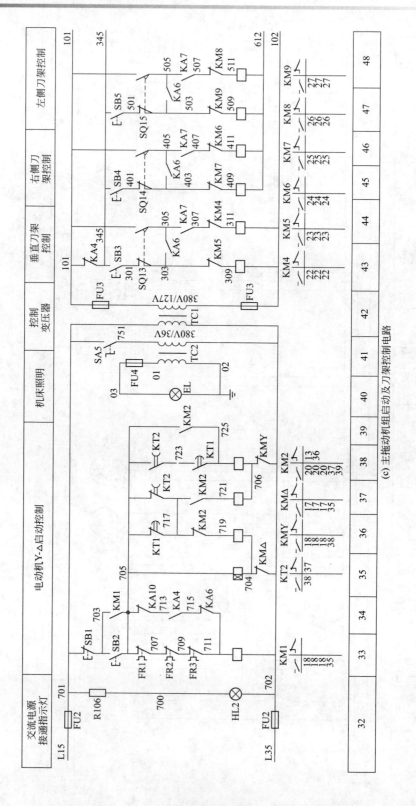

(c) 主拖动机组启动及刀架控制电路

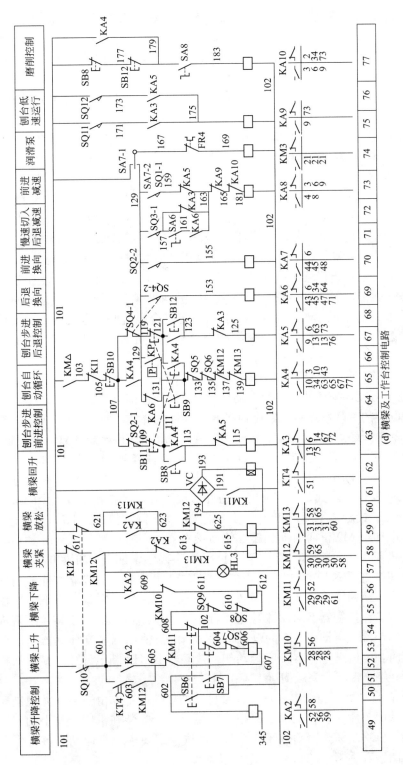

图 6-71 B2012A 型龙门刨床电气控制线路

(d) 横梁及工作台刨台控制电路

273

横梁的控制电路位处 49～62 区。SB6、SB7 为横梁升降启动按钮，装于左立柱上行程开关 SQ7 实现横梁上限保护，安装在横梁上的行程开关 SQ8 和 SQ9 实现下限保护，在横梁夹紧时压合的行程开关 SQ10 实现横梁放松及上升和下降动作。

横梁升降应在工作台停止时进行，只有在中间继电器 KA4 未通电时进行横梁升降。

a. 横梁的上升控制：按下横梁上升启动按钮 SB6，中间继电器 KA2 通电，接触器 KM13 通电自锁，交流电动机 M9 通电反转，控制横梁放松。

横梁放松后，行程开关 SQ10 的常闭触点断开而使接触器 KM13 失电释放，横梁放松夹紧电动机 M9 停止反转。而行程开关 SQ10 的常开触点闭合而接触器 KM10 通电闭合，接触器 KM11 断电，横梁升降电动机 M8 正转而带动横梁上升。待横梁上升到要求高度时，松开横梁上升启动按钮 SB6，KA2 失电释放，接触器 KM10 失电释放，横梁停止上升。接触器 KM12 通电，横梁放松夹紧电动机 M9 正转而使横梁夹紧。当横梁夹紧至一定程度时，行程开关 SQ10 松开为下次横梁升降作准备。因接触器 KM12 继续通电闭合，电动机 M9 继续正转，横梁进一步夹紧到电动机 M9 的电流增大到电流继电器 KI2 吸合电流时，电流继电器 KI2 吸合动作，接触器 KM12 失电释放，横梁放松夹紧电动机 M9 停止正转，横梁上升控制结束。

b. 横梁下降控制：按下横梁下降启动按钮 SB7，中间继电器 KA2 通电，接触器 KM13 通电自锁，横梁放松夹紧电动机 M9 反转而使横梁放松。当横梁放松后，行程开关 SQ10 的常闭触点断开，接触器 KM13 失电释放，M9 停止。同时，行程开关 SQ10 的常开触点闭合，接触器 KM11 通电吸合，而接触器 KM10 不会通电。横梁升降电动机 M8 反向运转，带动横梁下降。同时接触器 KM11 常闭触点断开而使接触器 KM10 断电，接触器 KM11 的常开触点闭合，断电延时时间继电器 KT4 通电。当横梁下降到要求高度时，松开横梁下降启动按钮 SB7，中间继电器 KA2 断电释放，接触器 KM11 断电释放，横梁停止下降。接触器 KM12 通电，横梁放松夹紧电动机 M9 正向启动运转，使横梁夹紧。同时接触器 KM10 通电，横梁升降电动机 M8 正向旋转，带动横梁上升。而接触器 KM11 的常开触点复位，断电延时时间继电器 KT4 断电释放，接触器 KM1 断电释放，横梁在作短暂的回升后停止上升。当横梁夹紧至一定程度时，行程开关 SQ10 复位，为下一次横梁升降控制作准备。接触器 KM12 继续通电闭合，电动机 M9 继续正转，随着横梁进一步的夹紧使流过电动机 M9 的电流增大。当电流值达到电流继电器 KI2 线圈的吸合电流时，电流继电器 KI2 吸合动作，接触器 KM12 断电释放，横梁放松夹紧电动机 M9 停止正转，完成横梁下降控制过程。

④ 工作台自动循环控制电路：工作台自动循环控制主要由安装在龙门刨床工作台侧面上的四个撞块 A、B、C、D 按一定规律撞击安装在机床床身上的四个行程开关 SQ1、SQ2、SQ3、SQ4 而控制工作台按预定要求进行运动。各行程开关的示意图如图 6-72 所示。

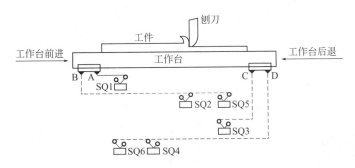

图 6-72 龙门刨床行程开关分布示意图

在主拖动机组已启动，直流电动机 M 已励磁，横梁已夹紧，油泵电动机 M4 已启动运行，压力继电器 KP 常开触点闭合，则工作台自动往返的控制电路准备好。

设工作台在初始位，行程开关压合使 SQ1-2、SQ2-1、SQ3-1、SQ4-2、SQ3-2、SQ4-1 断开。中间继电器 KA6 通电，KA6 常闭触点断开，使 RbQ 和 RbH 并联接入 WC3 绕组回路中；KA6 的常开触点闭合，中间继电器 KA8 通电，KA8 的常开触点闭合，接通 WC3 绕组的给定电压。

a. 慢速切入控制过程：按下工作台自动循环启动按钮 SB9，中间继电器 KA4 通电自锁。中间继电器 KA3 通电，时间继电器 KT3 通电而接通调速电位器 RQ 和 RH 的直流电源，且切断交磁扩大机欠补偿回路和发电机 G1 的自消磁回路，且为工作台低速运行做好准备。

中间继电器 KA4 的常开触点闭合，接通交磁扩大机控制绕组 WC3 的自动循环工作电路，为接通磨削控制做好准备。KA4 的常闭触点断开，切断了交磁扩大机控制绕组 WC3 的步进步退工作电路，并且 WC3 绕组回路励磁，RbQ 全部电阻并联 RbH 部分电阻。

慢速切入时交磁扩大机 WC3 绕组励磁通路如图 6-73 所示虚线回路。交磁扩大机 WC3 绕组中的励磁给定电压取自电阻 R1 上的电位差，交磁扩大机在励磁电压的作用下，输出电压迅速升高并达到稳定慢速时的数值，供给直流电动机 M 的励磁绕组 WM。工作台在直流电动机 M 的拖动下也迅速启动并达到稳定的慢速前进。

b. 工作台工进前进控制：工作台继续前进，安装在工作台上的撞块 D 撞击床身上的行程开关 SQ4，中间继电器 KA6 断电释放，中间继电器 KA8 断电释放，KA8 的动合触点复位断开而切断工作台的慢速回路，接通工作台工进时交磁扩大机 K 控制绕组 WC3 的励磁回路，工作台加速到由调速电位器 RQ 的手柄位置所决定的正常工作速度运行。

工作台工进时交磁扩大机 K 的励磁路径为：电源正极 1—RQ—RP1—KA3 常开触点—KA4 常开触点—R2—WC3—AK8 常闭触点—KA6 常闭触点—KA7 常闭

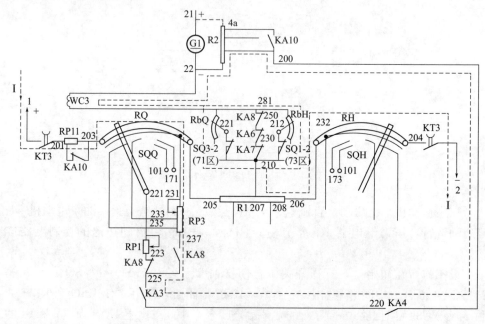

图 6-73　工作台慢速切入时交磁扩大机励磁路径

触点—R1—RH—电源负极 2。工作台工进时 G1 控制绕组 WC3 的励磁路径如图 6-74 所示（见图中虚线回路）。工进时加在交磁扩大机 K 控制绕组的给定电压可调得很小，因而工作台步进时的速度较低，有利于调整工作台的位置。

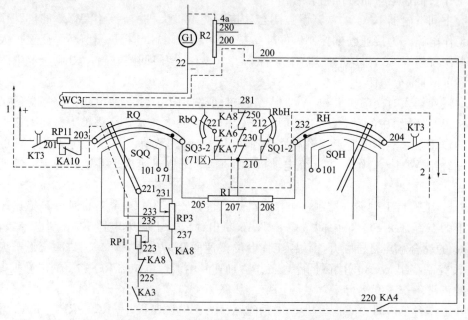

图 6-74　工作台工进时交磁扩大机励磁路径

调节工作台正向工进行程调速电位器 RQ，可调整工作台在工进时的速度。

工作台工进运动至适当位置时，工作台上的撞块 C 撞击行程开关 SQ3。

c. 工作台前进减速运动控制：当工作台在前进行程将结束，刀具将离开工件时，工作台上的撞块 A 撞击行程开关 SQ1。触点 SQ1-1 闭合，中间继电器 KA8 通电吸合，又接通工作台慢速控制电路（如图 6-73 所示），此时工作台慢速运行。一方面使刀具能慢速离开工件，避免工件边缘被刀具撕裂，同时又可使工作反向时比较平稳，减少反向时工作台的越位。

触点 SQ1-2 断开，将电位器 RbH 全部串接入交磁扩大机 K 控制绕组 WC3 中，以限制减速及反向过程中直流电动机 M 主回路中冲击电流过大，减小对传动机构的冲击等。

d. 工作台后退返回控制：当刀具离开工件，工作台前进行程结束时，工作台上撞块 B 撞击行程开关 SQ2，触点 SQ2-1 断开，触点 SQ2-2 闭合，使得中间继电器 KA3 断电释放，中间继电器 KA7 通电闭合。中间继电器 KA3 释放，K3 的常闭触点复位闭合，使中间继电器 KA5 通电，为工作台返回行程结束前工作台的降速做好了准备。中间继电器 KA8 断电释放，保证工作台以返回调速电位器 RH 的手柄位置所决定的高速返回，以减少工作台返回行程的时间。

KA5 的常开触点闭合与 KA8 的常闭触点配合，接通了交磁扩大机 K 控制绕组 WC3 的反向励磁回路，交磁扩大机 K 输出极性相反、电压较高的直流电源加在发电机 G1 的励磁绕组上，使发电机 G1 发出电压较高、极性相反的直流电源供给直流电动机 M，工作台迅速反向运行。

同时，中间继电器 KA5 的常开触点闭合，直流接触器 KMZ 通电闭合，KMZ 的常开出点闭合，接通相应的抬刀电磁铁 YA1～YA4。刀架在工作台返回行程时，自动抬起。

中间继电器 KA7 的常开触点闭合，接通相应的接触器，刀具自动进刀。

控制绕组 WC3 励磁路径：电源正极 1—KT3 延时断开常开触点—RP11—正向工进行程调速电位器 RQ—R1—RbH 并联 RbQ—WC3—R2—返回行程调速电位器 RH—KT3 延时断开常开触点—电源负极 2。工作台后退返回交磁扩大机 K 控制绕组 WC3 励磁通路如图 6-75 所示。

此时加在交磁扩大机 K 控制绕组 WC3 上极性相反的给定电压由从 210 号线与工作台后退调速电位器 RH 的 222 号线直接取出，应调整工作台以较高的速度返回。当工作台以较高速度返回时，工作台上的撞块 B 撞击床身上的行程开关 SQ2 使触点 SQ2-1 闭合，为接通工作台的正向运行做好准备。而触点 SQ2-2 断开使中间继电器 KA7 断电释放，KA7 的常闭触点复位闭合短接电阻 RbQ 和 RbH，KA7 的常开触点复位断开切断相应的接触器电源而使相应的拖动刀架电动机停止。工作台继续返回，其撞块 A 撞击床身上的行程开关 SQ1。

e. 工作台返回减速控制：当工作台返回行程即将结束时，工作台上撞块 C 撞击行程开关 SQ3 而使触点 SQ3-1 闭合，中间继电器 KA8 吸合。KA8 的动断触点

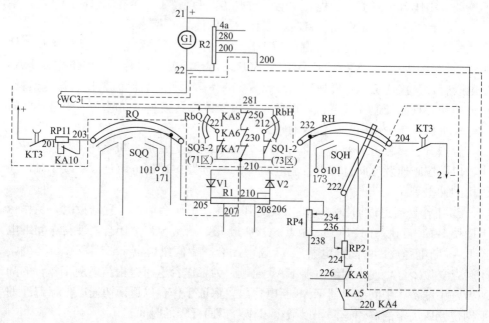

图 6-75 工作台后退时交磁扩大机励磁路径

断开，切断快速返回励磁回路，接通慢速返回励磁回路，工作台减速返回。工作台减速返回交磁扩大机 K 的控制绕组 WC3 的励磁通路不再赘述，请读者自行分析。

同理，工作台返回减速的目的也是为了使工作台在反向时平稳过渡。

f. 前进慢速控制：当工作台返回行程即将结束时，工作台上的撞块 D 撞击床身上的行程开关 SQ4。触点 SQ4-1 断开，中间继电器 KA5 断电释放，KA5 的常闭触点复位闭合，中间继电器 KA3 通电。KA3 的常开触点闭合，KA5 的常开触点复位断开。

行程开关 SQ4 触点 SQ4-2 闭合，中间继电器 KA6 通电，中间继电器 KA8 通电。

上述中间继电器 KA3、KA5、KA8 的触点动作，切断工作台慢速返回励磁回路，接通工作台慢速前进励磁回路，工作台反接制动并立即正向启动慢速运转，刀具又在工作台慢速前进时切入工件，开始第二次对工件的加工循环。如此往复，周而复始地进行工作台的自动循环。

⑤ 工作台步进步退控制：工作台的步进步退控制用于加工工件时调整机床工作台的位置。在主拖动机组启动完毕后，接触器 KM△ 常开触点闭合进行工作台步进和步退控制。

a. 工作台步进控制：按下工作台步进启动按钮 SB8，中间继电器 KA3 通电，KA3 的常开触点闭合，时间继电器 KT3 通电。KT3 的常闭触点断开而切断了交磁扩大机 K 的欠补偿回路和发电机的自消磁回路，KT3 的常开触点闭合而接通了控制绕组 WC3 的励磁回路。

励磁回路路径为：电源正极 1—KT3 常开触点—RP11—前进行程调速电位器 RQ—R1—RP5—KA5 常闭触点—KA4 常闭触点—R2—WC3—KA8 常闭触点—KA6 常闭触点—KA7 常闭触点—R1—后退行程调度电位器 RH—KT3 常开触点—电源负极 2。工作台步进时交磁扩大机 K 控制绕组 WC3 励磁回路如图 6-76 所示（见图中虚线回路）。加在交磁扩大机 K 控制绕组上的给定电压可以调得很小，故工作台步进时的速度较低，有利于调整工作台的位置。

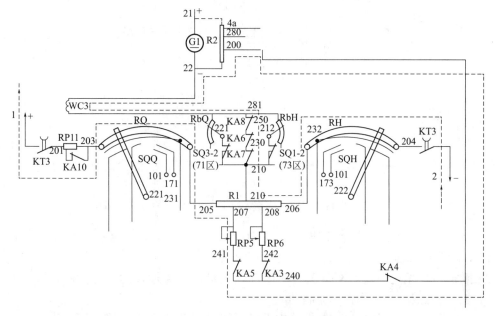

图 6-76　工作台步进时交磁扩大机励磁路径

松开工作台步进启动按钮 SB8，中间继电器 KA3 断电释放，断电延时型时间继电器 KT3 延时约 0.9s 后，KT3 的延时断开触点断开而切断交磁扩大机 K 控制绕组组 WC3 的给定电压，KT3 的延时闭合触点闭合而接通交磁扩大机 K 的补偿回路和发电机 G1 的自消磁回路，工作台迅速制动。

b. 工作台步退控制：按下工作台步退启动按钮 SB12，中间继电器 KA5 通电自锁。直流接触器 KMZ 通电闭合而使抬刀电磁铁动作，相应的刀架抬起。KA5 的常开触点闭合使时间继电器 KT3 通电，切断交磁扩大机 K 的欠补偿回路和发电机的消磁回路，且接通交磁扩大机 K 控制绕组 WC3 的励磁回路。励磁电压的大小与步进时差不多，但极性相反。

工作台步退时交磁扩大机 K 的励磁路径为：电源正极 1—KT3 常开触点—RP11—前进行程调速电位器 RQ—R1—KA7 常闭触点—KA6 常闭触点—KA8 常闭触点—WC3—R2—KA4 常闭触点—KA3 常闭触点—RP6—R1—后退行程调速电位器 RH—KT3 常开触点—电源负极 2。工作台步退时交磁扩大机 K 控制绕组 WC3 的励磁路径如图 6-77 所示（见图中虚线回路）。

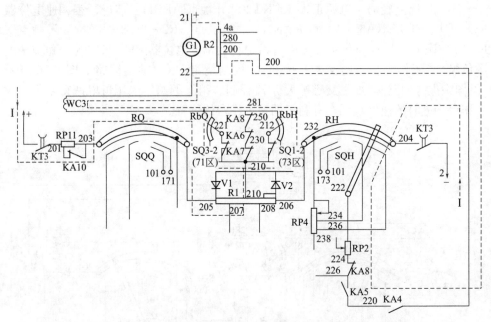

图 6-77　工作台步退时交磁扩大机 K 控制绕组 WC3 励磁路径

松开工作台步退启动按钮 SB12, 中间继电器 KA5 断电释放, 时间继电器 KT3 断电延时约 0.9s 后, KT3 的延时断开触点断开而切断交磁扩大机 K 的控制绕组 WC3 的给定电压, KT3 的延时闭合触点闭合而接通 K 的欠补偿回路和发电机的自消磁回路, 工作台迅速制动。

工作台的步进和步退控制电路中 RP5 为步进速度调节电位器, RP6 为工作台步退速度调节电位器, 调节它们的大小, 则可调节工作台步进或步退速度的快慢。

⑥ 工作台运动联锁保护控制:

a. 只有当主拖动机组已启动, 直流电动机 M 已励磁, 横梁已夹紧, 油泵电动机 M4 已启动运行, 且机床润滑油供应正常的情况下, 工作台才能启动运行。

b. 工作台前进与后退的联锁: 工作台自动循环前进启动按钮 SB9 所控制的中间继电器 KA3 与工作台自动循环后退启动按钮 SB11 所控制的中间继电器 KA5 两回路采用了双重联锁。

c. 工作台步进、步退与工作台自动循环的联锁: 当按下工作台步进或步退启动按钮 SB8 或 SB12 时, 中间继电器 KA4 不会通电, 保证了自动循环工作回路被切断; 而在工作台自动循环工作时, KA4 通电, 切断了步进步退工作回路, 仅接通了自动循环工作回路。

d. 横梁处在松紧过程时, 接触器 KM12 或接触器 KM13 的常开触点断开, 切断工作台自动循环控制回路, 工作台不能自动循环运行。

e. 直流电动机 M 电枢回路电流过大时, 中间继电器 KA1 动作, 电流继电器 KI1 的常闭触点断开, 切断工作台控制电路电源, 工作台停止运行。

f. 极限保护：当减速开关和换向行程开关失灵时，撞块撞击工作台前进终端行程开关 SQ5 或工作台后退终端行程开关 SQ6，工作台自动控制电路被切断，工作台立即停止运动。

⑦ 刀架控制：龙门刨床装有左侧刀架、右侧刀架和垂直刀架，分别由交流电动机 M7、M6、M5 拖动。各刀架可实现自动进给运动和快速移动运动，由装在刀架进刀箱上的机械手柄来控制。刀架的自动进给采用拨叉盘装置来实现，拨叉盘由交流电动机拖动，依靠改变旋转拨叉盘角度的大小来控制每次的进刀量，在每次进刀完成后，让拖动刀架的电动机反向旋转使拨叉盘复位，为第二次自动进刀作准备。

a. 自动进刀控制：扳动刀架进刀箱上的机械手柄，使得 43～48 区中的行程开关 SQ13、SQ14、SQ15 动作。选择 13 区中转换开关 SA1～SA4，将所需刀架抬刀转换开关扳至接通位。

启动机床，工作台按工作行程前进，刀具切入工件对工件加工。当刀具按正常行程离开工件时，工作台上的撞块 B 撞击床身上的行程开关 SQ2。触点 SQ2-2 闭合，中间继电器 KA7 通电，KA7 的动合触点闭合使接触器 KM5、KM7、KM9 通电吸合，垂直刀架电动机 M5、右侧刀架电动机 M6、左侧刀架电动机 M7 通电反转，拖动拨叉盘反转复位，为下次进刀做准备。

触点 SQ2-1 断开，中间继电器 KA3 断电释放。KA3 的常闭触点复位闭合，中间继电器 KA5 通电吸合。KA5 的动合触点闭合而使直流接触器 KMZ 通电自锁，KMZ 的常开触点闭合使所需抬刀电磁铁通电，刀架自动抬起。而工作台前进制动并迅速返回，工作台上的撞块 B 撞击行程开关 SQ2。触点 SQ2-2 断开而导致中间继电器 KA7 断电释放，KA7 的常开触点复位断开而切断相应的接触器电源，相应拖动刀架电动机停止反转。同时接触器 KM5、KM7、KM9 断电。

在工作台返回行程末端，工作台上撞块 D 撞击行程开关触点 SQ4。触点 SQ4-1 断开导致中间继电器 KA5 断电释放，KA5 的常闭触点复位闭合而使中间继电器 KA3 通电。KA3 的常闭触点断开，直流接触器 KMZ 断电释放，抬刀电磁铁断电释放而使刀架放下。触点 SQ4-2 闭合而导致中间继电器 KA6 通电，KA6 的动合触点闭合，接触器 KM4、KM6、KM8 通电，交流电动机 M5、M6、M7 正转，带动垂直刀架拨叉盘、右侧刀架拨叉盘和左侧刀架拨叉盘旋转，完成三个刀架的进刀。如此循环，直到工作台停止。

b. 刀架快移控制：刀架快移用于调整机床刀架位置。选择机械手柄而使相应刀架的行程开关 SQ13、SQ14 或 SQ15 压合，并按下刀架快移启动按钮 SB3、SB4 或 SB5。

c. 刀架控制联锁电路。

行程开关 SQ13、SQ14、SQ15 各自联锁触点实现刀架的快移和自动进给的联锁。

只有在中间继电器 KA4 断电释放，KA4 的常闭触点复位闭合，工作台自动循环运动停止时，才能进行刀架的快速移动。

（2）程序设计

① I/O 的确定和分配　龙门刨床的控制 I/O 分配如表 6-24 所示。

表 6-24　龙门刨床的控制 I/O 分配表

输入元件		输出元件	
热继电器 FR1～FR4	X0	发电机的拖动电动机 M1 的控制接触器 KM1	Y0
主拖动电动机 M1 停止按钮 SB1	X1	交磁扩大机拖动电动机 M2 与通风机拖动电动机 M3 的控制接触器 KM2	Y1
主拖动电动机 M1 启动按钮 SB2	X2	交流电动机 M1 星形启动接触器 KMY	Y2
垂直刀架控制按钮 SB3	X3	交流电动机 M1 三角形运行接触器 KM△	Y3
右侧刀架控制按钮 SB4	X4	润滑泵电动机 M4 的控制接触器 KM3	Y4
左侧刀架控制按钮 SB5	X5	垂直刀架电动机 M5 正转控制接触器 KM4	Y5
横梁上升启动按钮 SB6	X6	垂直刀架电动机 M5 反转控制接触器 KM5	Y6
横梁下降启动按钮 SB7	X7	右侧刀架电动机 M6 正转控制接触器 KM6	Y7
工作台步进启动按钮 SB8	X10	右侧刀架电动机 M6 反转控制接触器 KM7	Y10
工作台自动循环启动按钮 SB9	X11	左侧刀架电动机 M7 正转控制接触器 KM8	Y11
工作台自动循环停止按钮 SB10	X12	左侧刀架电动机 M7 反转控制接触器 KM9	Y12
工作台自动循环后退按钮 SB11	X13	横梁升降电动机 M8 正转控制接触器 KM10	Y13
工作台步进启动按钮 SB12	X14	横梁升降电动机 M8 反转控制接触器 KM11	Y14
工作台循环前进减速控制行程开关 SQ1	X15	横梁夹紧电动机 M9 正转控制接触器 KM12	Y15
工作台循环前进换向控制行程开关 SQ2	X16	横梁夹紧电动机 M9 反转控制接触器 KM13	Y16
工作台循环后退减速控制行程开关 SQ3	X17	工作台步进控制继电器 KA3	Y17
工作台循环后退换向控制行程开关 SQ4	X20	工作台自动循环控制继电器 KA4	Y20
工作台前进终端限位控制行程开关 SQ5	X21	工作台步进控制继电器 KA5	Y21
工作台后退终端限位控制行程开关 SQ6	X22	工作台后退换向继电器 KA6	Y22
横梁上升限位控制行程开关 SQ7	X23	工作台前进换向继电器 KA7	Y23
横梁下降限位控制行程开关 SQ8	X24	工作台前进减速继电器 KA8	Y24
横梁下降限位控制行程开关 SQ9	X25	工作台低速运行继电器 KA9	Y25
横梁放松动作控制行程开关 SQ10	X26	磨削控制继电器 KA10	Y26
工作台低速运行控制行程开关 SQ11	X27		
工作台低速运行控制行程开关 SQ12	X30		
自动进刀控制行程开关 SQ13	X31		
自动进刀控制行程开关 SQ14	X32		
自动进刀控制行程开关 SQ15	X33		
润滑泵电动机 M4 手动控制转换开关 SA7-1	X34		
润滑泵电动机 M4 自动控制转换开关 SA7-2	X35		
磨削控制转换开关 SA8	X36		
压力继电器 KP	X37		
过电流继电器 KI1	X40		
过电流继电器 KI2	X41		
时间继电器 KT1	X42		
手动控制转换开关 SA6	X43		

② PLC 接线图　龙门刨床的控制 PLC 硬件接线如图 6-78 所示。

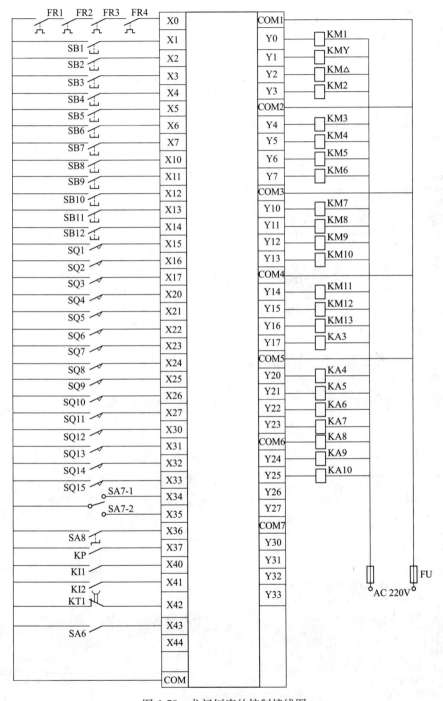

图 6-78　龙门刨床的控制接线图

③ 程序编写　编写控制梯形图如图 6-79 所示。

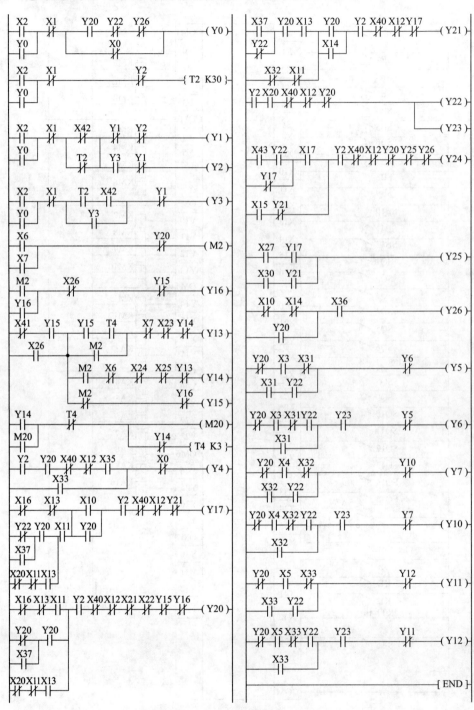

图 6-79　龙门刨床的控制梯形图

直流发电机 G1 和励磁发电机 G2 的拖动电动机 M1、交磁扩大机 K 的拖动电动机 M2、通风机拖动电动机 M3、润滑泵电动机 M4、垂直刀架电动机 M5、右侧刀架电动机 M6、左侧刀架电动机 M7、横梁升降电动机 M8、横梁夹紧电动机 M9。

（3）编程指令诠释

① 语句表

0	LD	X2	1	OR	Y0	2	ANI	X1			
3	LD	Y20	4	ANI	Y22	5	ANI	Y26			
6	ORI	X0	7	ANB		8	OUT	Y0			
9	LD	X2	10	OR	Y0	11	ANI	X1			
12	ANI	Y2	13	OUT	T2	K30	16	LD	X2		
17	OR	Y0	18	ANI	X1	19	LDI	X42			
20	ORI	T2	21	ANB		22	MPS				
23	ANI	Y1	24	ANI	Y2	25	OUT	Y1			
26	MPP		27	AND	Y3	28	ANI	Y1			
29	OUT	Y2	30	LD	X2	31	OR	Y0			
32	ANI	X1	33	LD	T2	34	AND	X42			
35	OR	Y3	36	ANB		37	ANI	Y1			
38	OUT	Y3	39	LD	X6	40	OR	X7			
41	ANI	Y20	42	OUT	M2	43	LD	M2			
44	OR	Y16	45	ANI	X26	46	ANI	Y15			
47	OUT	Y16	48	LDI	X41	49	AND	Y15			
50	OR	X26	51	MPS		52	LD	Y15			
53	AND	T4	54	OR	M2	55	ANB				
56	ANI	X7	57	ANI	X23	58	ANI	Y14			
59	OUT	Y13	60	MRD		61	AND	M2			
62	ANI	X6	63	ANI	X24	64	ANI	X25			
65	ANI	Y13	66	OUT	Y14	67	MPP				
68	ANI	M2	69	ANI	Y16	70	OUT	Y15			
71	LD	Y14	72	OR	M20	73	ANI	T4			
74	OUT	M20	75	ANI	Y14	76	OUT	T4	K3		
77	LD	Y2	78	AND	Y20	79	ANI	X40			
80	ANI	X12	81	AND	X35	82	OR	X33			
83	ANI	X0	84	OUT	Y4	85	LDI	X16			
86	ANI	X13	87	LDI	Y22	88	OR	X37			
89	AND	Y20	90	LDI	Y20	91	ANI	X11			
92	AND	X13	93	ORB		94	AND	X11			
95	ORB		96	LD	X10	97	OR	Y20			
98	ANB		99	AND	Y2	100	ANI	X40			
101	ANI	X12	102	ANI	Y21	103	OUT	Y17			
104	LDI	X16	105	ANI	X13	106	AND	X11			
107	LDI	Y20	108	OR	X37	109	AND	Y20			

110	ORB		111	LDI	X20	112	ANI	X11
113	AND	X13	114	ORB		115	AND	Y2
116	ANI	X40	117	ANI	X12	118	ANI	X22
119	ANI	Y15	120	ANI	Y16	121	OUT	Y20
122	LD	X37	123	ORI	Y22	124	AND	Y20
125	AND	X13	126	LDI	X32	127	ANI	X11
128	ORB		129	LD	Y20	130	OR	X14
131	ANB		132	AND	Y2	133	ANI	X40
134	ANI	X12	135	ANI	Y17	136	OUT	Y21
137	LD	Y2	138	ANI	X40	139	ANI	X12
140	ANI	Y20	141	AND	X20	142	OUT	Y22
143	LD	Y2	144	ANI	X40	145	ANI	X12
146	ANI	Y20	147	AND	X16	148	OUT	Y23
149	LD	X43	150	AND	Y22	151	ORI	X17
152	AND	X17	153	LD	X15	154	ANI	Y21
155	ORB		156	AND	Y3	157	ANI	X40
158	ANI	X12	159	ANI	Y20	160	ANI	Y25
161	ANI	Y26	162	OUT	Y24	163	LD	X27
164	AND	Y17	165	LD	X30	166	AND	Y21
167	OUT	Y25	168	LDI	X10	169	ANI	X14
170	OR	Y20	171	AND	X36	172	OUT	Y26
173	LDI	Y20	174	AND	X3	175	ANI	X31
176	LD	X31	177	AND	Y22	178	ANB	
179	ANI	Y6	180	OUT	Y5	181	LDI	Y20
182	AND	X2	183	ANI	X31	184	AND	Y22
185	OR	X31	186	AND	Y23	187	ANI	Y5
188	OUT	Y6	189	LDI	Y20	190	AND	X4
191	ANI	X32	192	LD	X32	193	AND	Y22
194	ORB		195	ANI	Y10	196	OUT	Y7
197	LDI	Y20	198	AND	X4	199	ANI	X32
200	AND	Y22	201	OR	X32	202	AND	Y23
203	ANI	Y7	204	OUT	Y10	205	LDI	Y20
206	AND	X5	207	ANI	X33	208	LD	X33
209	AND	Y22	210	ORB		211	ANI	Y12
212	OUT	Y11	213	LDI	Y20	214	AND	X5
215	ANI	X33	216	AND	Y22	217	OR	X33
218	AND	Y23	219	ANI	Y11	220	OUT	Y12
221	END							

② 程序解释

a. 当 X2 接通（按下主拖动电动机 M1 启动按钮 SB2），Y0 通电自锁（接触器 KM1 通电自锁）。Y1 接通自锁（KMY 接通），主拖动交流电动机 M1 接成 Y 形连接降压启动，直流励磁发电机 G2 利用剩磁开始发电。同时定时器 T2 接通开始定时。

注：X42 通常情况下已经动作（即常闭触点断开，常开触点闭合）。

定时到，T0 常闭触点断开，Y1 断电（KMY 断开）；T0 常开触点闭合，Y3 接通自锁（接触器 KM2 通电），交流电动机 M2、M3 分别拖动交磁扩大机 K 和通风机工作，且 Y2 接通（接触器 KM△ 通电闭合），交流电动机 M1 接成△形连接全压运行，M1 拖动直流发电机 G1 和励磁发电机 G2 全速运行，主拖动机组启动结束。

b. 当 X6 接通（按下横梁上升启动按钮 SB6），中间继电器 M2 接通（KA2 通电），Y16 接通自锁，接触器 KM13 通电自锁，交流电动机 M9 通电反转而控制横梁放松。当 X26 接通（行程开关 SQ10 压合），Y16 先断电释放（接触器 KM13 失电释放），横梁放松夹紧电动机 M9 停止反转。接着 Y13 接通（接触器 KM10 接通），交流电动机 M8 正转而带动横梁上升。

待横梁上升到要求高度时，松开按钮 SB6（X6 断开），M2 断电（KA2 断电释放），Y13 断电（接触器 KM10 断电释放），横梁停止上升。Y15 接通自锁（接触器 KM12 通电），横梁放松夹紧电动机 M9 正转而使横梁夹紧。夹紧到一定程度后行程开关 SQ10 松开（X26 断开）。因 Y15 自锁（接触器 KM12 继续通电），电动机 M9 继续正转，横梁进一步夹紧到电动机 M9 的电流增大，到电流继电器 KI2 吸合电流时电流继电器 KI2 吸合动作（X41 接通），Y15 断电（接触器 KM12 断电释放），横梁放松夹紧电动机 M9 停止正转，横梁上升控制结束。

c. 当 X7 接通（按下横梁下降启动按钮 SB7），中间继电器 M2 接通（KA2 通电），Y16 接通自锁，接触器 KM13 通电自锁，交流电动机 M9 通电反转而控制横梁放松。当 X26 接通（行程开关 SQ10 压合），Y16 先断电释放（接触器 KM13 失电释放），横梁放松夹紧电动机 M9 停止反转。接着 Y14 接通（接触器 KM11 接通），交流电动机 M8 反转而带动横梁下降。

当横梁下降到要求高度时，松开按钮 SB7（X7 断开），M2 断电（KA2 断电释放），Y14 断电（接触器 KM11 断电释放），横梁停止下降。Y14 复位使 T4 通电定时，定时到 Y13 接通（接触器 KM10 通电），横梁升降电动机 M8 正转而带动横梁上升。同时 Y15 接通自锁（接触器 KM12 通电），横梁放松夹紧电动机 M9 正转，使横梁夹紧。当横梁夹紧至一定程度时，行程开关 SQ10 复位（X26 断开），因 Y15 自锁（接触器 KM12 继续通电），电动机 M9 继续正转，横梁进一步夹紧到电动机 M9 的电流增大，到电流继电器 KI2 吸合电流时电流继电器 KI2 吸合动作（X41 接通），Y15 断电（接触器 KM12 断电释放），横梁放松夹紧电动机 M9 停止正转，横梁下降控制结束。

d. 当 X33 接通（行程开关 SQ15 压合），或 Y20 接通（工作台自动循环控制继电器 KA4 接通）且 X35 接通（润滑泵电动机 M4 自动控制转换开关 SA7-2 合上），Y4 接通（接触器 KM3 接通），油泵电动机 M4 控制，则工作台自动往返的控制电路准备好。

e. 当 X10 接通（按下工作台步进启动按钮 SB8），或者 X37 接通（压力继电器动作）与 Y20 接通（工作台自动循环控制继电器 KA4 接通）的前提下 X11 接通（按下工作台自动循环启动按钮 SB9），则 Y17 接通（工作台步进控制继电器 KA3 接通）。

当 X11 接通（按下工作台自动循环启动按钮 SB9），或者 X13 接通（工作台自动循环后退按钮 SB11），Y20 接通（工作台自动循环控制继电器 KA4 接通）自锁（X37 接通即压力继电器动作的前提下）。

当 X14 接通（按下工作台步进启动按钮 SB12），或者在工作台自动循环控制前提下当 X13 接通（按下工作台自动循环后退按钮 SB11），则 Y21 接通（工作台步进控制继电器 KA5 接通）。而在工作台自动循环控制（X11 接通即按下工作台自动循环启动按钮 SB9 或 X32 接通即自动进刀控制行程开关 SQ14 压合）时断开。

f. 当 X20 接通（工作台循环后退换向控制行程开关 SQ4 压合），则 Y22 接通（工作台后退换向继电器 KA6 接通）且 Y23 接通（工作台前进换向继电器 KA7 接通）。而工作台自动循环控制（Y20 接通即继电器 KA4 通电）或 X40 接通（过电流继电器 KI1 动作）时断开。

当 X15 接通（工作台循环前进减速控制行程开关 SQ1 压合），或者 X17 接通（工作台循环后退减速控制行程开关 SQ3 压合）和 Y22 接通（工作台后退换向继电器 KA6 接通）的前提下 X43 接通（手动控制转换开关 SA6 合上），则 Y24 接通（工作台前进减速继电器 KA8 接通）。

g. 当 X27 接通（工作台低速运行控制行程开关 SQ11 压合）且 Y17 接通（工作台步进控制继电器 KA3 接通），或者 X30 接通（工作台低速运行控制行程开关 SQ12 压合）且 Y21 接通（工作台步进控制继电器 KA5 接通），则 Y25 接通（工作台低速运行继电器 KA9 接通）。

当 X36 接通（磨削控制转换开关 SA8 合上），且工作台自动循环控制时，则 Y26 接通（磨削控制继电器 KA10 接通）。

h. 当 X3 接通（按下垂直刀架控制按钮 SB3），或者 X31 接通（自动进刀控制行程开关 SQ13 压合）且 Y22 已接通（工作台后退换向继电器 KA6），则 Y5 接通（接触器 KM4 接通），垂直刀架电动机 M5 正转，带动垂直刀架拨叉盘完成刀架的进刀。

当 X31 接通（自动进刀控制行程开关 SQ13 压合），或者在 Y22 接通（工作台后退换向继电器 KA6）的前提下 X3 接通（按下垂直刀架控制按钮 SB3），同时 Y23 接通（工作台前进换向继电器 KA7 接通），则 Y6 接通（接触器 KM5 通电），垂直刀架电动机 M5 反转，带动垂直刀架拨叉盘复位。

i. 当 X4 接通（按下右侧刀架控制按钮 SB4），或者在 Y22 接通（工作台后退换向继电器 KA6 接通）的前提下 X32 接通（自动进刀控制行程开关 SQ14 压合），则 Y7 接通（接触器 KM6），右侧刀架电动机 M6 正转，带动右侧刀架拨叉盘完成刀架的进刀。

当 X32 接通（自动进刀控制行程开关 SQ14 压合），或者在 Y22 接通（工作台后退换向继电器 KA6 接通）的前提下 X4 接通（按下右侧刀架控制按钮 SB4），同时 Y23 接通（工作台前进换向继电器 KA7 接通），则 Y10 接通（接触器 KM7），右侧刀架电动机 M6 反转，带动右侧刀架拨叉盘复位。

j. 当 X5 接通（按下左侧刀架控制按钮 SB5），或者在 Y22 接通（工作台后退换向继电器 KA6 接通）的前提下 X33 接通（自动进刀控制行程开关 SQ15 压合），则 Y11 接通（接触器 KM8 接通），左侧刀架电动机 M7 正转，带动左侧刀架拨叉盘完成刀架的进刀。

当 X33 接通（自动进刀控制行程开关 SQ15 压合），或者在 Y22 接通（工作台后退换向继电器 KA6 接通）的前提下 X33 接通（自动进刀控制行程开关 SQ15 压合），同时 Y23 接通（工作台前进换向继电器 KA7 接通），则 Y12 接通（接触器 KM9 接通），左侧刀架电动机 M7 反转，带动左侧刀架拨叉盘复位。

③ 指令诠释 基本指令的含义见第 2 章相应指令诠释。

6.3.23 剪板机的控制编程

（1）控制要求 应用 PLC 实现剪板机的控制。剪板机工作过程示意图如图 6-80 所示。

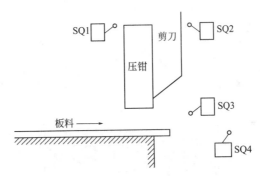

图 6-80 剪板机工作过程示意图

控制要求为：

① 剪板机工作初始状态时，压钳压合上限行程开关 SQ1，剪刀压合行程开关 SQ2。

② 按下启动按钮 SB2，板料右行，至压合右限位行程开关 SQ4 后，压钳下行压紧板料至压力继电器 KP 动作，剪刀下行剪料。

③ 剪断板料后，行程开关 SQ3 压合，压钳和剪刀上行至分别压合行程开关 SQ1 和 SQ2 后停止。

④ 继续下一周期的工作，直至自动完成 10 块料的剪断工作后，自动停止在初始状态。

（2）程序设计

① I/O 的确定和分配　剪板机的控制 I/O 分配如表 6-25 所示。

表 6-25　剪板机的控制 I/O 分配表

输入元件		输出元件	
启动按钮 SB	X0	板料右行电磁阀 YV1	Y0
压钳上限位行程开关 SQ1	X1	压钳下行电磁阀 YV2	Y1
剪刀上限位行程开关 SQ2	X2	剪刀下行电磁阀 YV3	Y2
剪刀到位行程开关 SQ3	X3	压钳上行电磁阀 YV4	Y3
板料到位行程开关 SQ4	X4	剪刀上行电磁阀 YV5	Y4
压力继电器 KP	X5		

② PLC 接线图　剪板机的控制 PLC 硬件接线如图 6-81 所示。

③ 程序编写　编写控制梯形图如图 6-82 所示。

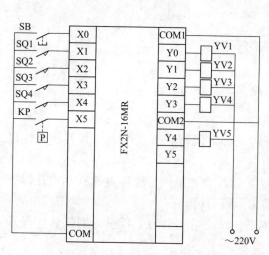

图 6-81　剪板机的控制接线图

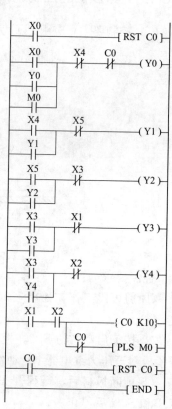

图 6-82　剪板机控制梯形图

（3）编程指令诠释

① 语句表

0	LD	X0	1	RST	C0	3	LD	X0
4	OR	Y0	5	OR	M0	6	ANI	X4
7	ANI	C0	8	OUT	Y0	9	LD	X4
10	OR	Y1	11	ANI	X5	12	OUT	Y1
13	LD	X5	14	OR	Y2	15	ANI	X3
16	OUT	Y2	17	LD	X3	18	OR	Y3
19	ANI	X1	20	OUT	Y3	21	LD	X3
22	OR	Y4	23	ANI	X2	24	OUT	Y4
25	LD	X1	26	AND	X2	27	OUT	C0 K10
30	ANI	C0	31	PLS	M0	32	LD	C0
33	RST	C0	35	END				

② 程序解释

a. 当 X0 接通（按下启动按钮 SB），则 Y0 通电自锁（电磁阀 YV1 接通），板料右行。当 X4 接通（板料到位行程开关 SQ4 压合），Y0 断电。

b. 当 X4 接通（板料到位行程开关 SQ4 压合），则 Y1 通电自锁（电磁阀 YV2 接通），压钳下行。当 X5 接通（压力继电器 KP 动作），Y1 断电，压钳停止。

c. 当 X5 接通（压力继电器 KP 动作），则 Y2 通电自锁（电磁阀 YV3 接通），剪刀下行。当 X3 接通（剪刀到位行程开关 SQ3 压合），Y3 断电，剪刀停止。

d. 当 X3 接通（剪刀到位行程开关 SQ3 压合），则 Y3 通电自锁（电磁阀 YV4 接通），压钳上行。当 X1 接通（压钳上限位行程开关 SQ1 压合），Y3 断电，压钳停止。

e. 当 X3 接通（剪刀到位行程开关 SQ3 压合），则 Y4 也通电自锁（电磁阀 YV5 接通），剪刀上行。当 X2 接通（剪刀上限位行程开关 SQ2 压合），Y4 断电，剪刀停止。

f. 当 X1 和 X2 都接通（压钳上限位行程开关 SQ1 和剪刀上限位行程开关 SQ2 都压合），则 M0 产生一个周期的脉冲。

g. 当 M0 接通，则 Y0 又通电自锁，回到初始状态，继续下一周期的工作。

h. 当 C0 达到设定值 K10，循环不能满足条件，控制结束，并且 C0 清零。

③ 指令诠释　基本指令的含义见第 2 章相应指令诠释。

6.3.24 圆台磨床数控系统应用定位模块的控制编程

（1）控制要求　圆台磨床的主要功能是磨削工件到指定厚度，立轴圆台平面磨床采用手动进刀，加工前须测量工件原始厚度，再根据要求算出需磨削的厚度，然后将工件加工。实际工件厚度不均，因而每次加工至少需对工件进行两次测量。

利用 FX2N-10GM 定位模块，FX2N 系列晶体管输出型可编程控制器，MR-J2S 交流伺服电动机组合，能对磨头的位置进行有效的控制，实现对磨头的自动进刀和快速返回，操作者只需一次输入工件的原始厚度，即可加工一批零件，加工完，圆电磁吸盘自动退出工作位。

（2）程序设计

① 控制要求分析　为更好地满足控制要求，采用触摸屏（F940GOT）输入、显示数据，利用定位模块 FX2N-10GM，通过三菱 FX2N-64MT 型 PLC 控制磨床的伺服电动机，以使磨床的磨头按照精度要求磨削加工工件。

FX2N-10GM 定位模块是三菱 FX2N 系列 PLC 的特殊功能模块，用于单轴数控，脉冲输出最大可达 200kbit/s。定位模块 FX2N-10GM 配置有 4 个输入点（X0～X3）和 6 个输出点（Y0～Y5），它们能连接到外部 I/O 设备。若 I/O 点数不够，可将定位模块 FX2N-10GM 与三菱 FX2N 型 PLC 配合使用。此时定位模块 FX2N-10GM 作为 PLC 的一种专用模块，三菱 FX2N 系列 PLC 最多能连接 8 个专用模块。

② I/O 的确定和分配　圆台磨床数控系统应用定位模块的控制 I/O 分配如表6-26 所示。

表 6-26　圆台磨床数控系统应用定位模块的控制 I/O 分配表

输入元件		输出元件	
启动按钮 SB	X0	板料右行电磁阀 YV1	Y0
压钳上限位行程开关 SQ1	X1	压钳下行电磁阀 YV2	Y1
剪刀上限位行程开关 SQ2	X2	剪刀下行电磁阀 YV3	Y2
剪刀到位行程开关 SQ3	X3	压钳上行电磁阀 YV4	Y3
板料到位行程开关 SQ4	X4	剪刀上行电磁阀 YV5	Y4
压力继电器 KP	X5		

③ PLC 接线图　圆台磨床数控系统定位模块和伺服装置之间的接线如图 6-83 所示。

④ 程序编写

a. 单位体系　根据工艺要求，零点是所有其他位点的参考点，必须确保其精度。零点位置是通过行程开关来确定的，当磨头碰到行程开关（近点信号）前端时，为了精确定位，磨头立刻减至爬行速度，当零点信号计数达到 5 时，磨头停止移动，零点定位完成。

如图 6-84 所示，控制系统采用的单位体系是机械与电动机体系，速度参数以脉冲为基本单位，在定位软件中设定电动机回零速度为 50000Hz，爬行速度为 1000Hz。设定速度单位为 1000 脉冲/转，相应的回零速度为 50rad/s，爬行速度为 1rad/s。通过上述参数设定可使电动机在低速（爬行速度）时检测零位脉冲来完成定位，提高准确度。

b. 圆台自动退的程序　为了实现圆台在磨削完成后自动退出的工艺要求，选用三菱定位模块 FX2N-10GM 中的定位结束信号（此信号在定位结束后的当前位置始终为 1）。当计数器 C0 检测到第一个定位结束信号上升沿时置位，定时器 T20

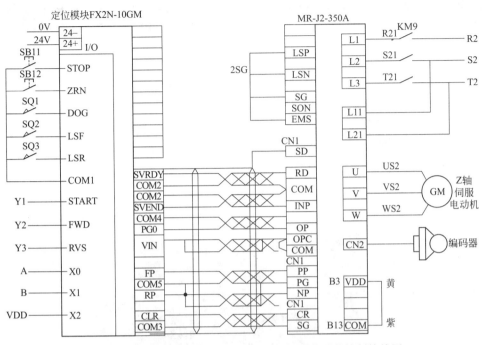

图 6-83 圆台磨床数控系统定位模块和伺服装置的控制接线图

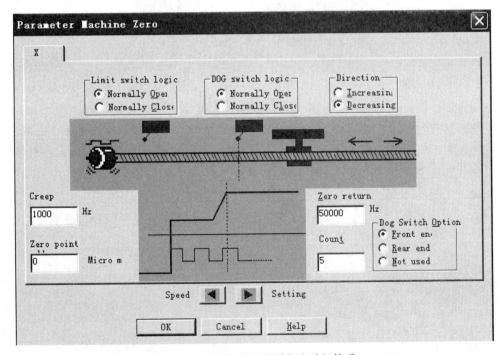

图 6-84 控制系统的机械与电动机体系

开始计时而设定时间（精磨抛光时间，可根据实际需要调整，本程序设定为 8s）
到时发出圆台退的信号。完成换工件后，按下圆台进按钮时计数器 C0 复位，重新
进行计数，如图 6-85、图 6-86 所示。

图 6-85　圆台自动退程序框图

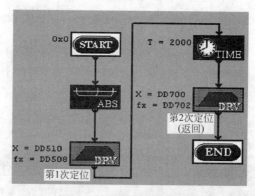

图 6-86　圆台自动退梯形图

c. 互锁程序　磨床在实际工作中许多动作需要采用互锁来保证正常运转。例
如圆台旋转前须先上磁，圆台进和圆台退不能同时进行而应互锁，磨头在工作时
不能碰到圆台等。在程序中通过设定磨头返回高度（工件原始厚度加上 12mm）
来保证磨头在工件之上安全返回，以避免操作不当而使磨头碰到圆台面。各种限
位的互锁在此不再赘述。互锁程序如图 6-87 所示。

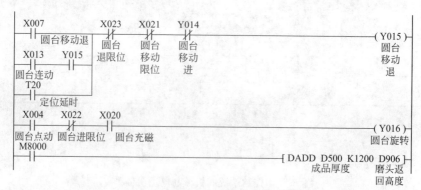

图 6-87　互锁梯形图

（3）语句表

0	LD	X0	1	RST	C0	
3	LD	X0				
4	OR	Y0	5	OR	M0	
6	ANI	X4				
7	ANI	C0	8	OUT	Y0	
9	LD	X4				
10	OR	Y1	11	ANI	X5	
12	OUT	Y1				
13	LD	X5	14	OR	Y2	
15	ANI	X3				
16	OUT	Y2	17	LD	X3	
18	OR	Y3				
19	ANI	X1	20	OUT	Y3	
21	LD	X3				
22	OR	Y4	23	ANI	X2	
24	OUT	Y4				
25	LD	X1	26	AND	X2	
27	OUT	C0	K10			
30	ANI	C0	31	PLS	M0	
32	LD	C0				
33	RST	C0	35	END		

6.3.25　居室安全系统的控制编程

（1）控制要求　设计居室安全的 PLC 控制系统。居室主人外出期间，利用居室灯光等设备的运行使盗窃者产生错觉而达到居室安全的目的。设计 4 个居室的百叶窗在白天打开而晚上关闭，居室的照明在晚上 7～11 点轮流点亮 1h。这样让人产生一种居室有人在家的感觉。

PLC 控制系统在居室主人外出时早上 7 点启动。

（2）程序设计

① I/O 的确定和分配　居室安全系统的控制 I/O 分配如表 6-27 所示。

表 6-27　居室安全系统的控制 I/O 分配表

输入元件		输出元件	
百叶窗光电开关（白天接通晚上断开）B	X0	居室 1 百叶窗上升继电器 KA1	Y0
居室 1 百叶窗上限位行程开关 SQ1	X1	居室 1 百叶窗下降继电器 KA2	Y1
居室 1 百叶窗下限位行程开关 SQ2	X2	居室 2 百叶窗上升继电器 KA3	Y2
启动按钮 SB	X3	居室 2 百叶窗下降继电器 KA4	Y3
居室 2 百叶窗上限位行程开关 SQ3	X4	居室 3 百叶窗上升继电器 KA5	Y4
居室 2 百叶窗下限位行程开关 SQ4	X5	居室 3 百叶窗下降继电器 KA6	Y5
居室 3 百叶窗上限位行程开关 SQ5	X6	居室 4 百叶窗上升继电器 KA7	Y6
居室 3 百叶窗下限位行程开关 SQ6	X7	居室 4 百叶窗下降继电器 KA8	Y7
居室 2 百叶窗上限位行程开关 SQ7	X10	居室 1 照明灯 EL1	Y10
居室 2 百叶窗下限位行程开关 SQ8	X11	居室 2 照明灯 EL2	Y11
		居室 3 照明灯 EL3	Y12
		居室 4 照明灯 EL4	Y13

② PLC 接线图　居室安全系统的控制 I/O 接线如图 6-88 所示。

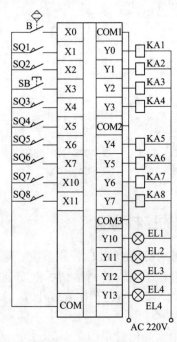

图 6-88　居室安全系统的控制 I/O 接线图

③ 程序编写　编写控制梯形图如图 6-89 所示。

（3）编程指令诠释

① 语句表

0	LD	X0	1	ANI	X1	3	ANI	Y1
4	OUT	Y0	5	LDI	X0	6	ANI	X2
7	ANI	Y0	8	OUT	Y1	9	LD	X0
10	ANI	X4	11	ANI	Y3	12	OUT	Y2
13	LDI	X0	14	ANI	X5	15	ANI	Y2
16	OUT	Y3	17	LD	X0	18	ANI	X6
19	ANI	Y5	20	OUT	Y4	21	LDI	X0
22	ANI	X7	23	ANI	Y4	24	OUT	Y5
25	LD	X0	26	ANI	X10	27	ANI	Y7
28	OUT	Y6	29	LDI	X0	30	ANI	X11
31	ANI	Y6	32	OUT	Y7	33	LD	X3
34	OR	M0	35	OR	C3	36	ANI	M1
37	OUT	M0	38	LD	X3	39	OR	C0
40	OR	M1	41	RST	C0	42	LD	M0
43	AND	M8002	44	OUT	C0　K1800	47	LD	C0
48	OUT	C1　K22	51	LD	M1	52	RST	C1
53	LD	C1	54	OR	M1	55	ANI	M14

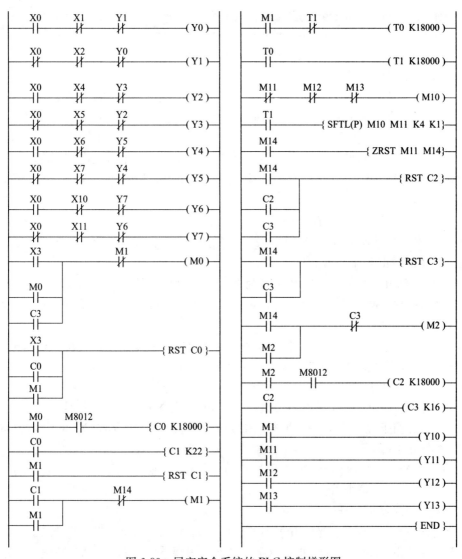

图 6-89 居室安全系统的 PLC 控制梯形图

56	OUT	M1		57	LD	M1		58	ANI	T1	
59	OUT	T0	K1800	62	LD	T0		63	OUT	T1	K1800
66	LDI	M1		67	ANI	M12		68	AMI	M13	
69	OUT	M10		70	LD	T1		71	SFTL	M10 M11 K4 K1	
80	LD	M14		81	ZRST	M11 M14		86	LD	M14	
87	OR	C2		88	OR	C3		89	RST	C2	
91	LD	M14		92	OR	C3		93	RST	C3	
95	LD	M14		96	OR	M2		97	ANI	C3	
98	OUT	M2		99	LD	M2		100	AND	M8002	
101	OUT	C2	K1800	104	LD	C2		105	OUT	C3	K16

108	LD	M1	109	OUT	Y10	110	LD	M11
111	OUT	Y11	112	LD	M12	113	OUT	Y12
114	LD	M13	115	OUT	Y13	116	END	

② 程序解释

a. 当 X0 接通（百叶窗光电开关 B 白天接通），则 Y0 通电（继电器 KA1 接通），居室 1 百叶窗上升。当 X1 接通（上限位行程开关 SQ1 压合），Y0 断电，居室 1 百叶窗停止上升。

当 X0 断开（百叶窗光电开关 B 晚上断开），则 Y1 通电（继电器 KA2 通电），居室 1 百叶窗下降。当 X2 接通（下限位行程开关 SQ2 压合），Y1 断电，居室 1 百叶窗停止下降。

b. 当 X0 接通（百叶窗光电开关 B 白天接通），则 Y2 通电（继电器 KA3 接通），居室 2 百叶窗上升。当 X4 接通（上限位行程开关 SQ3 压合），Y2 断电，居室 2 百叶窗停止上升。

当 X0 断开（百叶窗光电开关 B 晚上断开），则 Y3 通电（继电器 KA4 通电），居室 2 百叶窗下降。当 X5 接通（下限位行程开关 SQ4 压合），Y3 断电，居室 2 百叶窗停止下降。

c. 当 X0 接通（百叶窗光电开关 B 白天接通），则 Y4 通电（继电器 KA5 接通），居室 3 百叶窗上升。当 X6 接通（上限位行程开关 SQ5 压合），Y4 断电，居室 3 百叶窗停止上升。

当 X0 断开（百叶窗光电开关 B 晚上断开），则 Y5 通电（继电器 KA6 通电），居室 3 百叶窗下降。当 X7 接通（下限位行程开关 SQ6 压合），Y5 断电，居室 3 百叶窗停止下降。

d. 当 X0 接通（百叶窗光电开关 B 白天接通），则 Y6 通电（继电器 KA7 接通），居室 4 百叶窗上升。当 X10 接通（上限位行程开关 SQ7 压合），Y6 断电，居室 4 百叶窗停止上升。

当 X0 断开（百叶窗光电开关 B 晚上断开），则 Y7 通电（继电器 KA8 通电），居室 4 百叶窗下降。当 X11 接通（下限位行程开关 SQ8 压合），Y7 断电，居室 4 百叶窗停止下降。

e. 当 X3 接通（按下启动按钮 SB），或者 C3 接通，则 M0 接通自锁。

当 X3 接通（按下启动按钮 SB），或者 C0 接通，或者 M1 接通，则 C0 复位。

f. 当 M0 接通，每隔 0.1s（M8012 控制）向 C0 进一个脉冲。

当 C0 达到设定值（K18000），向 C1 进一个脉冲。当 M1 接通，则 C1 复位。

当 C1 接通，则 M1 接通自锁。而当 M14 接通时，M1 断开。

g. 当 M1 接通，则 T0 通电开始定时。当 T0 定时达到，则 T1 通电开始定时。当 T1 定时达到，则 T0 断电，构成振荡电路。

h. 在 M11、M12、M13 都断开时，M10 接通，作为移位的种子。只要 M11、M12、M13 有一个接通，M10 就断开，种子灭掉。

在 T1 触点每接通一次，将 M10 的值向 M11、M12、M13、M14 四位软元中左移一位。

当 M14 接通，或者 C2 或 C3 达到设定值，则 C2、C3 就复位。

当 M14 接通，则 M2 接通自锁。

i. 当 M14 接通，每隔 0.1s（M8012 控制）向 C2 进一个脉冲。

当 C2 达到设定值（K18000），向 C3 进一个脉冲。

j. 当 M1 接通，Y10 接通，居室 1 照明灯 EL1 接通。

当 M11 接通，Y11 接通，居室 2 照明灯 EL2 接通。

当 M12 接通，Y12 接通，居室 3 照明灯 EL3 接通。

当 M13 接通，Y13 接通，居室 4 照明灯 EL4 接通。

③ 指令诠释　基本指令的含义见第 2 章相应指令诠释。功能指令的含义见第 4 章相应指令诠释。

6.3.26　遥控玩具车的控制编程

（1）控制要求　利用 PLC 控制玩具车，玩具车用遥控器控制。控制要求为：

遥控动作过程为发出启动命令、小车启动、直线前进 2m、右转弯 90°、短距离直行、短时停止、短距离后退、左转弯 90°、直线后退 2m、停车及翻斗抬升卸料与翻斗下降复位、直线前进 2m、左转弯 90°、短距离直行、短时停止、短距离后退、右转弯 90°、直线退回原位。以上过程重复执行，直到发出停止指令而停止于原位。

（2）程序设计

① I/O 的确定和分配　遥控玩具车的控制 I/O 分配如表 6-28 所示。

表 6-28　遥控玩具车的控制 I/O 分配表

输入元件		输出元件	
停止按钮 SB1	X0	前进继电器 KA1	Y0
启动按钮 SB2	X1	后退继电器 KA2	Y1
		翻斗抬升继电器 KA3	Y2
		翻斗下降继电器 KA4	Y3
		右转弯继电器 KA5	Y4
		左转弯继电器 KA6	Y5

② PLC 接线图　遥控玩具车的控制 I/O 接线如图 6-90 所示。

③ 程序编写　编写控制梯形图如图 6-91 所示。

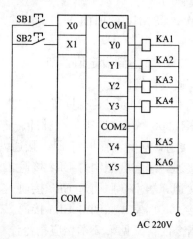

图 6-90　遥控玩具车的控制 I/O 接线图

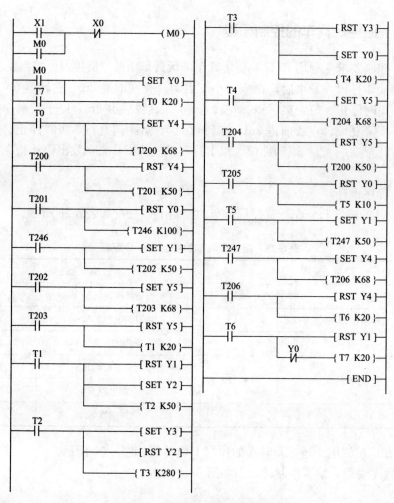

图 6-91　遥控玩具车的控制梯形图

（3）编程指令诠释

① 语句表

0	LD	X0	1	OR	M0	2	ANI	X1	
3	OUT	M0	4	LD	M0	5	OR	T7	
6	SET	Y0	7	OUT	T0	K20	10	LD	T0
11	SET	Y4	12	OUT	T200	K68	15	LD	T200
16	RST	Y4	17	OUT	T201	K50	20	LD	T201
21	RST	Y0	22	OUT	T246	K100	25	LD	T246
26	SET	Y1	27	OUT	T202	K50	30	LD	T202
31	SET	Y5	32	OUT	T203	K68	35	LD	T203
36	RST	Y5	37	OUT	T1	K20	40	LD	T1
41	RST	Y1	42	SET	Y2	43	OUT	T2	K50
46	LD	T2	47	SET	Y3	48	RST	Y2	
49	OUT	T3	K280	52	LD	T3	53	RST	Y3
54	SET	Y0	55	OUT	T4	K20	58	LD	T4
59	SET	Y5	60	OUT	T204	K68	63	LD	T204
64	RST	Y5	65	OUT	T205	K50	68	LD	T205
69	RST	Y0	70	OUT	T5	K10	73	LD	T5
74	SET	Y1	75	OUT	T247	K50	78	LD	T247
79	SET	Y4	80	OUT	T206	K68	83	LD	T206
84	SET	Y4	85	OUT	T207	K13	88	LD	T207
89	RST	Y4	90	OUT	T6	K20	93	LD	T6
94	RST	Y1	95	ANI	Y0	96	OUT	T7	K20
99	END								

② 程序解释

a. 当 X1 接通（按下启动按钮 SB2），则 M0 通电自锁，即发出启动命令系统开始工作。

当 X0 接通（按下停止按钮 SB1），则 M0 断电，系统停止工作。

b. 当 M0 接通后，则 Y0 置位（前进继电器 KA1 置位），小车直线前进，T0 开始定时 2s。

c. 当 T0 定时到，则 Y4 置位（右转弯继电器 KA5 置位），小车右转弯 90°。同时 T200 开始定时 0.68s。

当 T200 定时到，则 Y4 复位断电（右转弯继电器 KA5 断电），小车停止右转弯。同时 T201 开始定时 0.5s，小车短距离直行前进（因为 Y0 还在置位，即前进继电器 KA1 继续置位）。

d. 当 T201 定时到，则 Y0 复位（继电器 KA1 断电），小车停止短距离直线前进。同时 T246 开始定时 0.1s，即小车短时停止。

当 T246 定时到，则 Y1 置位（后退继电器 KA2 置位），同时 T202 开始定时 0.5s。小车短距离后退。

e. 当 T202 定时到，则 Y5 置位（左转弯继电器 KA6 置位），小车左转弯 90°。

同时 T203 开始定时 0.68s。

当 T203 定时到，则 Y5 复位断电（左转弯继电器 KA6 断电），小车停止左转弯。同时 T1 开始定时 2s，小车短距离直行后退（因为 Y1 还在置位，即后退继电器 KA2 继续置位）。

f. 当 T1 定时到，则 Y1 复位（继电器 KA2 断电），小车停止短距离直线后退。同时 Y2 置位（翻斗抬升继电器 KA3 置位），且 T2 开始定时 0.5s，即小车短时停止及翻斗抬升卸料。

当 T2 定时到，则 Y2 复位，且 Y3 置位（翻斗下降继电器 KA4 置位），翻斗下降。同时 T3 开始定时 28s。

g. 当 T3 定时到，Y3 复位，翻斗停止下降。且 Y0 置位（前进继电器 KA1 置位），小车直线前进，T4 开始定时 2s。

当 T4 定时到，则 Y5 置位（左转弯继电器 KA6 置位），小车左转弯 90°。同时 T204 开始定时 0.68s。

h. 当 T204 定时到，则 Y5 复位断电（左转弯继电器 KA6 断电），小车停止左转弯。同时 T5 开始定时 0.5s，小车短距离直行前进（因为 Y0 还在置位，即前进继电器 KA1 继续置位）。

当 T205 定时到，则 Y0 复位（继电器 KA1 断电），小车停止短距离直线前进。同时 T5 开始定时 0.1s，即小车短时停止。

i. 当 T5 定时到，则 Y1 置位（后退继电器 KA2 置位），同时 T247 开始定时 0.5s。小车短距离后退。

当 T247 定时到，则 Y4 置位（右转弯继电器 KA5 置位），小车右转弯 90°。同时 T206 开始定时 0.68s。

当 T206 定时到，则 Y4 复位断电（右转弯继电器 KA5 断电），小车停止右转弯。同时 T6 开始定时 2s，小车直行后退（因为 Y1 还在置位，即后退继电器 KA2 继续置位）。

j. 当 T6 定时到，则 Y1 复位（继电器 KA2 断电），小车直线退回原位停止。同时 T7 开始定时 2s。当 T7 定时到，又使 Y0 置位，重复执行以上过程，直到发出停止指令而停止。

③ 指令诠释　基本指令的含义见第 2 章相应指令诠释。功能指令的含义见第 4 章相应指令诠释。

6.3.27　摩天轮的控制编程

（1）控制要求　设计控制摩天轮的 PLC 控制程序。摩天轮示意图如图 6-92 所示。

控制要求为：

① 摩天轮也叫天塔，可以绕着中心轴正反转。

② 当按下启动按钮，摩天轮启动旋转。

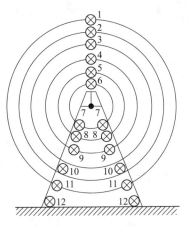

图 6-92　摩天轮示意图

③ 各路彩灯 12、11、10、9、8、7 从下至上每隔 0.5s 顺序点亮。

④ 接着，各路环圆彩灯 6、5、4、3、2、1 由里至外每隔 0.4s 顺序点亮。然后以通断比等于 1、周期为 0.4s 闪烁 3 次，最后恒亮 1s。以后再循环控制。

⑤ 彩灯与摩天轮可以单独控制。

（2）程序设计

① I/O 的确定和分配　遥控玩具车的控制 I/O 分配如表 6-29 所示。

表 6-29　遥控玩具车的控制 I/O 分配表

输入元件		输出元件	
摩天轮甲地正转启动按钮 SB1	X0	摩天轮正转控制接触器 KM1	Y0
摩天轮甲地反转启动按钮 SB2	X1	摩天轮反转控制接触器 KM2	Y1
摩天轮甲地停止按钮 SB3	X2	1 路彩灯控制继电器 KA1	Y2
摩天轮乙地正转启动按钮 SB4	X3	2 路彩灯控制继电器 KA2	Y3
摩天轮乙地反转启动按钮 SB5	X4	3 路彩灯控制继电器 KA3	Y4
摩天轮乙地停止按钮 SB6	X5	4 路彩灯控制继电器 KA4	Y5
彩灯控制启动按钮 SB7	X6	5 路彩灯控制继电器 KA5	Y6
彩灯控制停止按钮 SB8	X7	6 路彩灯控制继电器 KA6	Y7
		7 路彩灯控制继电器 KA7	Y10
		8 路彩灯控制继电器 KA8	Y11
		9 路彩灯控制继电器 KA9	Y12
		10 路彩灯控制继电器 KA10	Y13
		11 路彩灯控制继电器 KA11	Y14
		12 路彩灯控制继电器 KA12	Y15

② PLC 接线图　摩天轮的控制 I/O 接线如图 6-93 所示。

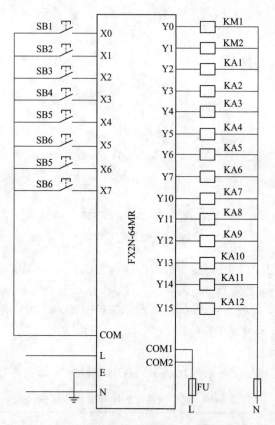

图 6-93　摩天轮的控制 I/O 接线图

③ 程序编写　编写控制梯形图如图 6-94 所示。
（3）编程指令诠释
① 语句表

0	LD	X0	1	OR	X3	2	OR	Y0
3	ANI	X2	4	ANI	X5	5	ANI	Y1
6	OUT	Y0	7	LD	X1	8	OR	X4
9	OR	Y1	10	ANI	X2	11	ANI	X5
12	ANI	Y0	13	OUT	Y1	14	LD	X0
15	OR	X1	16	OR	X6	17	OR	M0
18	OR	T15	19	ANI	X2	20	OUT	M0
21	LD	M0	22	OR	Y2	23	OUT	T0 K5
24	ANI	X7	25	ANI	T0	26	OUT	Y2
27	LD	T0	28	OR	Y3	29	OUT	T1 K5
30	ANI	X7	31	ANI	T1	32	OUT	Y3
33	LD	T1	34	OR	Y4	35	OUT	T2 K5
36	ANI	X7	37	ANI	T2	38	OUT	Y4

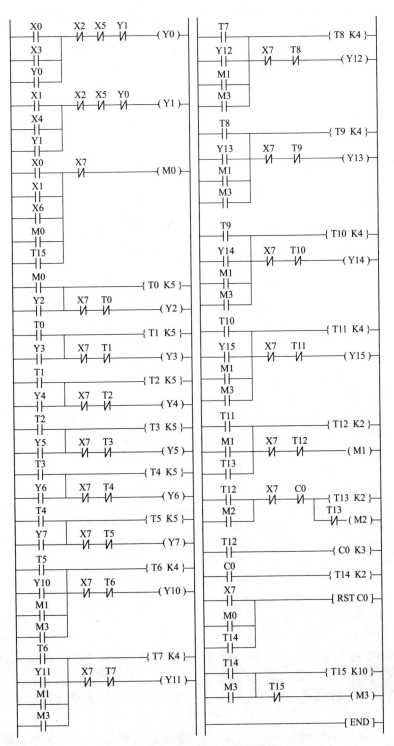

图 6-94 摩天轮的控制梯形图

39	LD	T2	40	OR	Y5	41	OUT	T3	K5
42	ANI	X7	43	ANI	T3	44	OUT	Y5
45	LD	T3	46	OR	Y6	47	OUT	T4	K5
48	ANI	X7	49	ANI	T4	50	OUT	Y6
51	LD	T3	52	OR	Y6	53	OUT	T4	K5
54	ANI	X7	55	ANI	T4	56	OUT	Y6
57	LD	T4	58	OR	Y7	59	OUT	T5	K5
60	ANI	X7	61	ANI	T5	62	OUT	Y7
63	LD	T5	64	OR	Y10	65	OR	M1
66	OR	M3	67	OUT	T6	K4	68	ANI	X7
69	ANI	T6	70	OUT	Y10	71	LD	T6
72	OR	Y11	73	OR	M1	74	OR	M3
75	OUT	T7	K4	76	ANI	X7	77	ANI	T7
78	OUT	Y11	79	LD	T7	80	OR	Y12
81	OR	M1	82	OR	M3	83	OUT	T8	K4
84	ANI	X7	85	ANI	T8	86	OUT	Y12
87	LD	T8	88	OR	Y13	89	OR	M1
90	OR	M3	91	OUT	T9	K4	92	ANI	X7
93	ANI	T9	94	OUT	Y13	95	LD	T9
96	OR	Y14	97	OR	M1	98	OR	M3
99	OUT	T10	K4	100	ANI	X7	101	ANI	T10
102	OUT	Y14	103	LD	T10	104	OR	Y15
105	OR	M1	106	OR	M3	107	OUT	T11	K4
108	ANI	X7	109	ANI	T11	110	OUT	Y15
111	LD	T11	112	OR	M1	113	OR	T13
114	OUT	T12	K2	115	ANI	X7	116	ANI	T12
117	OUT	M1	118	LD	T12	119	OR	M2
120	ANI	X7	121	ANI	C0	122	OUT	T13	K2
123	ANI	T13	124	OUT	M2	125	LD	T12
126	OUT	C0	K3	127	LD	C0	128	OUT	T14	K2
129	LD	X7	130	OR	M0	131	OR	T14
132	RST	C0	133	LD	T14	134	OR	M3
135	OUT	T15	K10	136	ANI	T15	137	OUT	M3
138	END

② 程序解释

a. 当 X0 或 X3 接通（按下正转启动按钮 SB1 或 SB4），则 Y0 通电自锁，摩天轮正转。

b. 当 X1 或 X4 接通（按下反转启动按钮 SB2 或 SB5），则 Y1 通电自锁，摩天轮反转。

当 X2 或 X5 接通（按下停止按钮 SB3 或 SB6），则 Y0 和 Y1 断电，摩天轮停止工作。

c. 当 X0 或 X1 接通（按下正转或反转启动按钮 SB1 或 SB2）或 X6 接通（彩灯启动按钮 SB7）或 T15 接通，则 M0 通电自锁。

d. 当 X7 接通（按下彩灯停止按钮 SB8），则 M0 断电，彩灯停止工作。

e. 当 M0 接通，则 Y2 通电自锁，彩灯 12 工作；定时 0.5s。定时到，Y3 通电自锁，彩灯 11 工作；并定时 0.5s。

f. 依照此规律，Y2、Y3、Y4、Y5、Y6、Y7 每隔 0.5s 依次工作，彩灯 12、11、10、9、8、7 从下至上每隔 0.5s 顺序点亮。

g. 在 Y7 工作 0.5s 后，Y10、Y11、Y12、Y13、Y14、Y15 每隔 0.4s 依次工作，彩灯 6、5、4、3、2、1 由里至外每隔 0.4s 顺序点亮。

h. 在 Y15 工作 0.4s 后，Y10、Y11、Y12、Y13、Y14、Y15 以亮 0.2s 灭 0.2s（即以通断比等于 1、周期为 0.4s）的规律工作，彩灯 6、5、4、3、2、1 全部闪烁 3 次。

i. 然后 M3 接通并自锁，定时 1s，彩灯 6、5、4、3、2、1 全部恒亮 1s。

j. 再用 M3 接通 Y10，重复执行以上过程，直到发出停止指令而停止。

③ 指令诠释　基本指令的含义见第 2 章相应指令诠释。

6.3.28　环保污水处理的控制编程

（1）控制要求　设计控制环保污水处理的 PLC 控制程序。控制要求为：

① 控制方式要求：使用两台污水泵对一个污水池的污水进行排放处理，采用两台污水泵定时 2min 切换的循环工作。若一台污水泵出现故障，另一台投入运行。在污水池液位超高时，两台污水泵可同时投入工作。

② 液位控制要求：当污水池液位达到高液位时，控制系统自动启动污水泵。当污水池液位达到低液位时，控制系统自动停止污水泵。当污水池液位达到超高液位时，控制系统自动控制两台污水泵同时工作。

③ 报警输出要求：当污水池液位出现超低液位时，液位报警指示灯以 0.5s 的周期闪烁。当污水池液位出现超高液位时，液位报警指示灯以 0.1s 的周期闪烁。

（2）程序设计

① I/O 的确定和分配　环保污水处理的控制 I/O 分配如表 6-30 所示。

表 6-30　环保污水处理的控制 I/O 分配表

输入元件		输出元件	
1 号污水泵过载保护 FR1	X0	1 号污水泵控制接触器 KM1	Y0
2 号污水泵过载保护 FR2	X1	2 号污水泵控制接触器 KM2	Y1
停止按钮 SB1	X2	超低液位指示灯 HL1	Y2
启动按钮 SB2	X3	高液位指示灯 HL2	Y3
超高液位传感器 S1	X4	低液位指示灯 HL3	Y4
超低液位传感器 S2	X5	超高液位指示灯 HL4	Y5
高液位传感器 S3	X6	液位报警指示灯 HL5	Y6
低液位传感器 S4	X7		

② PLC 接线图　环保污水处理的控制 I/O 接线如图 6-95 所示。

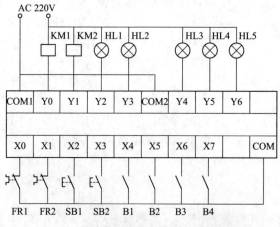

图 6-95　环保污水处理的控制 I/O 接线图

③ 程序编写　编写控制梯形图如图 6-96 所示。

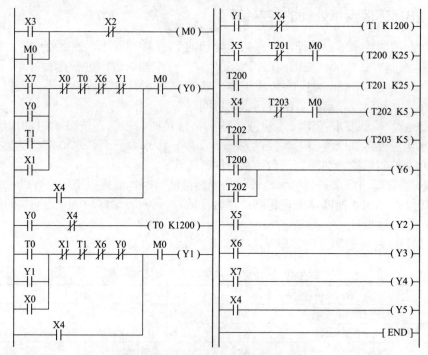

图 6-96　环保污水处理的控制梯形图

（3）编程指令诠释

① 语句表

0	LD	X3	1	OR	M0	2	ANI	X2
3	OUT	M0	4	LD	X7	5	OR	Y0

6	OR	T1	7	OR	X1	8	ANI	X0
9	ANI	T0	10	ANI	X6	11	ANI	Y1
12	OR	X4	13	AND	M0	14	OUT	Y0
15	LD	Y0	16	ANI	X4	17	OUT	T0 K1200
18	LD	T0	19	OR	Y1	20	OR	X0
21	ANI	X1	22	ANI	T1	23	ANI	X6
24	ANI	Y0	25	OR	X4	26	AND	M0
27	OUT	Y1	28	LD	Y1	29	ANI	X4
30	OUT	T1 K1200	31	LD	X5	32	ANI	T201
33	AND	M0	34	OUT	T200 K25	35	LD	T200
36	OUT	T201 K25	37	LD	X4	38	ANI	T203
39	AND	M0	40	OUT	T202 K5	41	LD	T202
42	OUT	T203 K5	43	LD	T200	44	OR	T202
45	OUT	Y6	46	LD	X5	47	OUT	Y2
48	LD	X6	49	OUT	Y3	50	LD	X7
51	OUT	Y4	52	LD	X4	53	OUT	Y5
54	END							

② 程序解释

a. 当 X3 接通（按下启动按钮 SB2），则 M0 通电自锁，系统开机准备。当 X2 接通（按下停止按钮 SB1），系统停止工作。

b. 当 X7 接通（低液位传感器 S4 接通）或 X1 接通（2 号污水泵过载保护 FR2 动作）或 X4 接通（超高液位传感器 S1 动作），则 Y0 通电自锁，1 号污水泵启动运行。

Y0 通电定时 T0（120s 即 2min）。

c. 当 X0 接通（1 号污水泵过载保护 FR1 动作）或 X6 接通（高液位传感器 S3 动作）或 T0 触点闭合（1 号污水泵工作了 2min）或 Y1 常闭触点断开（2 号污水泵工作时，但是除开超高水位时），则 Y0 断电停止。

d. 当 T0 定时到 T0 常开触点闭合或 X0 接通（1 号污水泵过载保护 FR1 动作）或 X4 接通（超高液位传感器 S1 动作），则 Y1 通电自锁，2 号污水泵启动运行。

Y1 通电定时 T1（120s 即 2min）。

e. 当 X1 接通（2 号污水泵过载保护 FR2 动作）或 X6 接通（高液位传感器 S3 动作）或 T1 触点闭合（2 号污水泵工作了 2min）或 Y0 常闭触点断开（1 号污水泵工作时，但是除开超高水位时），则 Y1 断电停止。

f. 当 X5 接通（超低液位传感器 S2 动作），T200 与 T201 组成的振荡电路工作。当 X4 接通（超高液位传感器 S1 动作），T202 与 T203 组成的振荡电路工作。

g. 当 T200 或 T202 达到定时，Y6 接通。由于 T200 和 T202 周期接通，故周期通断 Y6，从而液位报警指示灯 HL5 在超低液位以 0.5s 的周期闪烁，而超高液位时以 0.1s 的周期闪烁。

h. 当 X5 接通（超低液位传感器 S2 动作）时，Y2 接通，超低液位指示灯 HL1 亮。

当 X6 接通（高液位传感器 S3 动作）时，Y3 接通，高液位指示灯 HL2 亮。

当 X7 接通（低液位传感器 S4 动作）时，Y4 接通，低液位指示灯 HL3 亮。

当 X4 接通（超高液位传感器 S1 动作）时，Y5 接通，超高液位指示灯 HL4 亮。

③ 指令诠释　基本指令的含义见第 2 章相应指令诠释。

6.3.29　车轮制造厂轮胎硫化机的控制编程

（1）控制要求

设计控制车轮制造厂轮胎硫化机的 PLC 控制程序。控制要求为：

① 控制过程：一个车轮制造厂的轮胎硫化机的工作流程为：初始→合模→进汽与反料延时→进汽与硫化延时→放汽显示与放汽延时→开模。

② 控制要求：在反料与硫化阶段，进汽电磁阀打开，蒸汽进入模具。在放汽阶段，进汽电磁阀关闭，放出蒸汽，放汽指示灯亮。反料阶段允许打开模具，硫化阶段不允许打开模具。急停按钮可以停止开模，也可以将合模改为开模。

（2）程序设计

① I/O 的确定和分配　车轮制造厂轮胎硫化机的控制 I/O 分配如表 6-31 所示。

表 6-31　车轮制造厂轮胎硫化机的控制 I/O 分配表

输入元件		输出元件	
紧急停机按钮 SB1	X0	合模电磁阀 YV1	Y0
开模控制按钮 SB2	X1	开模电磁阀 YV2	Y1
合模控制按钮 SB3	X2	进汽电磁阀 YV3	Y2
合模到位行程开关 SQ1	X3	放汽指示灯 HL	Y3
开模到位行程开关 SQ2	X4		

② PLC 接线图　车轮制造厂轮胎硫化机的控制 I/O 接线如图 6-97 所示。

③ 程序编写　编写车轮制造厂轮胎硫化机的控制流程图如图 6-98 所示，控制梯形图如图 6-99 所示。

（3）编程指令诠释

① 语句表

0	LD	M8002	1	SET	S0	3	STL	S0
4	MPS		5	AND	X2	6	SET	S20
8	MPP		9	AND	X1	10	SET	S24
12	STL	S20	13	OUT	Y0	14	MPS	
15	AND	X3	16	SET	S21	18	MPP	
19	AND	X0	20	SET	S24	22	STL	S21

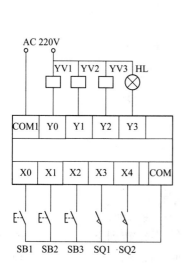

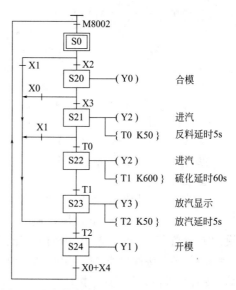

图 6-97 车轮制造厂轮胎硫化机的控制接线图   图 6-98 车轮制造厂轮胎硫化机的控制流程图

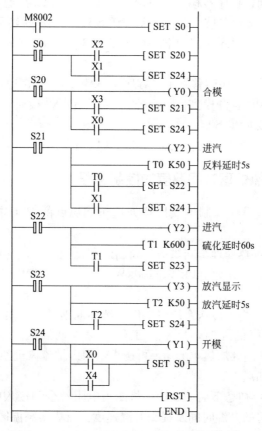

图 6-99 车轮制造厂轮胎硫化机的控制梯形图

311

23 OUT Y2	24 OUT T0 K50	27 MPS
28 AND T0	29 SET S22	31 MPP
32 AND X1	33 SET S24	35 STL S22
36 OUT Y2	37 OUT T1 K600	40 AND T1
41 SET S23	43 STL S23	44 OUT Y3
45 OUT T2 K50	48 AND T2	49 SET S24
51 STL S24	52 OUT Y1	53 LD X0
54 OR X4	55 ANB	56 SET S0
58 RET	59 END	

② 程序解释

a. 当 PLC 开机运行时，利用 M8002 置位 S0 初始步。

b. 当 X2 接通（按下合模控制按钮 SB3），程序转移到 S20 步，Y0 接通，合模。或者当 X1 接通（按下开模控制按钮 SB2），程序转移到程序步 S24 步。

c. 当 X3 接通（合模到位行程开关 SQ1 压合），跳转到下一程序步 S21 步。Y2 接通，进汽，反料延时 T0（5s）。或当 X0 接通（按下紧急停机按钮 SB1），程序转移到程序步 S24 步。

d. 当 T0 定时到，程序转移到下一程序步 S22 步，Y2 接通，进汽。硫化延时 T1（60s）。或者 X1 接通（按下开模控制按钮 SB2），程序跳转到程序步 S24 步。

e. 当 T1 定时到，程序转移到下一程序步 S23 步，Y3 接通，放汽显示，放汽延时 T2（5s）。

f. 当 T2 定时到，程序转移到下一程序步 S24 步，Y1 接通，开模。

g. 当 X4 接通（压合开模到位行程开关 SQ2）或 X0 接通（按下紧急停机按钮 SB1），程序跳转到初始步 S0 步。

③ 指令诠释　步进指令的含义见第 3 章相应指令诠释。

6.3.30　钢铁厂热处理车间温度的控制编程

（1）控制要求　设计控制钢铁厂热处理车间温度的 PLC 控制程序。控制要求为：

① 热处理设施：热处理车间烘房分高温区和低温区。烘房由电阻丝加热，电阻丝总功率为 300kW，分为 100kW、100kW、50kW、50kW 四种，以便进行功率的调节。

② 热处理工序：物料传送系统将工件连续不断地送入烘房，采用前一个工件由低温区送入高温区的同时，后一个工件被送入低温区。工件在低温区预热 15min 后自动送入高温区加热 15min，再送出烘房由轴流风机冷却 15min，之后电笛发出报警声，通知风冷完。

③ 热处理过程：初态下启动烘房，将四组电阻丝全部接入电路进行加热，目的是为了缩短空烘房的升温时间及提高升温速度。待烘房高温区的温度超过 200℃时，切除两组 50kW 电阻丝；在温度超过 250℃时，切除两组 100kW 电阻丝的同

时接入 50kW 的电阻丝；当温度超过 300℃时，改变两组 50kW 电阻丝的工作方式为 PID 自动运行方式，通过控制电阻丝的输出功率，来确保烘房高温区的温度维持 300℃，使工件在恒温下进行热处理。

④ 热处理流程：鼓风机将冷空气从风道送入烘房低温区预热后，再送入高温区继续加热。开启烘房时，应先接通鼓风机后接通电阻丝；关闭烘房时，应切断电阻丝后停鼓风机。

烘房进出口各设一个由一台电动机带动的电动门，且两个电动门均可独立控制。电动机正转控制烘房电动门打开，电动机反转控制烘房电动门关闭。电动门的控制分为自动和手动两种控制方式。采用行程开关控制电动门的开与关到位，当关闭到位时指示灯亮。烘房也有手动控制与自动控制两种控制方式。

物料传送系统采用气压控制，其推进气缸由电磁阀控制。系统工作时，只有电动门开到位时才许推进工件（工件推进到位行程开关被压下），且只有工件推进到位才能关闭电动门。

钢铁厂热处理车间工艺流程如图 6-100 所示。

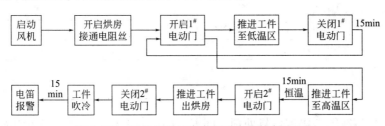

图 6-100 钢铁厂热处理车间烘房的控制流程图

（2）程序设计

① I/O 的确定和分配 钢铁厂热处理车间温度的控制 I/O 分配如表 6-32 所示。

表 6-32 钢铁厂热处理车间温度的控制 I/O 分配表

输入元件		输出元件	
鼓风机启动按钮 SB1	X0	50kW 电阻丝控制接触器 KM1 和 KM2	Y0
鼓风机停机按钮 SB2	X1	100kW 电阻丝控制接触器 KM3 和 KM4	Y1
电动门手动控制方式选择开关 SA1	X2	热处理结束报警电笛控制接触器 KM5	Y2
电动门自动控制方式选择开关 SA2	X3	1# 电动门开门控制接触器 KM6	Y3
烘房手动控制方式选择开关 SA3	X4	1# 电动门关门控制接触器 KM7	Y4
烘房自动控制方式选择开关 SA4	X5	2# 电动门开门控制接触器 KM8	Y5
1# 电动门开门按钮 SB3	X6	2# 电动门关门控制接触器 KM9	Y6
1# 电动门关门按钮 SB4	X7	推进气缸控制电磁阀 YV	Y7
2# 电动门开门按钮 SB5	X10	冷却轴流风机控制接触器 KM10	Y10
2# 电动门关门按钮 SB6	X11	1# 电动门关闭到位指示灯 HL1	Y11

续表

输入元件		输出元件	
50kW组电阻丝接通控制按钮 SB7	X12	2#电动门关闭到位指示灯 HL2	Y12
50kW组电阻丝停止按钮 SB8	X13	鼓风机控制接触器 KM11	Y13
100kW组电阻丝接通控制按钮 SB9	X14		
100kW组电阻丝停止按钮 SB10	X15		
轴流风机启动按钮 SB11	X16		
轴流风机停止按钮 SB12	X17		
1#电动门开门到位控制行程开关 SQ1	X20		
1#电动门关门到位控制行程开关 SQ2	X21		
2#电动门开门到位控制行程开关 SQ3	X22		
2#电动门关门到位控制行程开关 SQ4	X23		
低温区工件到位控制行程开关 SQ5	X24		
高温区工件到位控制行程开关 SQ6	X25		
高温区 200℃温控开关 ST1	X26		
高温区 250℃温控开关 ST2	X27		
总启动按钮 SB13	X30		
总停止按钮 SB14	X31		
PID自动调谐控制开关 SA5	X32		

② PLC 接线图 钢铁厂热处理车间温度的控制 I/O 接线如图 6-101 所示。

③ 程序编写 编写钢铁厂热处理车间温度的控制梯形图如图 6-102 所示。

(3) 编程指令注释

① 语句表

0	LD	X30	1	OR	M0	3	ANI	X31
4	OUT	M0	5	LD	X31	6	OR	M5
7	OUT	M5	8	LD	X0	9	OR	Y13
10	ANI	X1	11	OUT	Y13	12	LD	X16
13	OR	Y10	14	ANI	X17	15	OUT	Y10
16	LD	T0	17	OR	Y2	18	OUT	T1 K50
21	ANI	T1	22	OUT	Y2	23	LD	X6
24	OR	Y3	25	OR	M1	26	ANI	X20
27	OUT	Y3	28	LD	X7	29	OR	Y4
30	OR	X24	31	OR	X25	32	ANI	X21
33	OUT	Y4	34	LD	X10	35	OR	Y5
36	OR	M1	37	ANI	X22	38	OUT	Y5
39	LD	X11	40	OR	Y6	41	OR	X24
42	OR	X25	43	ANI	X23	44	OUT	Y5
45	LD	X27	46	PLS	M2	47	LD	M2

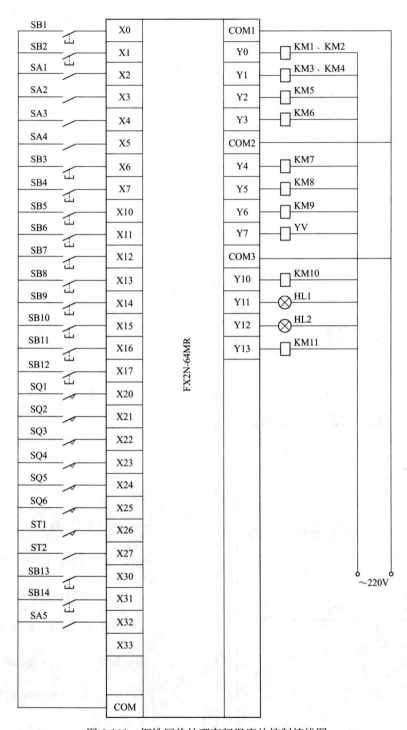

图 6-101 钢铁厂热处理车间温度的控制接线图

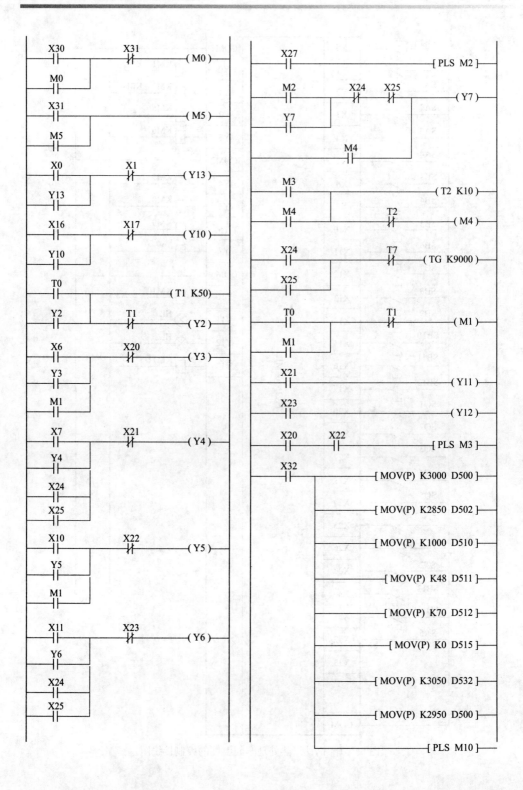

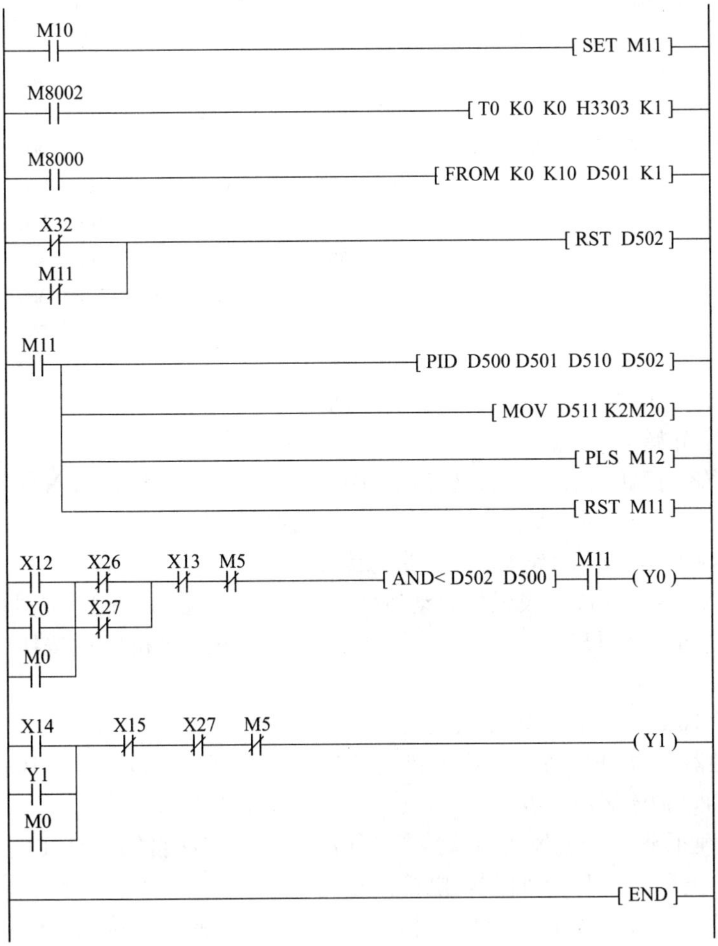

图 6-102 钢铁厂热处理车间温度的控制梯形图

48	OR	Y7	49	ANI	X24	50	ANI	X25
51	OR	M4	52	OUT	Y7	53	LD	M3
54	OR	M4	55	OUT	T2 K10	58	ANI	T2
59	OUT	M4	60	LD	X24	61	OR	X25
62	ANI	Y7	63	OUT	T0 K900	66	LD	T0
67	OR	M1	68	ANI	T1	69	OUT	M1
70	LD	X21	71	OUT	Y11	72	LD	X23
73	OUT	Y12	74	LD	X20	75	AND	X22
76	PLS	M3	77	LD	X32			
78	MOV (P)	K3000 D500	83	MOV (P)	K2850 D502			
88	MOV (P)	K1000 D510	93	MOV (P)	K48 D511			
98	MOV (P)	K70 D512	103	MOV (P)	K0 D515			
108	MOV (P)	K3050 D532	113	MOV (P)	K2950 D500	118	PLS	M10

119	LD	M10	120	SET	M11	121	LD	M8002
122	TO	K0 K0 H3303 K1				131	LD	M8002
132	FROM	K0 K1 D501 K1				141	LDI	X32
142	ORI	M11	143	RST	D502	146	LD	M11
147	PID	D500 D501 D510 D502				156	MOV	D511 K2M20
161	PLS	M12	162	RST	M11	163	LD	X12
164	OR	Y0	165	OR	M0	166	LDI	X26
167	ORI	X27	168	ANB		169	ANI	X13
170	ANI	M5	171	AND	< D502 D500	176	AND	M11
177	LD	X14	178	OR	Y1	179	OR	M0
180	ANI	X15	181	ANI	X27	182	ANI	M5
183	OUT	Y1	184	END				

② 程序解释

a. 当 X30 接通（按下总启动按钮 SB13），M0 接通自锁；当 X31 接通（按下总停止按钮 SB14），M0 停止。M0 作为总启动控制。

当 X31 接通，M5 自锁，M5 作为总停止控制。

b. 当 X0 接通（按下鼓风机启动按钮 SB1），Y13 接通自锁，鼓风机控制接触器 KM11 接通，鼓风机启动运行。当 X1 接通（按下鼓风机停机按钮 SB2），Y13 断开，鼓风机停止。

c. 当 X16 接通（按下轴流风机启动按钮 SB11），Y10 接通自锁，冷却轴流风机控制接触器 KM10 接通，轴流风机启动运行。当 X17（按下轴流风机停止按钮 SB12）接通，轴流风机停止。

当 T0 延时到（轴流风机风吹冷却 15min），Y2 接通自锁，且 T1 定时 5s，报警电笛发出报警声，T1 延时到，电笛停止。

d. 当 X6 接通（按下 1# 电动门开门按钮 SB3）或 M1 接通（烘房门打开），Y3 接通自锁，1# 电动门开门控制接触器 KM6 接通，1# 电动门开门。当 X20 接通（1# 电动门开门到位控制行程开关 SQ1 压合），1# 电动门开门到位而停止。

当 X7 接通（按下 1# 电动门关门按钮 SB4）或 X24 接通（低温区工件到位控制行程开关 SQ5 压合）或 X25 接通（高温区工件到位控制行程开关 SQ6 压合），Y4 接通自锁，1# 电动门关门控制接触器 KM7 接通，1# 电动门关门。当 X21 接通（1# 电动门关门到位控制行程开关 SQ2 压合），1# 电动门关门到位而停止。

e. 当 X10 接通（按下 2# 电动门开门按钮 SB5）或 M1 接通（烘房门打开），Y5 接通自锁，2# 电动门开门控制接触器 KM8 接通，2# 电动门开门。当 X22 接通（2# 电动门开门到位控制行程开关 SQ3 压合），2# 电动门开门到位而停止。

当 X11 接通（按下 2# 电动门关门按钮 SB5）或 X24 接通（低温区工件到位控制行程开关 SQ5 压合）或 X25 接通（高温区工件到位控制行程开关 SQ6 压合），Y6 接通自锁，2# 电动门关门控制接触器 KM9 接通，2# 电动门关门。当 X23 接通（2# 电动门关门到位控制行程开关 SQ4 压合），2# 电动门关门到位而停止。

f. 当 X27 接通（高温区 250℃ 温控开关 ST2 接通），M2 产生一个扫描周期的脉冲。

当 M2 接通或 M4 接通，Y7 接通自锁，推进气缸控制电磁阀 YV 接通，运送工件。在 M2 接通的情况下，当 X24 或 X25 接通，Y7 断开，表明工件运送到位。

当 M3 接通，M4 接通自锁，且 T2 定时 1s，定时到，M4 断开。

当 X24 或 X25 接通，T0 定时 15min，当 Y7 接通时，定时器复位。T0 定时到，M1 接通自锁，控制开门。

当 X21 接通（1# 电动门关门到位控制行程开关 SQ2 压合），Y11 接通，1# 电动门关闭到位指示灯 HL1 亮。当 X23 接通（2# 电动门关门到位控制行程开关 SQ3 压合），Y12 接通，2# 电动门关闭到位指示灯 HL2 亮。

g. 当 X20 接通（1# 电动门开门到位控制行程开关 SQ1），M3 产生一个扫描周期的脉冲。

当 X32 接通（合上 PID 自动运行控制开关 SA5），下列指令顺序执行。指令 [MOV（P）　K3000　D500] 为目标值设定，指令 [MOV（P）　K2850　D502] 为预调谐用输出值设定，指令 [MOV（P）　K1000　D510] 为采样时间设定，指令 [MOV（P）　K48　D511] 为动作方向设定，指令 [MOV（P）　K70　D512] 为滤波常数设定，指令 [MOV（P）　K0　D515] 为微分增益常数设定，指令 [MOV（P）　K3050　D532] 为输出值上限设定，指令 [MOV（P）　K2950　D500] 为输出值下限设定。指令 [PLS　M10] 为开始预调谐。当 M10 接通，M11 置位。

h. 利用 PLC 开机时 M8002 接通，执行下列两条指令。指令 [TO　K0　K0　H3303　K1] 为 FX2N-4AD-TC 温度模块的模式设定，指令 [FROM　K0　K1　D501　K1] 为 FX2N-4AD-TC 温度模块的数据读取。

当 X32 及 M11 断开时，D502 清零，进行 PID 输出初始化。

当 M11 接通，下列指令顺序执行。指令 [PID　D500　D501　D510　D502] 为 PID 执行，指令 [MOV D511 K2M20] 为预调谐动作确认，指令 [PLS　M12] 为预调谐结束，指令 [RST　M11] 为预调谐完成。

i. 在 M11 接通的情况下，当 X12 接通（按下 50kW 组电阻丝接通控制按钮 SB7）或 M0 接通及 D502 小于 D500 时，Y0 接通自锁，50kW 组电阻丝接通。当 X13 接通（按下 50kW 组电阻丝停止按钮 SB8）或 X26（高温区 200℃ 温控开关 ST1）与 X27（高温区 250℃ 温控开关 ST2）都接通或 M5（总停止控制）接通，Y0 断开。

j. 当 X14 接通（按下 100kW 组电阻丝接通控制按钮 SB9）或 M0 接通，Y1 接通自锁，100kW 组电阻丝接通。当 X15 接通（按下 100kW 组电阻丝停止按钮 SB10）或 X27（高温区 250℃ 温控开关 ST2）接通或 M5 接通，Y1 断开。

③ 指令诠释　基本指令的含义见第 2 章相应指令诠释，功能指令的含义见第 4 章相应指令诠释，功能模块指令的含义见第 5 章相应指令诠释。

6.3.31 轧板厂轧钢机的控制编程

（1）控制要求　设计轧板厂轧钢机的 PLC 控制程序。控制要求为：

① 轧钢机有 4 台电动机。分别为油泵电动机 M4，传送电动机 M1、M2，能正反转的轧钢电动机 M3。

② 操作面板上有 SB1（停止）、SB2（启动）、SB3（加工）三个按钮。

③ 工作时，先按下 SB2 启动按钮，油泵电机启动，液压系统进入正常工作；然后按下 SB3 加工按钮，轧钢机开始工作，传感器 B1 开始检测是否有钢板。若有钢板，传送电动机 M1 和 M2 启动，钢板向左运动。当钢板传送到传感器 B2 位置时，B2 发出信号使电磁阀 YV 动作，启动液压系统向下压住钢板，同时 M1 和 M2 停转。轧钢电动机 M3 正转，钢板继续向左运动，直到钢板超出 B2。B2 检测不到钢板而使电磁阀复位，同时 M3 反转。

④ 当 B1 再次有信号时重复以上动作。直到第 3 次 B2 检测不到信号时，使钢板退回后，M3 停转。待工作完毕后按下 SB1 停止按钮，使轧钢机停机。控制示意图如图 6-103 所示。

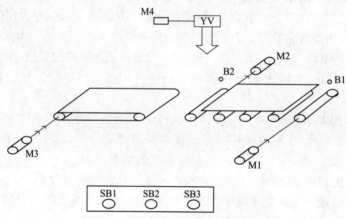

图 6-103　轧板厂轧钢机的控制示意图

（2）程序设计

① I/O 的确定和分配　轧板厂轧钢机的控制 I/O 分配如表 6-33 所示。

表 6-33　轧板厂轧钢机的控制 I/O 分配表

输入元件		输出元件	
油泵停止按钮 SB1	X0	传送电动机 M1 控制接触器 KM1	Y0
油泵启动按钮 SB2	X1	传送电动机 M2 控制接触器 KM2	Y1
自动加工按钮 SB3	X2	轧钢电动机 M3 正转控制接触器 KM3	Y2
钢板传送接近开关 B1	X3	轧钢电动机 M3 反转控制接触器 KM4	Y3
轧钢接近开关 B2	X4	轧钢电磁阀 YV	Y4
		油泵电动机 M4 控制接触器 KM5	Y5

② PLC 接线图 轧板厂轧钢机的控制 I/O 接线如图 6-104 所示。

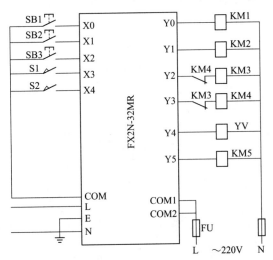

图 6-104 轧板厂轧钢机的控制接线图

③ 程序编写 编写控制梯形图如图 6-105 所示。

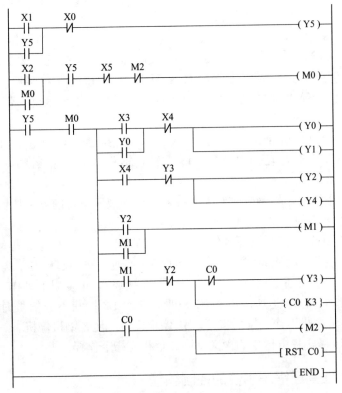

图 6-105 轧板厂轧钢机的控制梯形图

（3）编程指令诠释

① 语句表

0	LD	X1	1	OR	Y5	2	ANI	X0
3	OUT	Y5	4	LD	X2	5	OR	M0
6	AND	Y5	7	ANI	M2	8	OUT	M0
9	LD	Y5	10	AND	M1	11	MPS	
12	LD	X3	13	OR	Y0	14	ANB	
15	ANI	X4	16	OUT	Y0	17	OUT	Y1
18	MRD		19	AND	X4	20	ANI	Y3
21	OUT	Y2	22	OUT	Y4	23	MRD	
24	LD	Y2	25	OR	M1	26	ANB	
27	OUT	M1	28	MRD		29	AND	M1
30	ANI	Y2	31	ANI	C0	32	OUT	Y3
33	OUT	C0 K3	36	MPP		37	AND	C0
38	OUT	M2	39	RST	C0	41	END	

② 程序解释

a. 当 X1（按下油泵启动按钮 SB2）接通，Y5 接通自锁，油泵电动机 M4 控制接触器 KM5 接通，油泵电动机启动运行。当 X0 接通（按下油泵停止按钮 SB1），Y5 断开，油泵电动机停机。

b. 在 Y5 接通后，当 X2 接通（按下自动加工按钮 SB3），M0 接通自锁。

c. 在 Y5 和 M0 接通情况下，当 X3 接通（钢板传送接近开关 B1 接通），Y0 接通自锁，传送电动机 M1 控制接触器 KM1 接通；同时 Y1 也接通，传送电动机 M2 控制接触器 KM2 也接通。传送电动机 M1、M2 启动运行，带动钢板向左运动。

d. 当 X4 接通（轧钢接近开关 B2 接通），Y2 接通，轧钢电动机 M3 正转控制接触器 KM3 接通，轧钢电动机 M3 正转，钢板继续向左运动，直到钢板超出 B2。

同时 Y4 也接通，轧钢电磁阀 YV 接通，启动液压系统向下压住钢板，同时由于 Y0、Y1 断开而使电动机 M1 和 M2 停转。

e. 当 X4 断开（B2 检测不到钢板），Y2、Y4 断开，轧钢电动机 M3 正转控制接触器 KM3 断开，电磁阀 YV 复位。同时 Y3 接通，M3 反转。

f. 当 X3 再次接通（钢板传送接近开关 B1 接通），重复以上动作。

g. 直到计时器 C0 达到设定值 K3，即第 3 次 B2 检测不到信号时，使钢板退回后，M3 停转。待工作完毕后按下 SB1 停止按钮，使轧钢机停机。

③ 指令诠释 基本指令的含义见第 2 章相应指令诠释。

6.3.32 工业高压锅炉水位的控制编程

（1）控制要求 设计控制工业高压锅炉水位的 PLC 控制程序。控制要求为：

① 当锅炉处于高水位时，高水位指示灯亮。

② 当压力继电器低于控制压力时，锅炉自动控制运行，控制顺序为引风机→鼓风机→炉排电动机→出渣电动机。

③ 若压力继电器检测达到控制压力时，超压指示灯亮，锅炉停止运行。

④ 若水位低于危急水位，缺水指示灯亮，且电铃发出报警声，锅炉停止运行，停炉指示灯亮。

⑤ 当锅炉水位达到高水位时，延时 10s 后水泵停止运行。

⑥ 上煤信号用行程开关用于控制用煤的翻斗车升降电动机的正反转控制。

⑦ 引风机、鼓风机、炉排、出渣还可以手动控制单独运行。

（2）程序设计

① I/O 的确定和分配　工业高压锅炉水位的控制 I/O 分配如表 6-34 所示。

表 6-34　工业高压锅炉水位的控制 I/O 分配表

输入元件		输出元件	
高水位继电器 B1	X0	高水位指示灯 HL1	Y0
低压力继电器 B2	X1	燃烧正常指示灯 HL2	Y1
高压力继电器 B3	X2	超压指示灯 HL3	Y2
危急低水位继电器 B4	X3	缺水指示灯 HL4	Y3
上煤电动机启动按钮 SB1	X4	锅炉停炉指示灯 HL5	Y4
引风机手动启动按钮 SB2	X5	引风机启动接触器 KM1	Y5
引风机手动停止按钮 SB3	X6	引风机 Y 接启动接触器 KM2	Y6
鼓风机手动启动按钮 SB4	X7	引风机△接运行接触器 KM3	Y7
鼓风机手动停止按钮 SB5	X10	鼓风机控制接触器 KM4	Y10
炉排机手动启动按钮 SB6	X11	炉排机控制接触器 KM5	Y11
炉排机手动停止按钮 SB7	X12	出渣机控制接触器 KM6	Y12
出渣机手动启动按钮 SB8	X13	水泵电动机控制接触器 KM7	Y13
出渣机手动停止按钮 SB9	X14	上煤电动机上行控制接触器 KM8	Y14
上煤电动机上限位行程开关 SQ1	X15	上煤电动机下行控制接触器 KM9	Y15
上煤电动机下限位行程开关 SQ2	X16	报警电铃 BY	Y16
总启动按钮 SB10	X17		
总停止按钮 SB11	X20		

② PLC 接线图　工业高压锅炉水位的控制 I/O 接线如图 6-106 所示。

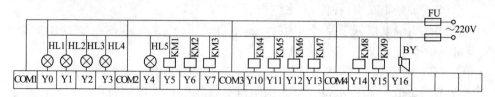

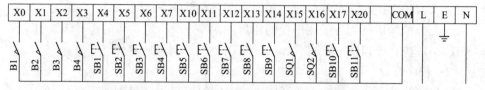

图 6-106　工业高压锅炉水位的控制接线图

③ 程序编写　编写控制梯形图如图 6-107 所示。

（3）编程指令诠释

① 语句表

0	LD	X1	1	OR	M10	2	ANI	X20
3	OUT	M10	4	LD	M10	5	MPS	
6	AND	X0	7	OUT	Y0	8	MRD	
9	LD	X0	10	AND	X1	11	OR	Y5
12	ANB		13	ANI	X2	14	ANI	X3
15	OR	M0	16	OUT	Y5	17	MRD	
18	LD	X5	19	OR	M0	20	ANB	
21	ANI	X6	22	OUT	M0	23	MRD	
24	LD	Y5	25	OR	Y6	26	ANB	
27	ANI	T0	28	ANI	Y7	29	OUT	Y6
30	OUT	T0　K30	33	MRD		34	LD	T0
35	PLS	M11	36	PLS	M12	37	MRD	
38	LD	M12	39	OR	M1	40	ANB	
41	ANI	X6	42	OUT	M1	43	MRD	
44	LD	M11	45	OR	Y7	46	ANB	
47	ANI	X2	48	ANI	X3	49	LDI	Y6
50	AND	M1	51	ORB		52	ANI	Y6
53	OUT	Y7	54	LD	Y7	55	OR	Y10
56	ANB		57	ANI	X2	58	ANI	X3
59	OR	M2	60	OUT	Y10	61	MRD	
62	LD	X7	63	OR	M2	64	ANB	
65	ANI	X10	66	OUT	M2	67	MRD	
68	LD	Y10	69	OR	Y11	70	ANB	
71	ANI	X2	72	ANI	X3	73	OR	M3
74	OUT	Y11	75	MRD		76	LD	X11

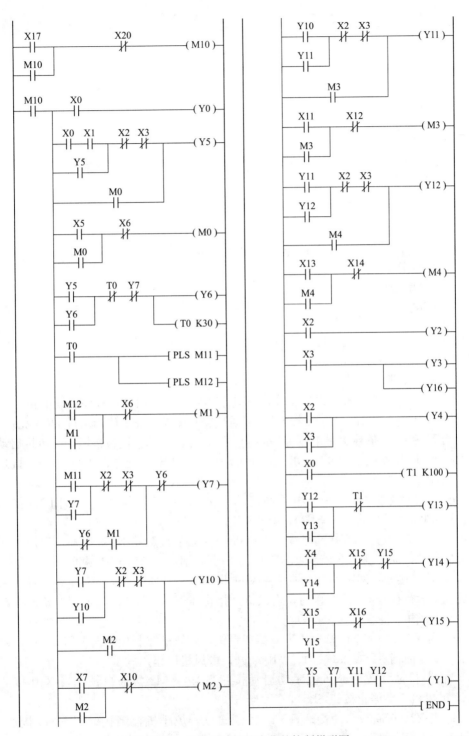

图 6-107　工业高压锅炉水位的控制梯形图

77	OR	M3	78	ANB		79	ANI	X12
80	OUT	M3	81	MRD		82	LD	Y11
83	OR	Y12	84	ANB		85	ANI	X2
86	ANI	X3	87	OR	M4	88	OUT	Y12
89	MRD		90	LD	X13	91	OR	M4
92	ANB		93	ANI	X14	94	OUT	M4
95	MRD		96	LD	X2	97	OUT	Y2
98	MRD		99	LD	X3	100	OUT	Y3
101	OUT	Y16	102	MRD		103	LD	X2
104	OR	X3	105	ANB		106	OUT	Y4
107	MRD		108	LD	X0	109	OUT	T1 K100
112	MRD		113	LD	Y12	114	OR	Y13
115	ANB		116	ANI	T1	117	OUT	Y13
118	MRD		119	LD	X4	120	OR	Y14
121	ANB		122	ANI	X15	123	ANI	X15
124	OUT	Y14	125	MRD		126	LD	X15
127	OR	Y15	128	ANB		129	ANI	X16
130	OUT	Y15	131	MPP		132	AND	Y5
133	AND	Y7	134	AND	Y11	135	AND	Y12
136	OUT	Y1	137	END				

② 程序解释

a. 当 X17 接通（按下总启动按钮 SB10），M10 接通自锁。程序启动准备。

b. 当 X0 接通（高水位继电器 B1 接通），Y0 接通，高水位指示灯 HL1 亮。

当 X1 接通（低压力继电器 B2 接通）或 M0 接通，Y5 接通自锁，引风机启动接触器 KM1 接通，引风机启动。而当 X2 接通（高压力继电器 B3）或 X3 接通（危急低水位继电器 B4 接通），Y5 断开，引风机停止。

c. 当 X5 接通（按下引风机手动启动按钮 SB2），M0 接通自锁。而 X6 接通（按下引风机手动停止按钮 SB3），M0 断开。

d. 当 Y5 接通，Y6 接通自锁，引风机 Y 接启动接触器 KM2 接通，引风机 Y 接减压启动；同时 T0 开始定时 3s。T0 定时到，M11、M12 产生脉冲。

当 M12 接通，M1 接通自锁。当 M11 接通或者 M1 接通，Y7 接通自锁，引风机△接运行接触器 KM3 接通，引风机△接全压运行。而当 X2 或 X3 接通，Y7 断开，引风机停止。

e. 当 Y7 接通或 M2 接通，Y10 接通自锁，鼓风机控制接触器 KM4 接通，鼓风机启动。而当 X2 或 X3 接通，Y10 断开，鼓风机停止。

当 X7 接通（按下鼓风机手动启动按钮 SB4），M2 接通自锁。当 X10 接通（按下鼓风机手动停止按钮 SB5），M2 断开。

f. 当 Y10 接通或 M3 接通，Y11 接通自锁，炉排机控制接触器 KM5 接通，炉排电动机启动。而当 X2 或 X3 接通，Y11 断开，炉排电动机停止。

当 X11 接通（按下炉排机手动启动按钮 SB6），M3 接通自锁。当 X12 接通

（按下炉排机手动停止按钮 SB7），M3 断开。

g. 当 Y11 接通或 M4 接通，Y12 接通自锁，出渣机控制接触器 KM6 接通，出渣机启动。而当 X2 或 X3 接通，Y12 断开，出渣电动机停止。

当 X13 接通（按下出渣机手动启动按钮 SB8），M4 接通自锁。当 X14 接通（按下出渣机手动停止按钮 SB9），M4 断开。

h. 当 X2 接通（高压力继电器 B3 接通），Y2 接通，超压指示灯 HL3 亮。

当 X3 接通（危急低水位继电器 B4 接通），Y3 接通，缺水指示灯 HL4 亮；同时 Y16 接通，报警电铃 BY 接通报警。

当 X2 或 X3 接通，Y4 接通，锅炉停炉指示灯 HL5 亮。

i. 当 X0 接通（高水位继电器 B1 接通），T1 开始定时 10s。

当 Y12 接通，Y13 接通自锁，水泵电动机控制接触器 KM7 接通，水泵电动机启动运行。当 T1 定时到，Y13 断开水泵电动机停止。

j. 当 X4 接通（按下上煤电动机启动按钮 SB1），Y14 接通自锁，上煤机上行控制接触器 KM8 接通，上煤电动机正转上煤。当 X15 接通（上煤电动机上限位行程开关 SQ1 压合），Y14 断开，停止上煤。

当 X15 接通，Y15 接通自锁，上煤机下行控制接触器 KM9 接通，上煤电动机反转，放得上煤机上多余煤。当 X16 接通（上煤电动机下限位行程开关 SQ2 压合），Y15 断开，停止。

当 Y5、Y7 、Y11 和 Y12 时，Y1 接通，燃烧正常指示灯 HL2 亮。

③ 指令诠释 基本指令的含义见第 2 章相应指令诠释。

6.3.33 牛奶生产厂自动封装的控制编程

（1）控制要求 设计牛奶生产厂自动封装的 PLC 控制程序。控制要求为：

① 按下启动按钮，牛奶进料阀打开，牛奶落入包装袋中。

② 当包装的牛奶重量达到要求时，质量控制开关动作，进料阀关闭，同时开始封装作业，将包装袋热凝封口。

③ 然后移走包装好的牛奶袋，再次打开进料阀，进行下一循环的包装作业。

④ 若按下停止按钮，封装工作停止。

（2）程序设计

① I/O 的确定和分配 牛奶生产厂自动封装的控制 I/O 分配如表 6-35 所示。

表 6-35 牛奶生产厂自动封装的控制 I/O 分配表

输入元件		输出元件	
停止按钮 SB1	X0	进料阀门的控制电磁阀 YA	Y0
启动按钮 SB2	X1	包装动作控制接触器 KM1	Y1
质量控制开关 SQ	X2	移走物品控制接触器 KM2	Y2

② PLC 接线图 牛奶生产厂自动封装的控制 I/O 接线如图 6-108 所示。

③ 程序编写　编写控制梯形图如图 6-109 所示。

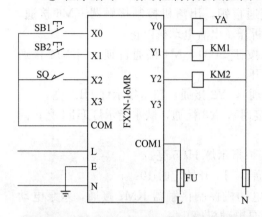
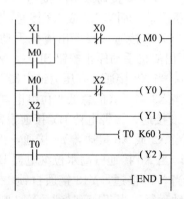

图 6-108　牛奶生产厂自动封装的控制接线图　　图 6-109　牛奶生产厂自动封装的控制梯形图

（3）编程指令诠释

① 语句表

0	LD	X1		1	OR	M0		2	ANI	X0
3	OUT	M0		4	LD	M0		5	ANI	X2
6	OUT	Y0		7	LD	X2		8	OUT	Y1
9	OUT	T0 K60		12	LD	T0		13	OUT	Y2

14　END

② 程序解释

a. 当 X1 接通（按下启动按钮 SB2），M0 接通自锁，Y0 接通，进料阀门的控制电磁阀 YA 接通，进料阀打开，牛奶落入包装袋中。

b. 当 X2 接通（质量控制开关 SQ 压下），Y0 断开，进料阀关闭。同时 Y1 接通，包装动作控制接触器 KM1 接通，开始封装作业，将包装袋热凝封口。且 T0 定时 6s。

c. 当 T0 定时到，Y2 接通，移走物品控制接触器 KM2 接通，移走包装好的牛奶袋。

d. 由于移走了包装好的牛奶袋，X2 断开，再次打开进料阀，进行下一循环的包装作业。

③ 指令诠释　基本指令的含义见第 2 章相应指令诠释。

6.3.34　竞赛抢答器的控制编程

（1）控制要求　设计竞赛抢答器的 PLC 控制程序。控制要求为：

① 抢答器满足 10 个组参加竞赛。

② 主持人按下开始抢答按钮方可开始抢答。否则无法抢答，即使按下抢答按钮。

③ 显示最先抢到的一组的组号，扬声器响一声。此时，其他组均被封锁。

④ 每题应在30s内完成（包括答题时间），超时则自动取消答题资格，显示器显示"00"，并报警一声。

⑤ 答题完成后，按下复位按钮。显示器数字回"00"，为下次抢答做好准备。

（2）程序设计

① I/O的确定和分配 竞赛抢答器的控制I/O分配如表6-36所示。

表6-36 竞赛抢答器的控制I/O分配表

输入元件		输出元件	
开始抢答按钮 SB0	X0	数码显示个位 A 段	Y0
第1组抢答按钮 SB1	X1	数码显示个位 B 段	Y1
第2组抢答按钮 SB2	X2	数码显示个位 C 段	Y2
第3组抢答按钮 SB3	X3	数码显示个位 D 段	Y3
第4组抢答按钮 SB4	X4	数码显示个位 E 段	Y4
第5组抢答按钮 SB5	X5	数码显示个位 F 段	Y5
第6组抢答按钮 SB6	X6	数码显示个位 G 段	Y6
第7组抢答按钮 SB7	X7	数码显示十位 B、C 段	Y7
第8组抢答按钮 SB8	X10	数码显示十位 A、D、E、F 段	Y10
第9组抢答按钮 SB9	X11	扬声器 BY	Y11
第10组抢答按钮 SB10	X12		
复位按钮 SB11	X13		

② PLC接线图 竞赛抢答器的控制I/O接线如图6-110所示。

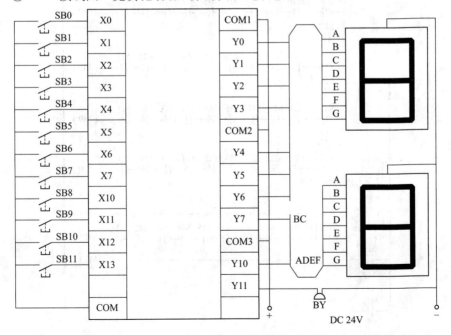

图 6-110 竞赛抢答器的控制 I/O 接线图

③ 程序编写　编写控制梯形图如图 6-111 所示。

```
  X0      T0   X13
──┤├──────┤├────┤├─────────────────────────────────────────────( M0 )

  M0      X1   M10  M9   M8   M7   M6   M5   M4   M3   M2
──┤├──────┤│├──┤│├──┤│├──┤│├──┤│├──┤│├──┤│├──┤│├──┤│├──┤│├────( M1 )
          M1
         ─┤├─

          X2   M10  M9   M8   M7   M6   M5   M4   M3   M1
         ─┤├──┤│├──┤│├──┤│├──┤│├──┤│├──┤│├──┤│├──┤│├──┤│├────( M2 )
          M2
         ─┤├─

          X3   M10  M9   M8   M7   M6   M5   M4   M2   M1
         ─┤├──┤│├──┤│├──┤│├──┤│├──┤│├──┤│├──┤│├──┤│├──┤│├────( M3 )
          M3
         ─┤├─

          X4   M10  M9   M8   M7   M6   M5   M3   M2   M1
         ─┤├──┤│├──┤│├──┤│├──┤│├──┤│├──┤│├──┤│├──┤│├──┤│├────( M4 )
          M4
         ─┤├─

          X5   M10  M9   M8   M7   M6   M4   M3   M2   M1
         ─┤├──┤│├──┤│├──┤│├──┤│├──┤│├──┤│├──┤│├──┤│├──┤│├────( M5 )
          M5
         ─┤├─

          X6   M10  M9   M8   M7   M5   M4   M3   M2   M1
         ─┤├──┤│├──┤│├──┤│├──┤│├──┤│├──┤│├──┤│├──┤│├──┤│├────( M6 )
          M6
         ─┤├─

          X7   M10  M9   M8   M6   M5   M4   M3   M2   M1
         ─┤├──┤│├──┤│├──┤│├──┤│├──┤│├──┤│├──┤│├──┤│├──┤│├────( M7 )
          M7
         ─┤├─

          X10  M10  M9   M7   M6   M5   M4   M3   M2   M1
         ─┤├──┤│├──┤│├──┤│├──┤│├──┤│├──┤│├──┤│├──┤│├──┤│├────( M8 )
          M8
         ─┤├─

          X11  M10  M8   M7   M6   M5   M4   M3   M2   M1
         ─┤├──┤│├──┤│├──┤│├──┤│├──┤│├──┤│├──┤│├──┤│├──┤│├────( M9 )
          M9
         ─┤├─

          X12  M9   M8   M7   M6   M5   M4   M3   M2   M1
         ─┤├──┤│├──┤│├──┤│├──┤│├──┤│├──┤│├──┤│├──┤│├──┤│├────( M10 )
          M10
         ─┤├─

                                                             ( M11 )

          T0   M10  M9   M8   M7   M6   M5   M4   M3   M2   M1
         ─┤├──┤│├──┤│├──┤│├──┤│├──┤│├──┤│├──┤│├──┤│├──┤│├──┤│├──( M12 )

  M8                                                         ( M13 )
──┤├──
  M9
 ─┤├─
  M10
 ─┤├─
```

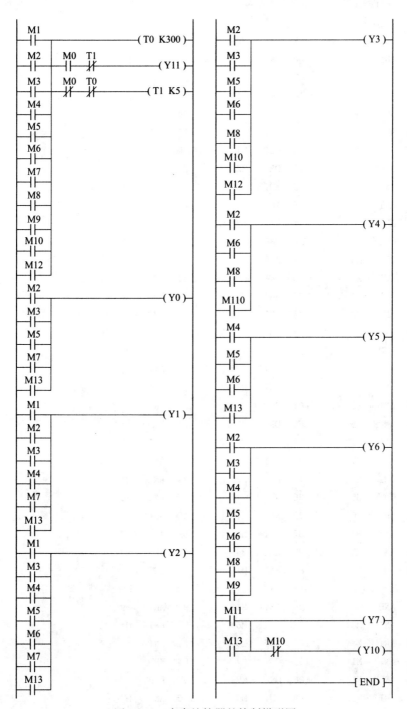

图 6-111　竞赛抢答器的控制梯形图

（3）编程指令诠释
① 语句表

0	LD	X0	1	OR	M0	2	MPS	
3	ANI	T0	4	ANI	X13	5	OUT	M0
6	MRD		7	ANDP	X1	8	OR	M1
9	ANB		10	ANI	M10	11	ANI	M9
12	ANI	M8	13	ANI	M7	14	ANI	M6
15	ANI	M5	16	ANI	M4	17	ANI	M3
18	ANI	M2	19	OUT	M1	20	MRD	
21	ANDP	X2	22	OR	M2	23	ANB	
24	ANI	M10	25	ANI	M9	26	ANI	M8
27	ANI	M7	28	ANI	M6	29	ANI	M5
30	ANI	M4	31	ANI	M3	32	ANI	M1
33	OUT	M2	34	MRD		35	ANDP	X3
36	OR	M3	37	ANB		38	ANI	M10
39	ANI	M9	40	ANI	M8	41	ANI	M7
42	ANI	M6	43	ANI	M5	44	ANI	M4
45	ANI	M2	46	ANI	M1	47	OUT	M3
48	MRD		49	ANDP	X4	50	OR	M4
51	ANB		52	ANI	M10	53	ANI	M9
54	ANI	M8	55	ANI	M7	56	ANI	M6
57	ANI	M5	58	ANI	M3	59	ANI	M2
60	ANI	M1	61	OUT	M4	62	MRD	
63	ANDP	X5	64	OR	M5	65	ANB	
66	ANI	M10	67	ANI	M9	68	ANI	M8
69	ANI	M7	70	ANI	M6	71	ANI	M4
72	ANI	M3	73	ANI	M2	74	ANI	M1
75	OUT	M5	76	MRD		77	ANDP	X6
78	OR	M6	79	ANB		80	ANI	M10
81	ANI	M9	82	ANI	M8	83	ANI	M7
84	ANI	M5	85	ANI	M4	86	ANI	M3
87	ANI	M2	88	ANI	M1	89	OUT	M6
90	MRD		91	ANDP	X7	92	OR	M7
93	ANB		94	ANI	M10	95	ANI	M9
96	ANI	M8	97	ANI	M6	98	ANI	M5
99	ANI	M4	100	ANI	M3	101	ANI	M2
102	ANI	M1	103	OUT	M7	104	MRD	
105	ANDP	X10	106	OR	M8	107	ANB	
108	ANI	M10	109	ANI	M9	110	ANI	M7
111	ANI	M6	112	ANI	M5	113	ANI	M4
114	ANI	M3	115	ANI	M2	116	ANI	M1

117	OUT	M8		118	MRD			119	ANDP	X11	
120	OR	M9		121	ANB			122	ANI	M10	
123	ANI	M8		124	ANI	M7		125	ANI	M6	
126	ANI	M5		127	ANI	M4		128	ANI	M3	
129	ANI	M2		130	ANI	M1		131	OUT	M9	
132	MRD			133	ANDP	X12		134	OR	M10	
135	ANB			136	ANI	M9		137	ANI	M8	
138	ANI	M7		139	ANI	M6		140	ANI	M5	
141	ANI	M4		142	ANI	M3		143	ANI	M2	
144	ANI	M1		145	OUT	M10		146	MRD		
147	OUT	M11		148	MPP			149	AND	T0	
150	ANI	M10		151	ANI	M9		152	ANI	M8	
153	ANI	M7		154	ANI	M6		155	ANI	M5	
156	ANI	M4		157	ANI	M3		158	ANI	M2	
159	ANI	M1		160	OUT	M12		161	LD	M8	
162	OR	M9		163	OR	M10		164	OUT	M13	
165	LD	M1		166	OR	M2		167	OR	M3	
168	OR	M4		169	OR	M5		170	OR	M6	
171	OR	M7		172	OR	M8		173	OR	M9	
174	OR	M10		175	OR	M12		176	MPS		
177	OUT	T0	K300	180	MRD			181	AND	M0	
182	ANI	T1		183	OUT	Y11		184	MPP		
185	ANI	X0		186	ANI	T0		187	OUT	T1	K5
190	LD	M2		191	OR	M3		192	OR	M5	
193	OR	M7		194	OR	M13		195	OUT	Y0	
196	LD	M1		197	OR	M2		198	OR	M3	
199	OR	M5		200	OR	M7		201	OR	M13	
202	OUT	Y1		203	LD	M1		204	OR	M3	
205	OR	M4		206	OR	M5		207	OR	M6	
208	OR	M7		209	OR	M13		210	OUT	Y2	
211	LD	M2		212	OR	M3		213	OR	M5	
214	OR	M6		215	OR	M8		216	OR	M10	
217	OR	M12		218	OUT	Y3		219	LD	M2	
220	OR	M6		221	OR	M8		222	OR	M10	
223	OUT	Y4		224	LD	M4		225	OR	M5	
226	OR	M6		227	OR	M13		228	OUT	Y5	
229	LD	M2		230	OR	M3		231	OR	M4	
232	OR	M5		233	OR	M6		234	OR	M8	
235	OR	M9		236	OUT	Y6		237	LD	M11	
238	OR	M13		239	OUT	Y7		240	ANI	M10	
241	OUT	Y10		242	END						

② 程序解释

a. 当 X0 接通（按下开始抢答按钮 SB0），M0 接通自锁。

b. 当 X1 接通（第 1 组按下抢答按钮 SB1），M1 接通自锁。

依此类推，当 X2 或 X3 或 X4 或 X5 或 X6 或 X7 或 X10 或 X11 或 X12 接通（第 2、3、4、5、6、7、8、9、10 组分别按下抢答按钮 SB2 或 SB3 或 SB4 或 SB5 或 SB6 或 SB7 或 SB8 或 SB9 或 SB10），M1 或 M2 或 M3 或 M4 或 M5 或 M6 或 M7 或 M8 或 M9 或 M10 接通自锁。同时，每一路抢答到后，将其余各路断开锁住而不能抢答。

c. 当 M0 接通，M11 接通。表示还没有抢，此时数码管个位与十位都显示 0。

当 T0 定时 30s 到，所有组都没有抢答到时，M12 接通。此时数码管个位与十位都显示 0。

当第 8、9、10 组抢答到时，M13 接通。在显示 8、9、10 组的个位数码管，简化组合。

d. 当 M1～M10 任一接通（任一组抢答到）或 M12 接通（30s 规定抢答时间内没组抢答），Y11 接通，定时 0.5s，扬声器响一声。且任一个组抢答到，定时 30s。定时到，断开 M0。

e. 当 M2、M3、M5、M7、M13 接通时，Y0 接通，数码显示个位 A 段亮。

当 M1、M2、M3、M4、M7、M13 接通时，Y1 接通，数码显示个位 B 段亮。

当 M1、M3、M4、M5、M6、M7、M13 接通时，Y2 接通，数码显示个位 C 段亮。

当 M2、M3、M5、M6、M8、M10、M12 接通时，Y3 接通，数码显示个位 D 段亮。

当 M2、M6、M8、M10 接通时，Y4 接通，数码显示个位 E 段亮。

当 M4、M5、M6、M13 接通时，Y5 接通，数码显示个位 F 段亮。

当 M2、M3、M4、M5、M6、M8、M9 接通时，Y6 接通，数码显示个位 G 段亮。

有以上组合就能显示组号。如要显示组号 1，此时 M1 接通，B、C 两段显示，刚好显示为 "1"。如要显示第 10 组的个位 "0"，此时 M10、M13 接通，则 A、B、C、D、E、F 各段亮，刚好显示 "0"。依此类推。

f. 当 M11、M12 接通时，Y7、Y10 接通，数码显示十位对应 B、C 段与 A、D、E、F 段亮。若都亮，则显示 "0"；此时若 M10 接通，则 Y10 断开，只有 B、C 段亮，则显示 "1"。可以推出：当第 1～9 组抢答到，则十位显示 "0"；当第 10 组抢答到，则十位显示 "1"。

③ 指令诠释　基本指令的含义见第 2 章相应指令诠释。

6.3.35　步进电动机的控制编程

（1）控制要求　设计五相步进电动机的 PLC 控制程序。控制要求为：

① 五相步进电动机的五相绕组分别为 A、B、C、D、E 相绕组。

② 按下启动按钮，五相绕组每隔 1s 按顺序通电。

③ 五相绕组通电的顺序为：A 相绕组→B 相绕组→C 相绕组→D 相绕组→E 相绕组→A 相绕组→AB 两相绕组→BC 两相绕组→CD 两相绕组→DE 两相绕组→EA 两相绕组→AB 两相绕组→ABC 三相绕组→BC 两相绕组→BCD 三相绕组→CD 两相绕组→CDE 三相绕组→DE 两相绕组→DEA 三相绕组→EA 两相绕组→ABC 三相绕组→BCD 三相绕组→CDE 三相绕组→DEA 三相绕组→返回 A 相绕组→循环通电。

④ 若按下停止按钮，步进电动机停止工作。

(2) 程序设计

① I/O 的确定和分配　步进电动机的控制 I/O 分配如表 6-37 所示。

表 6-37　步进电动机的控制 I/O 分配表

输入元件		输出元件	
停止按钮 SB1	X0	A 相绕组 KA1	Y0
启动按钮 SB2	X1	B 相绕组 KA2	Y1
		C 相绕组 KA3	Y2
		D 相绕组 KA4	Y3
		E 相绕组 KA5	Y4

② PLC 接线图　步进电动机的控制 I/O 接线如图 6-112 所示。

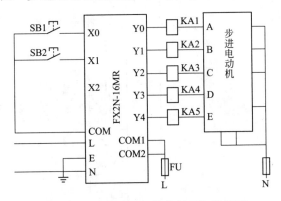

图 6-112　步进电动机的控制 I/O 接线图

③ 程序编写　编写控制梯形图如图 6-113 所示。

(3) 编程指令诠释

① 语句表

0	LD	X1	1	OR	M100	2	ANI	X0	
3	OUT	M100	4	LDP	M100	6	ZRST	M1	M24
11	LDI	M0	12	ANI	M1	13	ANI	M2	

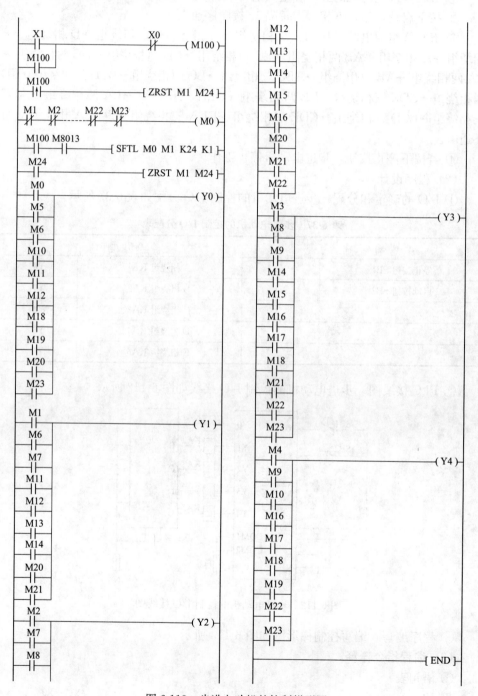

图 6-113　步进电动机的控制梯形图

336

14	ANI	M3	15	ANI	M4	16	ANI	M5
17	ANI	M6	18	ANI	M7	19	ANI	M8
20	ANI	M9	21	ANI	M10	22	ANI	M11
23	ANI	M12	24	ANI	M13	25	ANI	M14
26	ANI	M15	27	ANI	M16	28	ANI	M17
29	ANI	M18	30	ANI	M19	31	ANI	M20
32	ANI	M21	33	ANI	M22	34	ANI	M23
35	OUT	M0	36	LD	M100	37	AND	M8013
38	SFTL	M0 M1 K24 K1	47	LD	M24	48	ZRST	M1 M24
53	LD	M0	54	OR	M5	55	OR	M6
56	OR	M10	57	OR	M11	58	OR	M12
59	OR	M18	60	OR	M19	61	OR	M20
62	OR	M23	63	OUT	Y0	64	LD	M1
65	OR	M6	66	OR	M7	67	OR	M11
68	OR	M12	69	OR	M13	70	OR	M14
71	OR	M20	72	OR	M21	73	OUT	Y1
74	LD	M2	75	OR	M7	76	OR	M8
77	OR	M12	78	OR	M13	79	OR	M14
80	OR	M15	81	OR	M16	82	OR	M20
83	OR	M21	84	OR	M22	85	OUT	Y2
86	LD	M3	87	OR	M8	88	OR	M9
89	OR	M14	90	OR	M15	91	OR	M16
92	OR	M17	93	OR	M18	94	OR	M21
95	OR	M22	96	OR	M23	97	OUT	Y3
98	LD	M4	99	OR	M9	100	OR	M10
101	OR	M16	102	OR	M17	103	OR	M18
104	OR	M19	105	OR	M22	106	OR	M23
107	OUT	Y4	108	END				

② 程序解释

a. 当 X1 接通（按下启动按钮 SB2），M100 接通自锁。

当 X0 接通（按下停止按钮 SB1），M100 断开。

b. 当 M100 接通的瞬间，M1～M24 区间复位。在 M1～M23 都断开时，M0 接通（作为位移位的种子）。

c. 当 M100 接通后，每过 1s 将 M0＝1 的值向 M1～M24 移位一次。

当 M24 接通时，M1～M24 区间复位。

d. 当 M0 或 M5 或 M6 或 M10 或 M11 或 M12 或 M18 或 M19 或 M20 或 M23 接通时，Y0 接通，A 相绕组接通。

e. 当 M1 或 M6 或 M7 或 M11 或 M12 或 M13 或 M14 或 M20 或 M21 接通时，Y1 接通，B 相绕组接通。

f. 当 M2 或 M7 或 M8 或 M12 或 M13 或 M14 或 M15 或 M16 或 M20 或 M21

或 M22 接通时，Y2 接通，C 相绕组接通。

g. 当 M3 或 M8 或 M9 或 M14 或 M15 或 M16 或 M17 或 M18 或 M21 或 M22 或 M23 接通时，Y3 接通，D 相绕组接通。

h. 当 M4 或 M9 或 M10 或 M16 或 M17 或 M18 或 M19 或 M22 或 M23 接通时，Y4 接通，E 相绕组接通。

③ 指令诠释　基本指令的含义见第 2 章相应指令诠释，功能指令的含义见第 4 章相应指令诠释。

参 考 文 献

[1] 祖国建，肖雪耀.学会三菱 FX2N PLC 技术就这么容易［M］.北京：化学工业出版社，2014.

[2] 祖国建.简明维修电工手册［M］.北京：化学工业出版社，2013.

[3] 肖峰，贺哲荣.PLC 编程 100 例［M］.北京：中国电力出版社，2009.

[4] 三菱电机公司.FX2N 系列微型可编程控制器使用手册，2000.

[5] 三菱电机公司.三菱 FX 系列 PLC 编程手册，2000.

[6] 三菱电机公司.FX2N-2LC 温度控制模块用户手册，2001.

[7] 三菱电机公司.FX2N-10PG 脉冲控制模块用户手册，2000.

[8] 三菱电机公司.三菱 FX2N-10GM 和 FX2N-20GM 硬件/编程手册，2000.

[9] 三菱电机公司.FX2N-232IF RS232C 硬件手册，2000.

[10] 三菱电机公司.三菱交流伺服系列 MELSERVO 技术资料集，2000.

[11] 三菱电机公司.SWOPC-FXGP/WIN-C 编程软件的使用，2000.

[12] 三菱电机公司.三菱 FX 系列 PLC 编程软件的使用，2000.

[13] 三菱电机公司.GX Developer Ver.7/Simulator Ver.6 操作手册，2002.

[14] MITSUBISHI ELECTRIC.FX2N-1PG PULSE GENERATOR UNIT USER'S MANUAL.2000.

[15] MITSUBISHI ELECTRIC.FX2N-20GM USER'S GUIDE，2000.

[16] MITSUBISHI ELECTRIC.FX2N-4AD-TC SPECIAL FUNCTION BLOCK USER'S GUIDE，2000.

[17] 王辉.三菱电机通信网络应用指南［M］.北京：机械工业出版社，2010.

[18] 周斐等.电气控制与 PLC 原理［M］.南京：南京大学出版社，2011.

[19] 王建等.维修电工（高级）国家职业资格证书取证问答［M］.北京：机械工业出版社，2009.

化学工业出版社专业图书推荐

ISBN	书名	定价
28982	从零开始学电子元器件（彩色＋视频）	49.8
30520	电工电路识图、布线、接线与维修（双色＋视频）	68
30660	电动机维修从入门到精通（双色＋视频）	78
28866	电机安装与检修技能快速学	48
28459	一本书学会水电工现场操作技能	29.8
28479	电工计算一学就会	36
28093	一本书学会家装电工技能	29.8
28482	电工操作技能快速学	39.8
28480	电子元器件检测与应用快速学	39.8
28544	电焊机维修技能快速学	39.8
28303	建筑电工技能快速学	28
28378	电工接线与布线快速学	49
25201	装修物业电工超实用技能全书	68
27369	AutoCAD电气设计技巧与实例	49
27022	低压电工入门考证一本通	49.8
26890	电动机维修技能一学就会	39
26619	LED照明应用与施工技术450问	69
26567	电动机维修技能一学就会	39
26330	家装电工400问	39
26320	低压电工400问	39
26318	建筑弱电电工600问	49
26316	高压电工400问	49
26291	电工操作600问	49
26289	维修电工500问	49
26002	一本书看懂电工电路	29
25881	一本书学会电工操作技能	49
25291	一本书看懂电动机控制电路	36
25250	高低压电工超实用技能全书	98
27467	简单易学 玩转Arduino	89
27930	51单片机很简单——Proteus及汇编语言入门与实例	79

ISBN	书名	定价
27024	一学就会的单片机编程技巧与实例	46
10466	Visual Basic 串口通信及编程实例（附光盘）	36
24650	单片机应用技术项目化教程——基于 STC 单片机（陈静）	39.8
20309	单片机 C 语言编程就这么容易	49
20522	单片机汇编语言编程就这么容易	59
19200	单片机应用技术项目化教程（陈静）	49.8
19939	轻松学会滤波器设计与制作	49
21068	轻松掌握电子产品生产工艺	49
21004	轻松学会 FPGA 设计与开发	69
20507	电磁兼容原理、设计与应用一本通	59
20240	轻松学会 Protel 电路设计与制版	49
22124	轻松学通欧姆龙 PLC 技术	39.8
20805	轻松学通西门子 S7-300 PLC 技术	58
20474	轻松学通西门子 S7-400 PLC 技术	48
21547	半导体照明技术技能人才培养系列丛书（高职）--LED 驱动与智能控制	59
21952	半导体照明技术技能人才培养系列丛书（中职）--LED 照明控制	49
20733	轻松学通西门子 S7-200PLC 技术	49
19998	轻松学通三菱 PLC 技术	39
25170	实用电气五金手册	138
25150	电工电路识图 200 例	39
24509	电机驱动与调速	58
24162	轻松看懂电工电路图	38
24149	电工基础一本通	29.8
24088	电动机控制电路识图 200 例	49
24078	手把手教你开关电源维修技能	58
23470	从零开始学电动机维修与控制电路	88
22847	手把手教你使用万用表	78
22836	LED 超薄液晶彩电背光灯板维修详解	79
22829	LED 超薄液晶彩电电源板维修详解	79
22827	矿山电工与电路仿真	58
22515	维修电工职业技能基础	79
21704	学会电子电路设计就这么容易	58
21122	轻松掌握电梯安装与维修技能	78

ISBN	书名	定价
21082	轻松看懂电子电路图	39
20494	轻松掌握汽车维修电工技能	58
20395	轻松掌握电动机维修技能	49
20376	轻松掌握小家电维修技能	39
20356	轻松掌握电子元器件识别、检测与应用	49
20163	轻松掌握高压电工技能	49
20162	轻松掌握液晶电视机维修技能	49
20158	轻松掌握低压电工技能	39
20157	轻松掌握家装电工技能	39
19940	轻松掌握空调器安装与维修技能	49
19939	轻松学会滤波器设计与制作	49
19861	轻松看懂电动机控制电路	48
19855	轻松掌握电冰箱维修技能	39
19854	轻松掌握维修电工技能	49
19244	低压电工上岗取证就这么容易	58
19190	学会维修电工技能就这么容易	59
18814	学会电动机维修就这么容易	39

欢迎订阅以上相关图书

图书详情及相关信息浏览：请登录 http://www.cip.com.cn

购书咨询：010-64518800

邮购地址：北京市东城区青年湖南街 13 号化学工业出版社（100011）

如欲出版新著，欢迎投稿 E-mail：editor2044@sina.com

欢迎关注

答疑解惑

留言反馈